T0237709

Gewöhnliche Differenzialgleichungen leicht gemacht!

Jochen Balla

Gewöhnliche Differenzialgleichungen leicht gemacht!

2. Auflage

Springer Spektrum

Jochen Balla
Hochschule Bochum
Bochum, Deutschland

ISBN 978-3-662-64751-6   ISBN 978-3-662-64752-3 (eBook)
https://doi.org/10.1007/978-3-662-64752-3

Die Deutsche Nationalbibliothek verzeichnet diese Publikation in der Deutschen Nationalbibliografie; detaillierte bibliografische Daten sind im Internet über http://dnb.d-nb.de abrufbar.

Springer Spektrum
© Springer-Verlag GmbH Deutschland, ein Teil von Springer Nature 2020, 2022

Planung/Lektorat: Lisa Edelhäuser
Springer Spektrum ist ein Imprint der eingetragenen Gesellschaft Springer-Verlag GmbH, DE und ist ein Teil von Springer Nature.
Die Anschrift der Gesellschaft ist: Heidelberger Platz 3, 14197 Berlin, Germany

Vorwort

Die 2. Auflage wird um das Beispiel der Legendre-Differenzialgleichung erweitert, mit der die Lösung durch einen Potenzreihenansatz exemplarisch besprochen wird. Zusammen mit der Euler-Differenzialgleichung liegen damit nun zwei wichtige Bausteine für die Potenzialtheorie vor.

Der übrige Text ist im Wesentlichen unverändert und wurde nur in Kleinigkeiten korrigiert und verbessert.

August 2021   Jochen Balla

Vorwort der ersten Auflage

Differenzialgleichungen sind in den exakten Wissenschaften allgegenwärtig. Die Grundgleichungen der Physik etwa sind praktisch allesamt Differenzialgleichungen, die Ingenieurwissenschaften – allen voran die Elektrotechnik – verwenden Differenzialgleichungen und auch in der Biologie, den Geowissenschaften, den Wirtschaftswissenschaften, den Sozialwissenschaften usw. spielen sie eine mehr oder weniger wichtige Rolle.

Dessen ungeachtet kommt man auch ohne Kenntnisse über Differenzialgleichungen zunächst oft gut zurecht. Sobald aber eine tiefere Einsicht erfordert ist, wird man sich mit den zugrundeliegenden Differenzialgleichungen befassen wollen und müssen.

In der Schulmathematik werden Differenzialgleichungen normalerweise nicht behandelt. Der Begriff ist daher neu und erscheint vielleicht schwierig. Und tatsächlich sind Differenzialgleichungen ein eigener Kosmos, der sich von ganz leicht bis ganz schwierig erstreckt und der viele unterschiedliche Herangehensweisen erlaubt. Das erschwert den Einstieg, weil man nicht recht weiß, wo man anfangen soll und was wichtig ist.

Zielsetzung dieses Buchs Dieses Buch bietet dir eine kurze und – wie ich hoffe – leicht lesbare Einführung in Differenzialgleichungen. Das Ziel ist ein pragmatischer Einstieg in das Themengebiet, der sich auf die wichtigen Grundkenntnisse konzentriert. Die Darstellung erfolgt anwendungsorientiert und mit einer Vielzahl von Beispielen, enthält aber ebenso die notwendigen theoretischen Grundlagen. Die analytische Lösung von Differenzialgleichungen steht dabei im Vordergrund, aber auch eine numerische Lösung kann anhand von Programmierbeispielen einfach selbst durchgeführt werden.

Der Inhalt lässt sich wie folgt umreißen:

- **Differenzialgleichungen erster Ordnung** werden ausführlich behandelt. Anhand vieler Beispiele lernst du deren analytische Lösung kennen. Und auch die numerische Lösung fällt nicht schwer.
- Die Eigenschaften der Lösungen von Differenzialgleichungen sind essenziell für die Bedeutung der Gleichungen und werden detailliert besprochen. Dabei werden auch **Differenzialgleichungssysteme** und **Differenzialgleichungen höherer Ordnung** behandelt. Der Zugang zur numerischen Lösung fällt wieder leicht.
- **Lineare Differenzialgleichungen** und insbesondere solche mit konstanten Koeffizienten kommen in Anwendungen oft vor. Für sie entwickeln wir eine vollständige Lösungstheorie, flankiert von ausführlich besprochenen Beispielen.
- Anhand der Saitengleichung wird abschließend ein Ausblick auf **partielle Differenzialgleichungen** gegeben.
- **Beweise** stehen nicht im Vordergrund der Darstellung. Aber manchmal ist es doch nützlich, zu sehen, woher eine Aussage stammt. Die nicht immer einfachen Beweise sind dazu mit vielen Erläuterungen versehen.
- Zu jedem Kapitel gibt es **Übungsaufgaben** mit **ausführlichen Lösungen**.

Lesehinweise Dieses Buch lässt sich in verschiedenen „Modellen" lesen:

(1) Kap. 1 allein bietet eine fundierte Einführung in Differenzialgleichungen erster Ordnung einschließlich ihrer analytischen und numerischen Lösung. Wenn nur Gleichungen erster Ordnung von Interesse sind, reicht das schon :-)
(2) Kap. 1 und 2 bieten eine allgemeine Einführung in Differenzialgleichungen höherer Ordnung und auch in Differenzialgleichungssysteme einschließlich ihrer numerischen Lösung.
(3) Die Kap. 3, 4 und 5 behandeln lineare Differenzialgleichungen mit konstanten Koeffizienten. Sofern das Beispiel der Schwingungsgleichung für dich uninteressant ist, kannst du dich – natürlich neben Kap. 1 und 2 mit den Grundlagen – auf Kap. 4 beschränken, das die allgemeine Lösungstheorie enthält.

Der Ausblick in Kap. 6 ist naturgemäß nur dann „notwendig", wenn partielle Differenzialgleichungen von Interesse sind.

Komplexe Zahlen Für die Lösung linearer Differenzialgleichungen mit konstanten Koeffizienten benötigen wir komplexe Zahlen. Das notwendige Wissen wird vor Ort jeweils mit Lesehilfen bereitgestellt bzw. aufgefrischt. Sofern du mit komplexen Zahlen nicht vertraut bist, bietet der **Anhang** darüber hinaus eine kurze zusammenhängende Einführung.

Das ist aber alles halb so wild: In der Anwendung auf lineare Differenzialgleichungen haben wir es letztendlich nur mit zwei drei Kochrezepten zu tun, die immer in derselben Weise angewandt werden. Also einfach machen ;-)

Hilfestellungen Differenzialgleichungen „leicht gemacht" ist natürlich leicht gesagt. Tatsächlich ist das Thema nicht immer einfach. Um den Zugang zu erleichtern, gibt dir das Buch eine Reihe zusätzlicher Hilfestellungen, die sich in grauen Boxen wie der folgenden finden:

- Zu Beginn eines jeden Kapitels wird noch einmal erläutert, in welchen Zusammenhängen die Inhalte bedeutsam sind.
- Der Text wird durch zahlreiche **Lesehilfen** ergänzt, die Begriffe, Schreibweisen, Hintergründe erläutern und dir über problematische Stellen hinweghelfen.
- Insbesondere gibt es in Kap. 1 **Lesehilfen zur Integration** und in den Kap. 3, 4 und 5 **Lesehilfen zu komplexen Zahlen**.
- Der Text enthält **Zwischenfragen** (und etwas verzögert auch die **Antworten**), die dich zum Hinterfragen des Gelesenen anregen und das Verständnis prüfen und vertiefen.
- Am Ende eines jeden Kapitels erlaubt **„Das Wichtigste in Kürze"** eine Rekapitulation der Inhalte, ergänzt durch eine kleine **Formelsammlung**. Verstehst du genau, was hier steht, und kannst du jede Formel erklären, so hast du das Kapitel gut verinnerlicht.

Darüber hinaus ist jedes Kapitel mit Übungsaufgaben versehen. Sie zielen vorwiegend auf das Verständnis der Inhalte ab, insbesondere für die Kap. 1 und 4 ermöglichen sie aber auch das Training der Rechentechniken. Die ausführlichen Lösungen erlauben dir eine unmittelbare Selbstkontrolle.

Weiterführende Literatur Es gibt viele gute Bücher, die ein vertiefendes Studium von Differenzialgleichungen erlauben. Die Bandbreite der Bücher ist allerdings außergewöhnlich groß, da es stark unterschiedliche Anwendungsgebiete und Zielsetzungen gibt. *Eine* passende Empfehlung lässt sich daher praktisch nicht aussprechen.

Als ein umfangreiches und allgemeines Standardwerk sei aber zumindest „Gewöhnliche Differentialgleichungen" von Harro Heuser genannt. Es liegt aktuell in der 6. Auflage vor.

Ich wünsche dir viel Erfolg im Studium und würde mich freuen, wenn dieses Buch einen Beitrag dazu leisten kann :-)

Januar 2020   Jochen Balla

Inhaltsverzeichnis

Differenzialgleichungen erster Ordnung 1

Differenzialgleichungen sind Gleichungen für Funktionen, in denen die Funktionen (auch) in Form ihrer Ableitungen auftreten. Eine solche Gleichung trifft also eine Aussage über die Steigung oder die Änderungsrate einer Funktion, und viele Prozesse in Wissenschaft und Technik können auf diese Weise beschrieben werden.

Ist nur die erste Ableitung enthalten, so spricht man von einer Differenzialgleichung erster Ordnung, und analog von einer Differenzialgleichung n-ter Ordnung, wenn die höchste vorkommende Ableitung eine n-te Ableitung ist.

Differenzialgleichungen erster Ordnung sind besonders wichtig: An ihnen lässt sich das typische Verhalten von Differenzialgleichungen gut erkennen und sie besitzen viele Anwendungen. Darüber hinaus kann man Differenzialgleichungen höherer Ordnung wieder auf Systeme von Differenzialgleichungen erster Ordnung zurückführen.

Generell wird man wohl sagen können, dass für Anwendungen vorwiegend Differenzialgleichungen erster und zweiter Ordnung von Interesse sind.

Wozu dieses Kapitel im Einzelnen
- Wir müssen uns zunächst klarmachen, was wir mit „Differenzialgleichungen erster Ordnung" genau meinen.
- Eine Ableitung kann mit einer Integration rückgängig gemacht werden; wir wollen sehen, wie weit wir damit kommen.
- Eine Differenzialgleichung erster Ordnung besitzt eine unmittelbare geometrische Interpretation: das Richtungsfeld. Es ist so intuitiv, dass man praktisch „sieht", was die Differenzialgleichung macht und was es mit den Anfangswerten auf sich hat.
- Das Richtungsfeld ist der Ausgangspunkt für das numerische Lösen einer Differenzialgleichung erster Ordnung. Wir werden sehen, wie das bei Bedarf recht einfach auszuführen ist.
- Wir interessieren uns natürlich vorwiegend für die analytische Lösung von Differenzialgleichungen und werden uns ansehen, wie das für verschiedene Gleichungen erster Ordnung funktioniert.

© Springer-Verlag GmbH Deutschland, ein Teil von Springer Nature 2022
J. Balla, *Gewöhnliche Differenzialgleichungen leicht gemacht!*,
https://doi.org/10.1007/978-3-662-64752-3_1

1.1 Definition und Grundbegriffe

Eine *Differenzialgleichung erster Ordnung* wollen wir wie folgt definieren:

Definition 1.1 *Es sei $G \subseteq \mathbb{R}^2$ ein Gebiet[1] und $f : G \to \mathbb{R}$, $(x, y) \mapsto f(x, y)$, eine stetige Funktion. Dann nennen wir*

$$y' = f(x, y)$$

eine gewöhnliche Differenzialgleichung erster Ordnung. *Eine* Lösung *dieser Gleichung ist eine auf einem Intervall $I \subseteq \mathbb{R}$ definierte differenzierbare Funktion $y : I \to \mathbb{R}$, deren Graph vollständig in G enthalten ist und durch die die Differenzialgleichung gelöst wird, d. h., dass für alle $x \in I$ gilt $y'(x) = f(x, y(x))$.*

> **Lesehilfe**
> Diese Definition sieht komplizierter aus, als sie ist: Das Gebiet G ist der „Definitionsbereich" der Differenzialgleichung und gibt vor, in welchem Bereich die x- und y-Werte liegen dürfen. Die Bedingung, dass der Graph von y in G enthalten ist, stellt sicher, dass sich eine Lösung y vollständig im Definitionsbereich der Differenzialgleichung abspielt.
>
> Eine Lösung y ist auf einem Intervall I definiert, besitzt also einen zusammenhängenden Definitionsbereich. Natürlich sind auch uneigentliche Intervalle möglich oder auch ganz $\mathbb{R}$. Allerdings muss I keineswegs den gesamten Bereich der durch G erlaubten x-Werte abdecken.
>
> Und noch kurz zur Schreibweise von Mengen: Wir verwenden $\mathbb{R}_+ := [0, \infty[$, $\mathbb{R}_- :=]-\infty, 0]$ und ein hochgestelltes „$*$" bedeutet den Ausschluss der Null aus einer Menge; so ist $\mathbb{R}_+^* = \mathbb{R}_+ \setminus \{0\} =]0, \infty[$ die Menge der positiven reellen Zahlen. Und ein Gebiet $G \subseteq \mathbb{R}^2 = \mathbb{R} \times \mathbb{R}$ kann insbesondere ein „Rechteck" sein, also für zwei offene Intervalle I und J die Menge $I \times J$, was im Zusammenhang mit Definition 1.1 nichts anderes bedeutet als $x \in I$ und $y \in J$.

Die Differenzialgleichungen sind *erster Ordnung*, weil nur die erste Ableitung der Funktion y darin auftaucht. Enthalten Differenzialgleichungen nur normale Ableitungen der Funktion y nach einer Variablen, hier x, so spricht man von *gewöhnlichen* Differenzialgleichungen. Im Gegensatz dazu enthalten *partielle* Differenzialgleichungen Funktionen mehrerer Veränderlicher und partielle Ableitungen.

---

[1] Ein Gebiet ist eine offene, nichtleere und zusammenhängende Menge. Eine Menge heißt offen, wenn sie Umgebung eines jeden ihrer Punkte ist.

Den Differenzialgleichungen der Form $y' = f(x, y)$ ist gemeinsam, dass sie nach y' aufgelöst sind. Man nennt sie *explizite* Differenzialgleichungen.[2] Nach dem Gleichheitszeichen sind beliebige Kombinationen von x und y erlaubt, z. B.

$$y' = x, \quad y' = 3y, \quad y' = -5xy^2, \quad y' = y \sin(2xy^3) + \arctan y \quad \text{usw.}$$

Dies ergibt eine große und auch inhomogene Gruppe von Gleichungen.

Zwischenfrage (1)
Lässt sich die Differenzialgleichung

$$xy' + yy' = 2x^2 y$$

als explizite Differenzialgleichung, also in der Form $y' = f(x, y)$ schreiben?

Ein besonders einfacher Fall liegt vor, wenn die Funktion f der Differenzialgleichung $y' = f(x, y)$ nur von x und nicht von y abhängt,

$$y' = f(x). \tag{1.1}$$

Die Lösung ergibt sich dann durch einfache Integration[3]:

$$\int_{x_0}^{x} y'(t)\, dt = y(x) - y(x_0) = \int_{x_0}^{x} f(t)\, dt, \tag{1.2}$$

also

$$y(x) = y(x_0) + \int_{x_0}^{x} f(t)\, dt. \tag{1.3}$$

Lesehilfe
Hier wurde „bestimmt" integriert in den Grenzen vom Startwert x_0 bis zum variablen Endwert x. Daher muss eine andere Integrationsvariable als x verwendet werden, hier t. Es ist im Folgenden oft wichtig, das sauber zu unterscheiden.

---

[2] Es gibt auch *implizite* Differenzialgleichungen erster Ordnung, die sich nicht nach y' auflösen lassen, wie z. B. $y' + x \sin y' = 0$. Diese wollen wir nicht betrachten.
[3] Das Lösen einer Differenzialgleichung wird manchmal allgemein als „Integration" der Gleichung bezeichnet, auch dann, wenn dazu viel mehr als eine Integration erforderlich ist.

Lesehilfe Integration

Der *Hauptsatz der Differenzial- und Integralrechnung* besagt für eine stetige Funktion f und eine Stammfunktion F, d. h. eine Funktion F mit der Eigenschaft $F' = f$, dass gilt

$$\int_a^b f(x)\,dx = F(b) - F(a).$$

Schreibt man hier im Integral F' statt f, steht das erste Gleichheitszeichen von (1.2) da, nur mit anderen Buchstaben.

Auch im allgemeinen Fall folgt aus der Differenzialgleichung $y' = f(x, y)$ analog zu (1.3) die Gleichung

$$y(x) = y(x_0) + \int_{x_0}^x f(t, y(t))\,dt. \tag{1.4}$$

Diese *Integralgleichung* ist äquivalent zur Differenzialgleichung. Die in ihr enthaltene Funktion y ist eine Lösung der Differenzialgleichung, die an der Stelle x_0 den Wert $y(x_0)$ besitzt. Allerdings lässt sich y im allgemeinen Fall nicht ohne Weiteres aus dieser Gleichung gewinnen, da y eben auch unter dem Integral vorkommt.

Antwort auf Zwischenfrage (1)

Gefragt war, ob sich $xy' + yy' = 2x^2y$ als explizite Differenzialgleichung schreiben lässt.

Wir versuchen, die Gleichung nach y' aufzulösen:

$$y'(x + y) = 2x^2y, \quad \text{also} \quad y' = \frac{2x^2y}{x + y}.$$

Es ist somit $y' = f(x, y)$ mit $f(x, y) = \frac{2x^2y}{x+y}$. Diese Funktion f ist beispielsweise auf $\mathbb{R}_+^* \times \mathbb{R}_+^*$ definiert und stetig.

Beispiele

(1) Wir betrachten die Differenzialgleichung

$$y' = y \quad \text{in } \mathbb{R} \times \mathbb{R}, \tag{1.5}$$

suchen also Funktionen y, deren Ableitung gleich der Funktion selbst ist. Dies ist bekanntlich für die Exponentialfunktion $x \mapsto e^x$ der Fall, sodass

$$y : \mathbb{R} \to \mathbb{R} \quad \text{mit } y(x) = e^x$$

eine Lösung von (1.5) ist. Jedoch ist diese Funktion nicht die einzige Lösung, denn offenbar erfüllen sämtliche Funktionen

$$y_c : \mathbb{R} \to \mathbb{R} \quad \text{mit } y_c(x) = c\,e^x, \ c \in \mathbb{R}, \tag{1.6}$$

ebenso (1.5). Wir sehen hier eine charakteristische Eigenschaft von Differenzialgleichungen:

Durch eine Differenzialgleichung wird i. Allg. nicht eine einzelne Funktion festgelegt, sondern eine Schar von Funktionen. Bei einer Differenzialgleichung erster Ordnung weist diese Funktionenschar einen freien Parameter auf.[4]

Zwischenfrage (2)

Lösen die fallenden Exponentialfunktionen $x \mapsto c\,e^{-x}$, $c \in \mathbb{R}$, ebenso die Differenzialgleichung (1.5)? Und wie sieht es mit den in x-Richtung verschobenen Exponentialfunktionen $x \mapsto e^{x-a}$ mit $a \in \mathbb{R}$ aus?

(2) Die Beschleunigung a ist definiert als die zeitliche Änderung der Geschwindigkeit v, d. h., es gilt[5]

$$\dot{v}(t) = a(t). \tag{1.7}$$

Diese Differenzialgleichung erster Ordnung für die Geschwindigkeit v wird gemäß (1.3) gelöst durch

$$v(t) = v(t_0) + \int\limits_{t_0}^{t} a(\tilde{t})\,d\tilde{t}. \tag{1.8}$$

Lesehilfe

Hier ist die Integrationsvariable im Integral mit $\tilde{t}$ benannt, um t als Integrationsgrenze verwenden zu können.

---

[4] Im obigen Beispiel (1.3) ist $y(x_0)$, also der Funktionswert, der an der Stelle x_0 vorgegeben wird, der freie Parameter.

[5] Für die Ableitung einer Funktion y nach der Zeit bzw. nach einer Variable namens t ist auch die Schreibweise $\dot{y}$ anstelle von y' gebräuchlich.

Für einen gegebenen Beschleunigungsverlauf $a(t)$ lässt sich mit dieser Gleichung die Geschwindigkeit zum Zeitpunkt t berechnen, wobei zum Zeitpunkt t_0 die Geschwindigkeit $v(t_0)$ vorliegt. Die Anfangsbedingung ist notwendig, um einen konkreten Geschwindigkeitsverlauf $v(t)$ angeben zu können.

Wir betrachten nun den Fall einer *konstanten Beschleunigung*, d. h., es sei $a(t) = a$ eine Konstante. Gleichung (1.8) ergibt dann

$$v(t) = v(t_0) + a\tilde{t}\Big|_{\tilde{t}=t_0}^{t} = v(t_0) + a(t - t_0). \tag{1.9}$$

Die Geschwindigkeit v ist wiederum die zeitliche Änderung des Wegs s:

$$\dot{s}(t) = v(t), \tag{1.10}$$

also

$$s(t) = s(t_0) + \int_{t_0}^{t} v(\tilde{t}) \, d\tilde{t}. \tag{1.11}$$

Mit (1.9) ergibt sich daraus für konstante Beschleunigung a

$$s(t) = s(t_0) + \left[v(t_0)\tilde{t} + a\frac{(\tilde{t} - t_0)^2}{2}\right]_{\tilde{t}=t_0}^{t}$$

$$= s(t_0) + v(t_0)(t - t_0) + \frac{1}{2}a(t - t_0)^2. \tag{1.12}$$

Lesehilfe
Es passiert hier nicht viel und erst recht nichts Schlimmes, trotzdem noch einmal ganz langsam (sofern du es nicht schon längst für dich hingeschrieben hast ;-):

$$s(t) = s(t_0) + \int_{t_0}^{t} v(\tilde{t}) \, d\tilde{t} = s(t_0) + \int_{t_0}^{t} [v(t_0) + a(\tilde{t} - t_0)] \, d\tilde{t}$$

$$= s(t_0) + \int_{t_0}^{t} v(t_0) \, d\tilde{t} + \int_{t_0}^{t} a(\tilde{t} - t_0) \, d\tilde{t}$$

$$= s(t_0) + v(t_0) \int_{t_0}^{t} d\tilde{t} + a \int_{t_0}^{t} (\tilde{t} - t_0) \, d\tilde{t}$$

$$= s(t_0) + v(t_0)\left[\tilde{t}\right]_{t_0}^{t} + a\left[\frac{(\tilde{t} - t_0)^2}{2}\right]_{t_0}^{t}$$

$$= s(t_0) + v(t_0)(t - t_0) + a\left(\frac{(t - t_0)^2}{2} - 0\right)$$

$$= s(t_0) + v(t_0)(t - t_0) + \frac{1}{2}a(t - t_0)^2.$$

Diese Gleichung kennst du wahrscheinlich: Hier steht nichts anderes als „$s = \frac{1}{2}at^2$", wenn die Bewegung zum Zeitpunkt $t_0 = 0$ am Ort $s(t_0) = 0$ mit der Geschwindigkeit $v(t_0) = 0$ beginnt.

Dies ist das Weg-Zeit-Gesetz eines mit a konstant beschleunigten Körpers, der sich zur Zeit t_0 mit der Geschwindigkeit $v(t_0)$ am Ort $s(t_0)$ befindet. Setzt man (1.10) in (1.7) ein, so erkennt man, dass es sich bei (1.12) offensichtlich auch um die Lösung der Differenzialgleichung zweiter Ordnung

$$\ddot{s}(t) = a \tag{1.13}$$

handelt. Sie enthält mit $s(t_0)$ und $v(t_0)$ zwei freie Parameter.

Antwort auf Zwischenfrage (2)
Gefragt war, ob die Funktionen $x \mapsto c\,e^{-x}$ und $x \mapsto e^{x-a}$ die Differenzialgleichung $y' = y$ lösen.

Wir rechnen nach: Mit $y = c\,e^{-x}$ haben wir $y' = -c\,e^{-x}$, also $y' = -y$ und nicht $y' = y$. Die fallenden Exponentialfunktionen sind somit keine Lösungen der Gleichung $y' = y$ (außer für $c = 0$, also die Nullfunktion).

Mit $y = e^{x-a}$ haben wir $y' = e^{x-a}$, sodass die Gleichung $y' = y$ gelöst wird. Es handelt sich aber nicht um „neue" Lösungen: Es ist $y = e^{x-a} = e^x e^{-a} = c^* e^x$ mit einer positiven Konstante c^*, und diese Lösungen sind bereits in den „geratenen" Lösungen (1.6) enthalten.

1.2 Richtungsfeld und numerische Lösung

Eine Differenzialgleichung $y' = f(x, y)$ auf einem Gebiet $G \subseteq \mathbb{R}^2$ legt ein *Richtungsfeld* fest: Jedem Punkt $(x, y) \in G$ wird durch die Funktion f ein reeller Wert $f(x, y)$ zugeordnet. Dieser Wert gibt aufgrund von $y' = f(x, y)$ die *Steigung der Lösung* in diesem Punkt vor.

Eine Lösung der Differenzialgleichung ist also eine differenzierbare Funktion, deren Graph in jedem seiner Punkte die durch das Richtungsfeld vorgegebene Steigung besitzt, siehe Abb. 1.1.

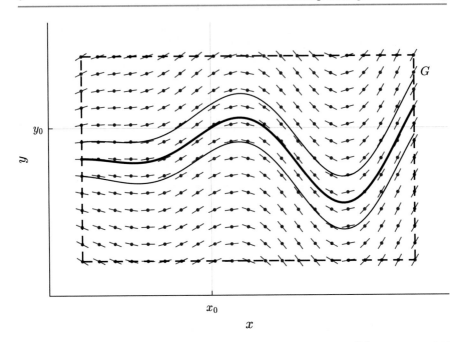

Abb. 1.1 Eine Differenzialgleichung $y' = f(x, y)$ gibt auf ihrem Gebiet $G \subseteq \mathbb{R}^2$ ein Richtungsfeld vor, indem sie in einem Punkt (x, y) eine Steigung y' festlegt. Die Graphen ihrer Lösungen $y : x \mapsto y(x)$ werden durch dieses Richtungsfeld bestimmt. Eine spezielle Lösung nimmt an der Stelle x_0 den Wert $y_0 = y(x_0)$ an

Das Richtungsfeld entspricht der Schar aller Lösungen. Eine spezielle Lösung wird dann durch die Vorgabe eines *Anfangswerts* festgelegt, also durch einen Wert $y_0 = y(x_0)$, der an der Stelle x_0 angenommen werden soll.

In einfachen Fällen kann man aus dem Richtungsfeld die Lösungen der Differenzialgleichung unmittelbar ablesen.

Beispiele

(1) Wir betrachten die Differenzialgleichung

$$y' = \frac{y}{x} \quad \text{in } \mathbb{R}_+^* \times \mathbb{R}. \tag{1.14}$$

In einem Punkt (x, y) entspricht die Steigung y/x einem Steigungsdreieck, mit dem man x nach rechts und y nach oben geht: Das Richtungsfeld verläuft also vom Ursprung des xy-Koordinatensystems aus radial nach außen. Die Lösungen von (1.14) werden daher durch die Ursprungsgeraden $y : x \mapsto mx$ mit $m \in \mathbb{R}$ gegeben. Natürlich kann dies durch Einsetzen leicht nachgeprüft werden.

Lesehilfe
Exemplarisch einmal kurz zum Definitionsbereich von (1.14): Der Ausdruck y/x ist für $x = 0$ nicht definiert, sodass ein Definitionsbereich $\mathbb{R} \times \mathbb{R}$ nicht möglich ist. Mit dem Definitionsbereich $\mathbb{R}_+^* \times \mathbb{R}$ wird nach Lösungen für positive x gesucht, ohne Einschränkung für y. Aber auch der Definitionsbereich $\mathbb{R}_-^* \times \mathbb{R}$ wäre möglich.

(2) Als weiteres Beispiel sehen wir uns die Differenzialgleichung

$$y' = -\frac{x}{y} \quad \text{in } \mathbb{R} \times \mathbb{R}_+^* \tag{1.15}$$

an. Für ihr Steigungsdreieck im Punkt (x, y) geht man y nach rechts und x nach unten. Aus der Geometrie dieses Steigungsdreiecks und mit Blick auf das obige Beispiel (1.14) erhält man also hier ein Richtungsfeld, dessen Richtungen jeweils senkrecht zur Blickrichtung zum Ursprung liegen, siehe Abb. 1.2. Daraus ergeben sich als Lösungen die Halbkreise

$$y : x \mapsto y(x) = \sqrt{r^2 - x^2}, \quad |x| < r. \tag{1.16}$$

Abhängig vom Parameter $r > 0$ sind diese Lösungen jeweils nur auf dem Intervall $I =]-r, r[$ definiert.

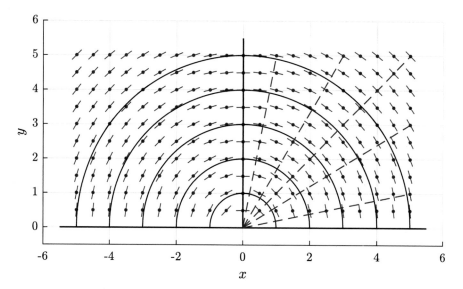

Abb. 1.2 Die Differenzialgleichung $y' = -x/y$ besitzt ein Richtungsfeld, das in jedem Punkt senkrecht auf die Blickrichtung zum Ursprung des Koordinatensystems ausgerichtet ist. Daraus ergeben sich Halbkreise als Lösungen

Lesehilfe

Ein Kreis mit Radius r und Mittelpunkt im Ursprung eines kartesischen xy-Koordinatensystems besitzt die Gleichung $x^2 + y^2 = r^2$. Lösen wir dies nach y auf, so haben wir $y = \pm\sqrt{r^2 - x^2}$ und für die Halbkreise in der oberen Halbebene das Pluszeichen vor der Wurzel.

Zwischenfrage (3)

Weise durch Einsetzen nach, dass die Funktionen $x \mapsto y(x) = \sqrt{r^2 - x^2}$ tatsächlich die Differenzialgleichung $y' = -x/y$ lösen. Und wie lautet die spezielle Lösung, für die bei $x = 0$ der positive Wert y_0 angenommen wird?

1.2.1 Idee der numerischen Lösung

Auch wenn die analytische Lösung einer Differenzialgleichung $y' = f(x, y)$ nicht bekannt ist, so lässt sich ihr Richtungsfeld $f(x, y)$ doch stets berechnen. Und damit ist zumindest eine näherungsweise *numerische* Lösung möglich, indem man *ausgehend vom Anfangswert $y(x_0) = y_0$ einer gesuchen speziellen Lösung schrittweise dem Richtungsfeld der Differenzialgleichung folgt.*

Man versucht also, ausgehend vom Punkt (x_0, y_0) für den Bereich von x_0 bis zu einem gewünschten Endpunkt z eine näherungsweise Lösung aus endlich vielen diskreten Punkten (x_k, y_k) zusammenzusetzen. Dazu nimmt man am einfachsten eine äquidistante Unterteilung der Strecke zwischen x_0 und z mit einer „kleinen" *Schrittweite h* vor: Für n Unterteilungen wählt man

$$h := \frac{z - x_0}{n} \tag{1.17}$$

und hat die Stützstellen

$$x_k = x_0 + kh, \quad k = 0, 1, 2, \ldots, n \tag{1.18}$$

mit $x_n = z$. Das Ziel ist nun, ausgehend vom Anfangswert $y_0 = y(x_0)$ unter Ausnutzung des Richtungsfelds der Reihe nach Näherungen $y_1, y_2, \ldots, y_n$ für die Funktionswerte $y(x_1), y(x_2), \ldots, y(x_n)$ zu finden.

Lesehilfe

Es ist hier bewusst nicht die Rede von dem Intervall von x_0 bis z. Bei einem Intervall $[x_0, z]$ müsste ja stets $z > x_0$ sein. Es darf aber z durchaus auch kleiner sein als x_0: Man erhält dann ein negatives h und bewegt sich in negative x-Richtung.

Ein solches Näherungsverfahren muss darauf abzielen, jeweils mit der „richtigen" Steigung zum nächsten Punkt voranzuschreiten. Nach dem Mittelwertsatz der Differenzialrechnung gibt es tatsächlich Stellen ξ_k zwischen x_k und x_{k+1}, in denen die Steigungen für exakte Schritte vorliegen:

$$y(x_{k+1}) = y(x_k) + f(\xi_k, y(\xi_k))\, h. \tag{1.19}$$

Lesehilfe Mittelwertsatz der Differenzialrechnung
Der *Mittelwertsatz der Differenzialrechnung* besagt:
Es sei $a < b$ und $y : [a, b] \to \mathbb{R}$ eine stetige, in $]a, b[$ differenzierbare Funktion. Dann gibt es ein $\xi \in\,]a, b[$ mit

$$y'(\xi) = \frac{y(b) - y(a)}{b - a}.$$

In Worten: *Eine differenzierbare Funktion nimmt auf einem Intervall (mindestens) einmal die mittlere Steigung an, die sie auf diesem Intervall besitzt.*
Man gelangt von $y(a)$ nach $y(b)$, indem man mit dieser mittleren Steigung voranschreitet, denn es ist

$$y(b) = y(a) + \frac{y(b) - y(a)}{b - a}(b - a) = y(a) + y'(\xi)(b - a).$$

Übertragen auf das Richtungsfeld der Differenzialgleichung ist also $y'(\xi) = f(\xi, y(\xi))$ die Steigung für einen exakten Schritt.

Allerdings sind die Stellen ξ_k und die Steigungen für exakte Schritte nicht bekannt. Man sucht daher für den Schritt von (x_k, y_k) nach (x_{k+1}, y_{k+1}), $x_{k+1} = x_k + h$, einen möglichst guten Näherungswert m für die richtige Steigung, der sich aus x_k, y_k und h ermitteln lässt. Mit ihm wird y_{k+1} berechnet und man erhält insgesamt ein *explizites Einschrittverfahren*[6]

$$y_0 := y(x_0)$$
$$y_{k+1} := y_k + m(x_k, y_k, h)\, h, \quad k = 0, 1, 2, \ldots, n - 1, \tag{1.20}$$

das sukzessive die Werte $y_1, \ldots, y_n$ der Näherungslösung ergibt.

---

[6] Man spricht von einem „Einschrittverfahren", wenn zur Bestimmung von y_{k+1} nur der unmittelbare Vorgängerwert y_k herangezogen wird. Werden weitere Vorgänger mit berücksichtigt, so handelt es sich um ein „Mehrschrittverfahren".

Antwort auf Zwischenfrage (3)

Es sollte gezeigt werden, dass $y(x) = \sqrt{r^2 - x^2}$ die Differenzialgleichung $y' = -x/y$ löst, und der Anfangswert $y(0) = y_0$ betrachtet werden.

Wir leiten unter Beachtung der Kettenregel ab:

$$y'(x) = \left(\sqrt{r^2 - x^2}\right)' = \frac{1}{2\sqrt{r^2 - x^2}}(-2x) = -\frac{x}{\sqrt{r^2 - x^2}} = -\frac{x}{y(x)}.$$

Da steht nichts anderes als $y' = -x/y$ und die Differenzialgleichung wird somit erfüllt. Nun ist $y(0) = \sqrt{r^2} = r$, sodass die spezielle Lösung mit $y(0) = y_0$ gegeben wird durch

$$y(x) = \sqrt{y_0^2 - x^2}.$$

1.2.2   Unterschiedliche Einschrittverfahren

Unterschiedliche Einschrittverfahren unterscheiden sich in der Art und Weise, wie die Steigung $m(x_k, y_k, h)$ bestimmt wird. Das Ziel dieser Verfahren ist es, mit dem Endwert y_n möglichst dicht am „wahren" Wert $y(x_n)$ zu liegen – der natürlich in der Regel nicht bekannt ist.

Wir sehen uns drei Vorgehensweisen an:

(1) **Euler-Verfahren**[7]: Die einfachste Näherung für die Steigung eines Schritts wird gegeben durch die Steigung am Beginn des Schritts, d. h.

$$m(x_k, y_k, h) := f(x_k, y_k). \tag{1.21}$$

(2) **Heun-Verfahren**[8]: Geht man davon aus, dass der Graph der Lösungsfunktion zwischen x_k und $x_k + h$ sein Krümmungsverhalten beibehält, ist der Mittelwert der Steigungen am Anfang und am Ende des Intervalls, also

$$m = \frac{1}{2}(f(x_k, y_k) + f(x_{k+1}, y_{k+1})),$$

in der Regel eine bessere Näherung für die Durchschnittssteigung als die Steigung am Beginn. Darin ist y_{k+1} zwar unbekannt, kann aber mit dem Euler-Verfahren approximiert werden. Dies ergibt insgesamt:

$$m(x_k, y_k, h) := \frac{1}{2}(m_1 + m_2) \qquad \text{mit} \tag{1.22}$$

$$m_1 := f(x_k, y_k)$$
$$m_2 := f(x_k + h, y_k + m_1 h).$$

---

[7] Benannt nach dem Schweizer Mathematiker und Physiker Leonhard Euler, 1707–1783.
[8] Benannt nach dem deutschen Mathematiker Karl Heun, 1859–1929.

(3) **Runge-Kutta-Verfahren**[9]: Beim „klassischen" vierstufigen Runge-Kutta-Verfahren werden zusätzlich Steigungen in der Mitte des Intervalls herangezogen, um aus vier Steigungen schließlich einen gewichteten Mittelwert zu bilden:

$$m(x_k, y_k, h) := \frac{1}{6}(m_1 + 2m_2 + 2m_3 + m_4) \qquad \text{mit} \qquad (1.23)$$

$$m_1 := f(x_k, y_k)$$
$$m_2 := f(x_k + h/2, y_k + m_1 h/2)$$
$$m_3 := f(x_k + h/2, y_k + m_2 h/2)$$
$$m_4 := f(x_k + h, y_k + m_3 h).$$

Der Mittelwert (1.23) ist so gewählt, dass die optimale Fehlerordnung erzielt wird.[10]

Lesehilfe

Die Formeln des Runge-Kutta-Verfahrens lassen sich wie folgt in Worten wiedergeben: m_1 ist die Steigung am Beginn des Schritts. Für m_2 läuft man mit m_1 zur Mitte des Schritts. Für m_3 läuft man mit m_2 zur Mitte des Schritts. Für m_4 läuft man mit m_3 ans Ende des Schritts. Schließlich gibt der Mittelwert den Steigungen m_2 und m_3 doppeltes Gewicht und m_1 und m_4 einfaches.

Bewertung der Verfahren

Der Fehler eines Verfahrens zur Lösung der Differenzialgleichung $y' = f(x, y)$ zwischen x_0 und z mit der Schrittweite h lässt sich festmachen an der Abweichung des Endwerts y_n vom wahren Wert $y(x_n)$. Er setzt sich aus zwei Komponenten zusammen:

- Der *Verfahrensfehler* ergibt sich aus der Diskretisierung des Voranschreitens. Er wird mit $h \to 0$ beliebig klein.
- Der *Rundungsfehler* tritt auf, weil die Zahldarstellung in Computern grundsätzlich mit endlich vielen Nachkommastellen erfolgt. Er wird mit $h \to 0$ immer größer.

Daraus ergibt sich: *Der Gesamtfehler einer numerischen Lösung kann grundsätzlich nicht beliebig klein gemacht werden.* Es gibt vielmehr ein optimales h, für das der Gesamtfehler, d. h. die Summe aus Verfahrensfehler und Rundungsfehler, minimal ist. Dieses h hängt ab von der Differenzialgleichung, vom Anfangswert, vom Verfahren und von der Anzahl der Nachkommastellen, die der Algorithmus verwendet.

---

[9] Benannt nach den deutschen Mathematikern Carl Runge, 1856–1927, und Martin Wilhelm Kutta, 1867–1944.
[10] Es gibt auch weitere Runge-Kutta-Varianten, zum Beispiel dreistufige, die andere Mittelwerte verwenden. Die genaue Betrachtung der Verfahren ergibt, dass der spezielle vierstufige Mittelwert (1.23) eine sehr günstige Fehlerordnung besitzt.

Im Vergleich mit dem Euler-Verfahren benötigt das Heun-Verfahren den doppelten und das Runge-Kutta-Verfahren den vierfachen Rechenaufwand, da pro Schritt zwei bzw. vier Auswertungen der Funktion f der Differenzialgleichung erforderlich sind. Ohne Nachweis halten wir fest, dass *diese Verfahren und dabei insbesondere das Runge-Kutta-Verfahren dafür bei gleichem h und hinreichend oft differenzierbarer Funktion f um Größenordnungen genauere Ergebnisse erzielen.*

Natürlich liegen die einschlägigen Verfahren zur numerischen Lösung von Differenzialgleichungen in Mathematikprogrammen oder Programmiersprachenbibliotheken in vielfältiger Weise vor. Dabei ist oft auch eine intelligente Schrittweitenkontrolle enthalten, mit der für jeden Schritt das jeweils optimale h gewählt wird.

Aber auch das selbst Programmieren und Ausprobieren fällt nicht schwer.

1.2.3 Beispiel zur numerischen Lösung

Wir ermitteln eine numerische Lösung der Differenzialgleichung

$$y' = \frac{y}{x} - \pi x \cos(\pi x) \quad \text{in } \mathbb{R}_+^* \times \mathbb{R} \tag{1.24}$$

mit dem Anfangswert $y(1) = 0$ auf dem Intervall von 1 bis 4. In der obigen Notation haben wir also

$$f(x, y) = \frac{y}{x} - \pi x \cos(\pi x), \quad x_0 = 1, \quad y_0 = 0, \quad z = 4.$$

Die Ergebnisse unterschiedlicher Ansätze sind in Abb. 1.3 dargestellt, zum Vergleich zusammen mit der exakten Lösung $y = -x \sin(\pi x)$. Die Verwendung des Euler-Verfahrens mit der groben Schrittweite von 0.25 ergibt aufgrund des recht „gutartigen" Richtungsfelds bereits den groben Verlauf der Lösung. Die kleinere Schrittweite von 0.1 verbessert das Euler-Verfahren zwar deutlich. Aber mit dem Runge-Kutta-Verfahren liefert diese Schrittweite bereits eine Lösung, deren Graph von der exakten Lösung kaum noch zu unterscheiden ist.

Besonders deutlich wird der Unterschied zwischen den Verfahren auch, wenn man ihren Endwert y_n an der Stelle $z = 4$ im Vergleich mit dem exakten Wert $y(4) = 0$ ansieht: Runge-Kutta liefert mit Schrittweite 0.1 den Wert -0.0000077. Euler ergibt mit dieser Schrittweite 1.097, und selbst mit der Schrittweite 0.001 liefert Euler mit 0.0116 hier noch einen um drei Größenordnungen schlechteren Wert als Runge-Kutta mit der Schrittweite 0.1.

Lesehilfe
Unter einer „Größenordnung" versteht man in der Naturwissenschaft den Faktor 10. Besitzen zwei Werte dieselbe Größenordnung, so unterscheiden sie sich also um deutlich weniger als den Faktor 10. Und liegen sie drei Größenordnungen auseinander, so trennt sie etwa der Faktor 1000.

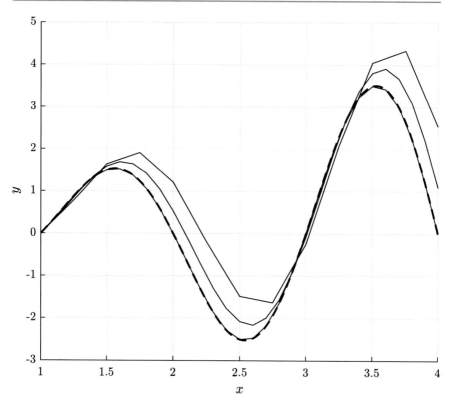

Abb. 1.3 Numerische Lösungen der Differenzialgleichung $y' = y/x - \pi x \cos(\pi x)$ mit dem Anfangswert $y(1) = 0$. Der oberste Graph ergibt sich aus dem Euler-Verfahren mit der Schrittweite 0.25, der darunter liegende mit der Schrittweite 0.1. Das Runge-Kutta-Verfahren ergibt mit der Schrittweite 0.1 bereits eine Näherungslösung, die von der exakten Lösung (gestrichelt) kaum zu unterscheiden ist

Das Runge-Kutta-Verfahren für unser Beispiel wird in MATLAB-Code[11] wie folgt gegeben:

```
f=@(x,y)y/x-pi*x*cos(pi*x);
x0=1; z=4; h=0.1;
x=x0:h:z;
n=length(x);
y=zeros(1,n);
y(1)=0;
for i=1:n-1
  m1=f(x(i),y(i));
  m2=f(x(i)+0.5*h,y(i)+0.5*h*m1);
```

---

[11] Mit GNU Octave steht alternativ eine kostenlose wissenschaftliche Programmiersprache zur Verfügung, deren Syntax weitgehend mit MATLAB kompatibel ist.

```
    m3=f(x(i)+0.5*h,y(i)+0.5*h*m2);
    m4=f(x(i)+h,y(i)+h*m3);
    y(i+1)=y(i)+h*(1/6)*(m1+2*m2+2*m3+m4);
end;
plot(x,y);
display(y(n))
```

Der `plot`-Befehl erzeugt den Graphen der Runge-Kutta-Lösung, und der `display`-Befehl gibt den Endwert des Verfahrens aus, also den oben genannten Wert -0.0000077.

Lesehilfe

MATLAB ist nur eine von vielen Programmiersprachen. Wenn du eine andere Sprache zur Verfügung hast, verwende sie. Syntax und Coding müssen dann natürlich angepasst werden, was aber leicht möglich sein sollte :-)
  Im Folgenden einige Erläuterungen zum MATLAB-Code:

- `x=x0:h:z` erzeugt ein Feld von x-Werten, beginnend bei x_0 mit der Schrittweite h bis z. Es beginnt mit dem Index 1, d.h., es ist $x(1) = x_0$. Das Feld hat die Länge `length(x)`, hier 31, also ist $x(31) = z$.
- `y=zeros(1,n)` setzt zur Sicherheit das zu berechnende Feld der y-Werte auf 0 und gibt ihm die Länge n. Damit wird lediglich sichergestellt, dass es bei mehrfachem Ausführen des Programms mit unterschiedlichen Schrittweiten h keine Probleme gibt.
- `y(1)=0` ist die Anfangsbedingung $y(x_0) = y_0$. Anschließend folgt das Runge-Kutta-Verfahren, siehe (1.23). Die Schleife beginnt beim Startwert $i=1$, d.h. mit $x(1)$ und $y(1)$, endet bei $n - 1 = 31 - 1 = 30$ und erzeugt im letzten Schritt $y(n)$.

1.3 Separable Gleichungen

Für einige spezielle Typen von Differenzialgleichungen $y' = f(x, y)$, d.h. spezielle Formen der Funktion f, gibt es elementare Lösungsverfahren. Zerfällt f beispielsweise in zwei Faktoren, die nur von x bzw. nur von y abhängen, so spricht man von einer *separablen* Differenzialgleichung oder einer Differenzialgleichung *mit getrennten Variablen*. Wir haben also eine Differenzialgleichung der Form

$$y' = g(x)h(y) \quad \text{in } I \times J, \tag{1.25}$$

wobei $g : I \to \mathbb{R}$ und $h : J \to \mathbb{R}$ zwei stetige Funktionen auf den offenen Intervallen I bzw. J sind. Außerdem gelte $h(y) \neq 0$ für alle $y \in J$. Es lässt sich dann in folgender Weise eine Lösung finden: Wir schreiben

$$\frac{\mathrm{d}y}{\mathrm{d}x} = g(x)h(y)$$

und „trennen die Variablen", bringen also alles mit x auf die eine Seite der Gleichung und alles mit y auf die andere:

$$\frac{\mathrm{d}y}{h(y)} = g(x)\,\mathrm{d}x.$$

Diese Gleichung lässt sich integrieren:

$$\int_{y_0}^{y} \frac{\mathrm{d}\tilde{y}}{h(\tilde{y})} = \int_{x_0}^{x} g(\tilde{x})\,\mathrm{d}\tilde{x}. \tag{1.26}$$

Lesehilfe
Die Gleichung lässt sich integrieren, weil links und rechts jeweils nur noch eine Variable steht. Aufgrund der Stetigkeit von g und h mit $h(y) \neq 0$ existieren die beiden Integrale auch.

Ob sich die Integrationen aber tatsächlich (einfach) elementar ausführen lassen, hängt natürlich von der konkreten Form der Funktionen g und h ab.

Die dadurch erhaltene Gleichung ist nach y aufzulösen, um zu der gesuchten Lösung $y = y(x)$ zu gelangen. Aufgrund der bestimmten Integration in (1.26) erfüllt sie die Anfangsbedingung $y(x_0) = y_0$.[12]

Zwischenfrage (4)
Handelt es sich bei den Gleichungen $y' = y$, $y' = xy$, $y' = x + y$, $y' = x(x + y)$, $y' = xy + xy^2$ jeweils um separable Differenzialgleichungen? Falls ja, wie lauten ihre Funktionen h und g nach (1.25)?

Beispiele
(1) Wir greifen noch einmal das Beispiel der Differenzialgleichung (1.15) auf,

$$y' = -\frac{x}{y} \quad \text{in } \mathbb{R} \times \mathbb{R}_{+}^{*}.$$

---

[12] Die Integration kann auch unbestimmt erfolgen und ergibt dann eine Integrationskonstante „c". Eine Anfangsbedingung kann dann nachträglich angewandt werden, um das passende c zu ermitteln.

Es handelt sich hierbei um eine separable Differenzialgleichung und wir haben

$$\frac{\mathrm{d}y}{\mathrm{d}x} = -\frac{x}{y} \quad \text{und damit} \quad y\,\mathrm{d}y = -x\,\mathrm{d}x.$$

Bestimmte Integration bedeutet

$$\int_{y_0}^{y} \tilde{y}\,\mathrm{d}\tilde{y} = -\int_{x_0}^{x} \tilde{x}\,\mathrm{d}\tilde{x}, \tag{1.27}$$

also

$$\frac{1}{2}\left(y^2 - y_0^2\right) = -\frac{1}{2}\left(x^2 - x_0^2\right).$$

Wir lösen diese Gleichung nach y auf und erhalten

$$y = \pm\sqrt{x_0^2 + y_0^2 - x^2}.$$

Aufgrund des Definitionsbereichs der Differenzialgleichung, d. h. $y \in \mathbb{R}_+^*$, kommt hier nur das Pluszeichen in Frage; wir haben also die Lösung

$$y = y(x) = \sqrt{x_0^2 + y_0^2 - x^2}. \tag{1.28}$$

Sie erfüllt die Anfangsbedingung $y(x_0) = y_0$, wie man durch Einsetzen noch einmal leicht verifizieren kann.

Lesehilfe

Die Integrationen und das Auflösen nach y sind hier recht einfach. Schreib es im Zweifel aber unbedingt noch einmal langsam für dich auf.

Erfolgen die Integrationen bestimmt mit den unteren Grenzen x_0 und y_0, so ist die Anfangsbedingung $y(x_0) = y_0$ „eingebaut". Der Blick auf die Lösung und das Prüfen, ob die Anfangsbedingung auch tatsächlich erfüllt ist, stellt einen einfachen und nützlichen Test dar. Für die Lösung (1.28) ist beispielsweise

$$y(x_0) = \sqrt{x_0^2 + y_0^2 - x_0^2} = \sqrt{y_0^2} = y_0$$

und damit alles in Ordnung. Natürlich ist dieser Test keine Garantie für ein richtiges Ergebnis, aber zumindest fallen manche Rechenfehler direkt auf. Diesen kleinen Test solltest du daher immer machen :-)

Führt man die Integration unbestimmt aus, so haben wir anstelle von (1.27)

$$\int y \, dy = -\int x \, dx + c, \quad \text{d. h.} \quad \frac{y^2}{2} = -\frac{x^2}{2} + c, \tag{1.29}$$

und erhalten

$$y = y(x) = \sqrt{2c - x^2}. \tag{1.30}$$

Offenbar gibt es nur für $2c > 0$ Lösungen. Die Anfangsbedingung $y(x_0) = y_0$ lautet

$$y(x_0) = \sqrt{2c - x_0^2} \stackrel{!}{=} y_0,$$

sie ist erfüllt für $2c - x_0^2 = y_0^2$, also $2c = x_0^2 + y_0^2$.

> **Lesehilfe**
> Gleichung (1.29) enthält nur eine Integrationskonstante c. Sie fasst die Integrationskonstanten beider Integrationen zusammen.
>   Solange Integrationskonstanten unbekannte Konstanten sind, lässt sich mit ihnen jonglieren. Das später auftauchende $2c$ ließe sich z. B. durch eine neue Konstante c' ersetzen. Oder man würde einfach die 2 weglassen. So etwas wird oft gemacht und sollte dich nicht irritieren.

(2) Zerfallsgesetz: Die Atomkerne eines radioaktiven Materials zerfallen mit einer bestimmten, dem Material eigenen Wahrscheinlichkeit. Zwar lässt sich für einen individuellen Kern nicht vorhersagen, wann er zerfällt. Betrachten wir aber eine Probe mit N Kernen, so ist die Zerfallsrate $\dot{N}$, d. h. die Anzahl der Zerfälle pro Zeiteinheit, jedenfalls proportional zur Anzahl der (noch) vorhandenen Kerne. Mit einer Proportionalitätskonstante $-\lambda$, $\lambda > 0$, die vom betrachteten Material abhängt, ergibt dies die Differenzialgleichung

$$\dot{N} = -\lambda N. \tag{1.31}$$

Das Minuszeichen drückt aus, dass sich die Anzahl N der Kerne verkleinert, $\dot{N}$ also negativ ist, während N selbst natürlich positiv ist.[13]
    Die Lösung dieser separablen Differenzialgleichung ergibt das Zerfallsgesetz $N = N(t)$: Zunächst haben wir

$$\frac{dN}{dt} = -\lambda N \quad \Rightarrow \quad \frac{dN}{N} = -\lambda \, dt \quad \Rightarrow \quad \int_{N_0}^{N} \frac{d\tilde{N}}{\tilde{N}} = -\lambda \int_{t_0}^{t} d\tilde{t}$$

---

[13] Ohne Minuszeichen beschriebe (1.31) einen Wachstumsprozess, etwa den einer Bakterienkultur.

und nach Ausführen der Integrationen

$$\ln \frac{N}{N_0} = -\lambda(t - t_0).$$ (1.32)

Lesehilfe Integration

Es ist $\int_a^b \frac{dx}{x} = \ln|x|\Big|_a^b$, wobei die Null nicht im Integrationsintervall liegen darf. Ferner ist $\ln|b| - \ln|a| = \ln|b/a|$.

Diese Gleichung ist nach N aufzulösen und ergibt das Zerfallsgesetz

$$N = N(t) = N_0 \, e^{-\lambda(t-t_0)}$$ (1.33)

und zum Zeitpunkt t_0 sind N_0 Kerne vorhanden.

Lesehilfe

Das Auflösen nach N erfordert hier, an das Argument des Logarithmus heranzukommen. Nun ist ln die Umkehrfunktion von exp, d. h., man wendet $\exp(\ldots) = e^{\cdots}$ auf beide Seiten von (1.32) an.

Als Maß für die Geschwindigkeit des Zerfalls wird statt der *Zerfallskonstante* λ oft auch die *Halbwertszeit* $t_{1/2}$ verwendet, nach der die Hälfte der Ausgangsmenge zerfallen ist. Für sie gilt

$$e^{-\lambda t_{1/2}} = \frac{1}{2}, \quad \text{d. h.} \quad t_{1/2} = \frac{\ln 2}{\lambda}.$$ (1.34)

Antwort auf Zwischenfrage (4)

Gefragt war, ob die Gleichungen $y' = y$, $y' = xy$, $y' = x + y$, $y' = x(x + y)$, $y' = xy + xy^2$ separabel sind.

Die Gleichung $y' = y$ besitzt die Form $y' = g(x)h(y)$ mit $g(x) = 1$ und $h(y) = y$ und ist wie $y' = xy$ offensichtlich separabel. Die Gleichung $y' = x + y$ erlaubt keine Trennung der Variablen, und auch $x(x + y)$ lässt sich nicht in zwei Faktoren aufteilen, die nur von x bzw. nur von y abhängen. Bei der Gleichung $y' = xy + xy^2$ jedoch funktioniert es, denn es ist $xy + xy^2 = x(y + y^2)$, also $g(x) = x$ und $h(y) = y + y^2$.

1.4   Lineare Gleichungen erster Ordnung

Eine *lineare* Differenzialgleichung erster Ordnung besitzt die Form

$$y' = a(x)y + b(x) \tag{1.35}$$

mit stetigen Funktionen $a, b : I \to \mathbb{R}$ auf dem Intervall $I \subseteq \mathbb{R}$. Sie ist also *linear bezüglich y' und y*, während die Funktionen a und b beliebig von x abhängen dürfen. Für $b = 0$ nennt man die lineare Differenzialgleichung *homogen*, andernfalls heißt sie *inhomogen*.

1.4.1   Homogene Gleichung

Bei der homogenen Gleichung $y' = a(x)y$ handelt es sich offenbar um eine spezielle separable Differenzialgleichung. Für sie lässt sich daher unmittelbar eine Lösung angeben, die der Anfangsbedingung $y(x_0) = y_0$ genügt:

$$y(x) = y_0 \exp\left(\int_{x_0}^{x} a(t)\,\mathrm{d}t\right). \tag{1.36}$$

Wir haben bereits einige Beispiele gesehen: Die Differenzialgleichungen (1.5), (1.14), (1.31) sind homogene lineare Differenzialgleichungen.

> **Zwischenfrage (5)**
> Wie kommt man auf die Lösung (1.36) der homogenen Gleichung $y' = a(x)y$? Und wo kommt das t darin plötzlich her?

1.4.2   Inhomogene Gleichung: Variation der Konstanten

Wir betrachten nun die inhomogene lineare Differenzialgleichung

$$y' = a(x)y + b(x) \tag{1.37}$$

und suchen eine Lösung $y : I \to \mathbb{R}$, die der Anfangsbedingung $y(x_0) = y_0$ genügt. Dazu gehen wir aus von einer Lösung der zugehörigen homogenen Gleichung:

$$y_{\mathrm{h}}(x) := \exp\left(\int_{x_0}^{x} a(t)\,\mathrm{d}t\right). \tag{1.38}$$

Lesehilfe
Hier steht nichts anderes als der Kern der Lösung (1.36), es fehlt nur y_0. Aber die Integrationskonstante kommt jetzt gesondert ins Spiel.

Mit y_h ist auch jedes Vielfache cy_h eine Lösung. Zur Lösung der inhomogenen Gleichung machen wir nun den als *Variation der Konstanten* bekannten Ansatz

$$y(x) = c(x)\, y_h(x), \tag{1.39}$$

„erlauben also der Konstante, variabel zu sein". Dabei ist die Funktion $c : I \to \mathbb{R}$ noch unbekannt und wir untersuchen jetzt, welchen Bedingungen sie genügen muss, damit y die Gleichung (1.37) erfüllt – und ob das überhaupt möglich ist.

Lesehilfe
Jeder Ansatz ist zunächst nur ein Versuch. Hier gehen wir aus von der Lösung einer ähnlichen, einfacheren Gleichung – der homogenen Gleichung – und lassen die darin enthaltene Konstante variabel sein, geben somit der Lösung weitere Möglichkeiten mit auf den Weg. Ob das erfolgreich ist, zeigt sich durch Ausprobieren des Ansatzes, d. h. durch Einsetzen in die zu lösende Differenzialgleichung.

Es ist zunächst

$$y' = (cy_h)' = cy_h' + c'y_h.$$

Da y_h eine Lösung der homogenen Gleichung ist, gilt $y_h' = ay_h$, d. h., wir haben

$$y' = cay_h + c'y_h.$$

Der Vergleich mit der rechten Seite von (1.37),

$$ay + b = acy_h + b,$$

ergibt, dass y die Gleichung erfüllt, wenn gilt

$$c'y_h = b.$$

Diese Differenzialgleichung für c kann integriert werden und ergibt

$$c(x) = \int\limits_{x_0}^{x} \frac{b(t)}{y_h(t)}\, dt + \text{const.} \tag{1.40}$$

Damit die Anfangsbedingung $y(x_0) = y_0$ erfüllt ist, muss wegen $y_h(x_0) = 1$ gelten $c(x_0) = y_0$, sodass die Integrationskonstante in der obigen Gleichung gleich y_0 ist.

Lesehilfe

In (1.40) wählen wir x_0 als untere Grenze der Integration, weil wir das auch vorher schon so gemacht haben und es sich als praktisch erweist. Es bleibt ohnedies eine Integrationskonstante.

Nun sieht man $y_h(x_0) = 1$ sofort durch Einsetzen in (1.38), denn dort steht dann

$$y_h(x_0) = \exp\left(\int_{x_0}^{x_0} a(t)\,dt\right) = \exp(0) = 1.$$

Und ebenso bleibt nach (1.40) für $c(x_0)$ nur die Integrationskonstante stehen.

Wir haben somit folgendes Ergebnis:

Die lineare Differenzialgleichung $y' = a(x)y + b(x)$ mit der Anfangsbedingung $y(x_0) = y_0$ wird gelöst durch

$$y(x) = y_h(x)\left[y_0 + \int_{x_0}^{x} \frac{b(t)}{y_h(t)}\,dt\right] \quad \text{mit} \quad y_h(x) = \exp\left(\int_{x_0}^{x} a(t)\,dt\right). \quad (1.41)$$

Dabei ist natürlich offen, ob die Integrationen „ausgeführt" werden können. Das hängt von der Form der Funktionen a und b ab. Aber auch wenn die Integrale stehen bleiben müssen, ist (1.41) die Lösung der linearen Differenzialgleichung.

Lesehilfe

Es gibt etliche Funktionen, die keine *elementare* Stammfunktion besitzen. So gibt es zum Beispiel keine elementare Funktion, deren Ableitung gleich e^{-x^2} wäre, gleichbedeutend damit, dass e^{-x^2} eben keine *elementare* Stammfunktion besitzt. Dessen ungeachtet ist e^{-x^2} sehr wohl integrierbar und der Ausdruck $I(x) := \int_{x_0}^{x} e^{-t^2}\,dt$ ist wohldefiniert und liefert eine Stammfunktion von e^{-x^2}. Sie lässt sich nicht schicker aufschreiben und die Werte von $I(x)$ können nur numerisch berechnet werden.

Antwort auf Zwischenfrage (5)
Gesucht ist die Lösung der Gleichung $y' = a(x)y$.

Wir lösen die Gleichung durch Trennung der Variablen:

$$\frac{dy}{dx} = a(x)y \quad \Rightarrow \quad \frac{dy}{y} = a(x)\,dx \quad \Rightarrow \quad \int_{y_0}^{y} \frac{d\tilde{y}}{\tilde{y}} = \int_{x_0}^{x} a(t)\,dt,$$

wobei y und y_0 entweder beide größer 0 sein müssen oder beide kleiner 0. Das Ausführen der ersten Integration ergibt dann

$$\ln \frac{y}{y_0} = \int_{x_0}^{x} a(t)\,dt, \quad \text{d. h.} \quad \frac{y}{y_0} = \exp\left(\int_{x_0}^{x} a(t)\,dt\right)$$

und damit die gesuchte Lösung (1.36). Das Integral über a müssen wir stehen lassen und verwenden als Integrationsvariable t statt des etwas sperrigeren $\tilde{x}$ (das ist aber reine Geschmackssache).

In der Form (1.36) „funktioniert" die Lösung auch für $y_0 = 0$ und ergibt dann $y = 0$, also die Nullfunktion als Lösung.

Beispiel
Wir betrachten die Differenzialgleichung

$$y' = \frac{y}{x} + x^2 e^{-x} \quad \text{in } \mathbb{R}_+^* \times \mathbb{R}. \tag{1.42}$$

Mit den Bezeichnungen von (1.35) ist hier $a(x) = 1/x$ und $b(x) = x^2 e^{-x}$. Die homogene Gleichung $y' = y/x$ besitzt eine Lösung

$$y_{\mathrm{h}}(x) = \exp\left(\int_{1}^{x} \frac{dt}{t}\right) = \exp(\ln x - \ln 1) = x.$$

Eine Lösung $y : \mathbb{R}_+^* \to \mathbb{R}$ der inhomogenen Gleichung mit der Anfangsbedingung $y(1) = y_0$ erhält man daher durch

$$y(x) = x\left[y_0 + \int_{1}^{x} \frac{t^2 e^{-t}}{t}\,dt\right] = x\left[y_0 + \int_{1}^{x} t\, e^{-t}\,dt\right]$$

und das Ausführen der verbleibenden Integration ergibt schließlich

$$y(x) = x\left(y_0 + \frac{2}{e}\right) - \left(x^2 + x\right)e^{-x}. \tag{1.43}$$

Lesehilfe Integration

Wir wiederholen an dieser Stelle einige wichtige Integrationsregeln.

Ein Vorgehen bei der elementaren Integration ist die **Substitution**: Ein Ausdruck im Integranden wird durch einen anderen ersetzt, „substituiert", wobei natürlich auch nach der neuen Variable integriert werden muss. Zum Beispiel: Im Integral $\int x\,e^{-x^2}\,dx$ setzen wir $-x^2 =: z$. Zum Ersetzen des Differenzials leiten wir ab, $dz/dx = -2x$, d. h. $dx = dz/(-2x)$, und erhalten

$$\int x\,e^{-x^2}\,dx = \int x\,e^z\,\frac{dz}{-2x} = -\frac{1}{2}\int e^z\,dz = -\frac{1}{2}e^z = -\frac{1}{2}e^{-x^2}.$$

Die Substitution ist hier wegen des Faktors x im Integranden erfolgreich. In einfacheren Fällen werden nur lineare Funktionen ersetzt, dies führt dann etwa auf

$$\int e^{ax}\,dx = \frac{1}{a}e^{ax} \qquad \text{oder} \qquad \int \cos(kx)\,dx = \frac{1}{k}\sin(kx).$$

Aus der Substitutionsregel ergibt sich insbesondere die „logarithmische Integration": Für stetig differenzierbare Funktionen f mit $f(x) \neq 0$ im Integrationsintervall gilt

$$\int_a^b \frac{f'(x)}{f(x)}\,dx = \ln|f(x)|\Big|_a^b.$$

So ist beispielsweise $\int \frac{2x}{1+x^2}\,dx = \ln(1 + x^2) + c$.

Eine weitere wichtige Integrationsregel ist die **partielle Integration**, die unmittelbar aus der Produktregel der Differenziation folgt: Integriert man diese nämlich, so ergibt sich

$$\int_a^b f(x)g'(x)\,dx = f(x)g(x)\Big|_a^b - \int_a^b f'(x)g(x)\,dx.$$

Die Anwendung der partiellen Integration sieht beispielsweise wie folgt aus:

$$\int \underbrace{x}_{f}\,\underbrace{\cos(\pi x)}_{g'}dx = \underbrace{x}_{f}\,\underbrace{\frac{1}{\pi}\sin(\pi x)}_{g} - \int \underbrace{1}_{f'}\,\underbrace{\frac{1}{\pi}\sin(\pi x)}_{g}dx$$

$$= \frac{x}{\pi}\sin(\pi x) - \frac{1}{\pi}\int \sin(\pi x)\,dx$$

$$= \frac{x}{\pi}\sin(\pi x) + \frac{1}{\pi^2}\cos(\pi x).$$

Zwischenfrage (6)

Zeige, dass die Lösung (1.43) tatsächlich das korrekte Ergebnis ist.

1.5   Allgemeine Bemerkung zur Lösung einer Differenzialgleichung

In den obigen Vorgehensweisen zur **analytischen Lösung** einer Differenzialgleichung erster Ordnung wurde in der Regel eine Lösung y so konstruiert, dass sie eine Anfangsbedingung $y(x_0) = y_0$ erfüllt. Eine solche Lösung nennt man eine *spezielle Lösung* der Differenzialgleichung, nämlich die spezielle Lösung, die genau zu dieser Anfangsbedingung passt.

Die Lösung der Differenzialgleichung ist auch durch unbestimmte Integration möglich. Die auf diese Weise entstehende *allgemeine Lösung* enthält dann mit der Integrationskonstante einen freien Parameter. Aufgrund des noch freien Parameters gibt sie die Gesamtheit aller Lösungen wieder. Dieser freie Parameter kann durch Anwenden einer Anfangsbedingung bestimmt werden; dies ergibt dann ebenfalls die spezielle, zu dieser Bedingung passende Lösung.

Gibt man die Anfangsbedingung allgemein mit $y(x_0) = y_0$ vor, ohne x_0 oder y_0 tatsächlich festzulegen, so hat man aber natürlich auch so etwas wie eine allgemeine Lösung vor sich.

Die **numerische Lösung** einer Differenzialgleichung ergibt grundsätzlich nur eine spezielle Lösung für eine konkrete Anfangsbedingung. Und natürlich darf die zu lösende Gleichung auch keine sonstigen Parameter enthalten bzw. für eventuell vorhandene Parameter müssen konkrete Zahlwerte verwendet werden.

Antwort auf Zwischenfrage (6)

Es sollte gezeigt werden, dass (1.43) stimmt.

Zunächst ergibt das Einsetzen von $x = 1$, dass (1.43) zumindest nicht offensichtlich falsch ist:

$$y(1) = \left(y_0 + \frac{2}{e} \right) - 2e^{-1} = y_0.$$

Wir rechnen nun das Integral $\int_1^x t\,e^{-t}\,dt$ nach: Partielle Integration ergibt

$$\int_1^x t\,e^{-t}\,dt = t\left(-e^{-t}\right)\Big|_1^x - \int_1^x \left(-e^{-t}\right)dt = \left[-t\,e^{-t} - e^{-t}\right]_1^x = \left[-e^{-t}(t+1)\right]_1^x$$

$$= -e^{-x}(x+1) - \left(-e^{-1}\cdot 2\right) = -e^{-x}(x+1) + \frac{2}{e}.$$

Addieren von y_0 und Multiplizieren mit x ergibt dann wie gewünscht

$$y(x) = x\left(y_0 + \frac{2}{e}\right) - \left(x^2 + x\right)e^{-x}.$$

Das Wichtigste in Kürze

- Eine **Differenzialgleichung erster Ordnung** ist eine Gleichung für eine Funktion, in der neben ihrer ersten Ableitung auch die Funktion selbst und die Variable enthalten sein kann.
- **Explizite** Differenzialgleichungen erster Ordnung besitzen die Form $y' = f(x, y)$. Durch sie wird für die Funktion y ein **Richtungsfeld** vorgegeben.
- Eine Differenzialgleichung erster Ordnung wird nicht nur durch eine Funktion, sondern eine **Schar von Funktionen** gelöst, die durch die Integrationskonstante einen freien Parameter enthält. Mit einer **Anfangsbedingung** wird aus dieser Schar eine **spezielle Lösung** festgelegt.
- Explizite Differenzialgleichung erster Ordnung sind einer **numerischen Lösung** zugänglich, indem man ausgehend von einem Anfangswert schrittweise dem Richtungsfeld folgt. Besonders gute Ergebnisse erzielt man in der Regel mit dem **Runge-Kutta-Verfahren**.
- **Separable Differenzialgleichungen** erlauben die Integration, indem die „Variablen" x und y getrennt werden, d. h., dass sie jeweils nur noch auf einer Seite der Gleichung auftreten.
- Eine **lineare Differenzialgleichung** ist linear in y' und y. Homogene lineare Gleichungen sind separable Gleichungen. Für inhomogene Gleichungen kann mithilfe der Variation der Konstanten eine Lösung konstruiert werden. ◄

Und was bedeuten die Formeln?

$$y' = f(x, y), \quad y = y(x), \quad y(x_0) = y_0, \quad y(x) = y(x_0) + \int_{x_0}^{x} f(t, y(t))\, dt,$$

$$x_k := x_0 + kh, \quad y_{k+1} := y_k + m(x_k, y_k, h)\, h, \quad k = 0, 1, 2, \dots, n-1,$$

$$m(x_k, y_k, h) := \frac{1}{6}(m_1 + 2m_2 + 2m_3 + m_4),$$

$$y' = g(x)h(y), \quad \int_{y_0}^{y} \frac{d\tilde{y}}{h(\tilde{y})} = \int_{x_0}^{x} g(\tilde{x})\, d\tilde{x},$$

$$y' = a(x)y + b(x), \quad y(x) = c(x)\, y_{\mathrm{h}}(x),$$

$$y(x) = y_{\mathrm{h}}(x)\left[y_0 + \int_{x_0}^{x} \frac{b(t)}{y_{\mathrm{h}}(t)}\, dt\right] \text{ mit } y_{\mathrm{h}}(x) := \exp\left(\int_{x_0}^{x} a(t)\, dt\right).$$

Übungsaufgaben

A1.1 Wir betrachten die Differenzialgleichung

$$y' = \frac{y}{x} - x \sin x \quad \text{in } \mathbb{R}_+^* \times \mathbb{R}.$$

a) Ließe sich die Gleichung auch auf $\mathbb{R} \times \mathbb{R}$ definieren? Oder auf $\mathbb{R}^* \times \mathbb{R}$?
b) Wird die Gleichung durch $y_1(x) = x \cos x$ gelöst? Oder (auch) durch $y_2(x) = 2x \cos x$? Oder durch $y_3(x) = x \cos x + 2$?

A1.2 Wir betrachten einen auf zwei Stützen ruhenden und durch eine konstante Streckenlast q belasteten Balken. Die Stützen befinden sich auf gleicher Höhe und haben den Abstand l voneinander. Die Biegelinie $y = y(x)$ auf dem Intervall von 0 bis l genügt in diesem Fall für kleine Durchbiegungen näherungsweise der Differenzialgleichung

$$y'' = \frac{q}{2EI}(x^2 - lx).$$

Man nennt sie die „Biegegleichung". Darin sind E (Elastizitätsmodul) und I (Flächenmoment des Balkenquerschnitts) zwei Materialkonstanten und y wird nach unten gemessen.

Wie lautet die allgemeine Lösung der Biegegleichung? Wie lautet die spezielle Lösung für die vorgegebenen Randwerte? Wie groß ist das Maximum der Balkendurchbiegung?

A1.3 Skizziere das Richtungsfeld der Differenzialgleichung

$$y' = \frac{x}{2} \quad \text{in } \mathbb{R} \times \mathbb{R}.$$

Gib anschließend sämtliche Lösungen y an. Welche Lösung genügt der Anfangsbedingung $y(-2) = 0$?

A1.4 Verwende einen Computer, um eine numerische Lösung der Differenzialgleichung

$$y' - \frac{\sin(xy)\cos(xy)}{x^2 + y^2} = 0$$

zum Anfangswert $y(1) = 2$ und für $x \in [1, 10]$ zu ermitteln und graphisch darzustellen. Welches ungefähre Aussehen der Lösung ist zu erwarten?

A1.5 Gib sämtliche Lösungen der folgenden Differenzialgleichungen an:

$$y' = -\frac{y}{x} \quad \text{in } \mathbb{R}_+^* \times \mathbb{R}_+^*; \qquad y' = \frac{2 + y^2}{\sqrt{1 - x^2}} \quad \text{in }]{-}1, 1[\times \mathbb{R}.$$

Hinweis: Es ist

$$\int \frac{\mathrm{d}x}{1 + x^2} = \arctan x + c \qquad \text{und} \qquad \int \frac{\mathrm{d}x}{\sqrt{1 - x^2}} = \arcsin x + c.$$

A1.6 Bei welchen der folgenden Differenzialgleichungen handelt es sich um separable Gleichungen?

(1) $\quad y' = 3y \sin(kx)$

(2) $\quad y' = e^y \cos x$

(3) $\quad y' = \sqrt{1 - y^2}, \quad |y| < 1$

(4) $\quad y' = (a^2 + x^2)(b^2 + y^2), \quad a, b > 0$

(5) $\quad (1 - x^2)y' - xy + 1 = 0, \quad |x| < 1.$

Gib für Gleichung (5) die Lösung durch einen beliebigen Punkt (x_0, y_0) des Definitionsbereichs an.

Eigenschaften der Lösungen

2

Im vorigen Kapitel haben wir uns mit Differenzialgleichungen erster Ordnung befasst. Wir haben gesehen, wie man sie numerisch lösen kann, und dass sich in bestimmten Fällen mit elementaren Lösungsmethoden auch analytische Lösungen finden lassen.

Bevor wir in den kommenden Kapiteln weitere analytische Lösungsmethoden entwickeln, wollen wir in diesem Kapitel zunächst die prinzipielle Frage nach der Lösbarkeit und den Eigenschaften der Lösungen einer Differenzialgleichung stellen. Dabei interessieren wir uns natürlich auch für Differenzialgleichungen *höherer Ordnung*. Da diese aber auf *Systeme von Differenzialgleichungen erster Ordnung* zurückgeführt werden können, lassen sich die zentralen Aussagen letztlich mit Differenzialgleichungen erster Ordnung formulieren. Wir werden außerdem sehen, dass die numerische Lösung eines Differenzialgleichungssystems erster Ordnung – und damit auch einer Differenzialgleichung höherer Ordnung – mit den Methoden aus Abschn. 1.2 problemlos möglich ist.

Schließlich sehen wir uns die speziellen Eigenschaften der Lösungen *linearer* Differenzialgleichungen höherer Ordnung an. Die hier formulierten Zusammenhänge werden wir in den folgenden Kapiteln in mannigfaltiger Weise nutzen.

Wozu dieses Kapitel im Einzelnen
- Wir müssen uns zunächst ansehen, was ein System von Differenzialgleichungen erster Ordnung ist. Lösen können wir ein solches System übrigens schon – und werden das leicht erkennen.
- Wenn wir eine Lösung einer Differenzialgleichung haben, möchten wir wissen, ob das die einzig mögliche Lösung ist. Wir benötigen daher einen „Eindeutigkeitssatz".
- Wir würden gerne wissen, ob oder unter welchen Bedingungen eine Differenzialgleichung überhaupt eine Lösung besitzt. Die Antwort gibt ein „Existenzsatz".

© Springer-Verlag GmbH Deutschland, ein Teil von Springer Nature 2022
J. Balla, *Gewöhnliche Differenzialgleichungen leicht gemacht!*,
https://doi.org/10.1007/978-3-662-64752-3_2

- Um Aussagen über Differenzialgleichungen höherer Ordnung treffen zu können, sehen wir uns an, wie ihr Zusammenhang mit Differenzialgleichungssystemen erster Ordnung aussieht, und übertragen die Eindeutigkeits- und Existenzaussagen.
- Lineare Differenzialgleichungen besitzen viele praktische Anwendungen und wir werden in den folgenden Kapiteln noch intensiv mit ihnen zu tun haben. Wir wollen uns die Eigenschaften ihrer Lösungen daher genau ansehen.

2.1 Differenzialgleichungssysteme erster Ordnung

Variable Größen $y_1(x), y_2(x), \ldots, y_n(x)$ können in der Weise gekoppelt sein, dass die momentane Änderung einer Größe, $y_i'(x)$, nicht nur von x und $y_i(x)$ abhängt, sondern auch von den restlichen Größen $y_j(x)$ mit $j \neq i$. Es besteht dann also ein Zusammenhang der Form

$$y_i' = f_i(x, y_1, \ldots, y_n), \quad i = 1, \ldots, n.$$

Diese n „gekoppelten" Differenzialgleichungen bilden ein *Differenzialgleichungssystem*:

Definition 2.1 *Es sei $G \subseteq \mathbb{R} \times \mathbb{R}^n$ ein Gebiet und $\boldsymbol{f} : G \to \mathbb{R}^n$, $(x, \boldsymbol{y}) \mapsto \boldsymbol{f}(x, \boldsymbol{y})$, eine stetige Funktion. Dann nennt man*

$$\boldsymbol{y}' = \boldsymbol{f}(x, \boldsymbol{y})$$

ein System von n Differenzialgleichungen erster Ordnung. *Eine* Lösung *dieses Systems ist eine auf einem Intervall $I \subseteq \mathbb{R}$ definierte differenzierbare Funktion $\boldsymbol{y} : I \to \mathbb{R}^n$, deren Graph vollständig in G enthalten ist und durch die die Differenzialgleichung gelöst wird, d. h., dass für alle $x \in I$ gilt $\boldsymbol{y}'(x) = \boldsymbol{f}(x, \boldsymbol{y}(x))$.*

Mit den Komponentendarstellungen $\boldsymbol{y} = (y_1, \ldots, y_n)$ und $\boldsymbol{f} = (f_1, \ldots, f_n)$ lautet das Differenzialgleichungssystem:

$$\begin{aligned}
y_1' &= f_1(x, y_1, \ldots, y_n) \\
y_2' &= f_2(x, y_1, \ldots, y_n) \\
&\vdots \\
y_n' &= f_n(x, y_1, \ldots, y_n).
\end{aligned} \tag{2.1}$$

Lesehilfe
Vektoren bzw. mehrdimensionale Größen machen wir durch fette Buchstaben kenntlich. In der obigen Definition haben wir $f : G \to \mathbb{R}^n$, also $f(x, y) \in \mathbb{R}^n$, und wegen $(x, y) \mapsto f(x, y)$ auf der Menge $G \subseteq \mathbb{R} \times \mathbb{R}^n$ ist auch $y \in \mathbb{R}^n$. Wir haben es daher mit den n-Tupeln $f = (f_1, \ldots, f_n)$ und $y = (y_1, \ldots, y_n)$ zu tun.

Ob Tupel liegend geschrieben werden, wie gerade geschehen, oder stehend, wie oft bei Vektoren üblich, macht für unsere Anwendungen keinen Unterschied, und wir werden beide Schreibweisen verwenden.

*In der Schreibweise von Definition 2.1 ist ein Differenzialgleichungssystem erster Ordnung formal identisch mit einer einfachen Differenzialgleichung erster Ordnung, siehe Definition 1.1. Es werden lediglich y und f durch vektorielle Größen **y** und **f** verallgemeinert. Sämtliche Aussagen über Differenzialgleichungssysteme können daher auch auf einfache Differenzialgleichungen angewandt werden; für sie ist n = 1.*

Natürlich ist ein gekoppeltes Differenzialgleichungssystem i. Allg. einer analytischen Lösung nicht unmittelbar zugänglich, da die gesuchten Lösungsfunktionen simultan in mehreren Gleichungen auftreten.

Die numerische Lösung eines Differenzialgleichungssystems ist jedoch wie bei einer einzelnen Gleichung ohne Weiteres möglich: Sie erfolgt nun simultan für alle Gleichungen.

Beispiele

(1) Wir betrachten das Differenzialgleichungssystem

$$y_1' = y_2$$
$$y_2' = -4y_1 - y_2 + \cos x. \qquad (2.2)$$

Im Sinn der obigen Notation ist hier also

$$f_1(x, y_1, y_2) = y_2$$
$$f_2(x, y_1, y_2) = -4y_1 - y_2 + \cos x.$$

Wir wollen die Gleichungen numerisch zu den Anfangswerten $y_1(0) = 0$ und $y_2(0) = 1$ für $x \in [0, 14]$ lösen. Dazu wählen wir das Runge-Kutta-Verfahren, das jetzt in Erweiterung zum Vorgehen in Abschn. 1.2.3 simultan für beide Gleichungen durchgeführt wird. Die Einzelheiten lassen sich dem MATLAB-Code entnehmen:

```
f1=@(x,y1,y2)y2;
f2=@(x,y1,y2)-4*y1-y2+cos(x);
x0=0; z=14; h=0.01;
x=x0:h:z;
n=length(x);
y1=zeros(1,n); y2=zeros(1,n);
```

```
y1(1)=0;  y2(1)=1;
for i=1:n-1
  m11=f1(x(i),y1(i),y2(i));
  m12=f1(x(i)+0.5*h,y1(i)+0.5*h*m11,y2(i));
  m13=f1(x(i)+0.5*h,y1(i)+0.5*h*m12,y2(i));
  m14=f1(x(i)+h,y1(i)+h*m13,y2(i));
  y1(i+1)=y1(i)+h*(1/6)*(m11+2*m12+2*m13+m14);
  m21=f2(x(i),y1(i),y2(i));
  m22=f2(x(i)+0.5*h,y1(i),y2(i)+0.5*h*m21);
  m23=f2(x(i)+0.5*h,y1(i),y2(i)+0.5*h*m22);
  m24=f2(x(i)+h,y1(i),y2(i)+h*m23);
  y2(i+1)=y2(i)+h*(1/6)*(m21+2*m22+2*m23+m24);
end;
plot(x,y1);
plot(x,y2)
```

Das Ergebnis dieser numerischen Lösung ist in Abb. 2.1 dargestellt.

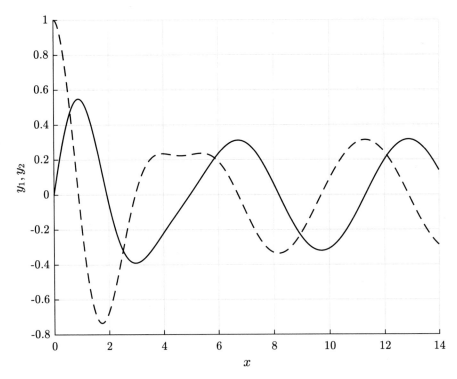

Abb. 2.1 Numerische Lösungen y_1 und y_2 (gestrichelt) des Differenzialgleichungssystems (2.2), $y_1' = y_2$ und $y_2' = -4y_1 - y_2 + \cos x$, mit den Anfangswerten $y_1(0) = 0$ und $y_2(0) = 1$ auf dem Intervall von 0 bis 14. Aufgrund der einfachen ersten Gleichung lässt sich die Lösung zumindest auf Plausibilität prüfen: An den Nullstellen von y_2 weist y_1 einen stationären Punkt auf

Lesehilfe

Wie du siehst, werden zur Lösung eines Differenzialgleichungssystems einfach alle Gleichungen des Systems (hier zwei, für y_1 und y_2) simultan gelöst. Das Runge-Kutta-Verfahren arbeitet mit vier Steigungen, aus denen ein gewichteter Mittelwert gebildet wird. Für y_1 sind das hier die Steigungen m11 bis m14 und für y_2 die Steigungen m21 bis m24. Also alles „wie immer", nur zweimal ;-)

(2) Beim „Räuber-Beute-Problem" wird untersucht, wie sich die Population einer Beute, $N_1(t)$, und die ihres Räubers, $N_2(t)$, gegenseitig beeinflussen. Man kann sich leicht vorstellen, dass viele Räuber die Beute stark dezimieren und umgekehrt wenig Beute die Population der Räuber negativ beeinflusst. Der genaue Zusammenhang wird durch ein System von zwei gekoppelten Differenzialgleichungen erster Ordnung beschrieben, den *Lotka-Volterra-Gleichungen*[1]

$$\dot{N_1} = N_1(a_1 - b_1 N_2)$$
$$\dot{N_2} = -N_2(a_2 - b_2 N_1)$$
(2.3)

mit den Parametern

$$a_1 = \text{Reproduktionsrate der Beute ohne Störung}$$
$$b_1 = \text{Sterberate der Beute pro Räuberlebewesen}$$
$$a_2 = \text{Sterberate der Räuber ohne Beute}$$
$$b_2 = \text{Reproduktionsrate der Räuber pro Beutelebewesen.}$$

Sind diese Parameter bekannt oder geschätzt, so lassen sich anhand des Systems (2.3) und bei bekannten Anfangswerten numerisch Vorhersagen für die Populationszahlen $N_1(t)$ und $N_2(t)$ gewinnen. Siehe auch Abb. B.3.

Lesehilfe

Die Anpassung des obigen MATLAB-Codes zur Lösung von (2.2) auf das Räuber-Beute-System (2.3) ist leicht möglich: Wenn du nicht viel ändern willst, dann stehen jetzt x, y1 und y2 für t, N_1 und N_2. Dann haben wir

```
f1=@(x,y1,y2)y1*(a1-b1*y2);
f2=@(x,y1,y2)-y2*(a2-b2*y1);
```

---

[1] Benannt nach dem Chemiker und Versicherungsmathematiker Alfred James Lotka, 1880–1949, und dem Mathematiker und Physiker Vito Volterra, 1860–1940.

wobei natürlich die Parameter a1, b1, a2, b2 zuvor mit geeigneten konkreten Zahlwerten versehen werden müssen (oder in der Definition von f1 und f2 direkt durch Zahlen ersetzt werden).

Des Weiteren sind die Anfangswerte y1(1) und y2(1) vorzugeben und die „Laufzeit" z, die abhängig vom Problem etwa in Tagen, Wochen oder Monaten gemessen wird. Entsprechend kann h natürlich angepasst werden.

Das ist schon alles :-)

2.2 Existenz und Eindeutigkeit einer Lösung

Bisher haben wir Differenzialgleichungen „einfach gelöst", ohne uns im Vorhinein zu fragen, ob das möglich ist. Tatsächlich ist nicht jede beliebige Differenzialgleichung bzw. jedes Differenzialgleichungssystem lösbar oder eindeutig lösbar. Dies wird erst sichergestellt, wenn die Funktion f, durch die die Differenzialgleichung festgelegt wird, „lokal Lipschitz-stetig" ist. Wir werden uns nun ansehen, was das bedeutet.

2.2.1 Lipschitz-Stetigkeit

Die *Lipschitz-Stetigkeit* ist eine besondere Form der Stetigkeit. Im Hinblick auf die Funktionen f der Differenzialgleichungssysteme $y' = f(x, y)$, für die wir sie benötigen, ist sie wie folgt definiert:

Definition 2.2 *Es sei $G \subseteq \mathbb{R} \times \mathbb{R}^n$ und $f : G \to \mathbb{R}^n$, $(x, y) \mapsto f(x, y)$, eine Funktion. Die Funktion f heißt* Lipschitz-stetig[2] *oder auch L-stetig bzgl. der Variable y, falls es eine Zahl $L \geq 0$ gibt, sodass für alle $(x, y), (x, \tilde{y}) \in G$ gilt*

$$|f(x, y) - f(x, \tilde{y})| \leq L|y - \tilde{y}|.$$

Die Funktion f heißt lokal Lipschitz-stetig, *wenn es um jeden Punkt $(x, y) \in G$ eine Umgebung gibt, sodass f auf dieser Umgebung Lipschitz-stetig ist.*

Lesehilfe
Vielleicht ist die Lipschitz-Stetigkeit ein neuer Begriff für dich; sie wird in der „grundlegenden" Analysis selten verwendet. Wir werden aber gleich sehen, was sie bedeutet.

---

[2] Benannt nach dem deutschen Mathematiker Rudolf Lipschitz, 1832–1903.

Kurz zur Schreibweise: Die Betragsstriche $|\ldots|$ in Definition 2.2 stehen für die euklidische Norm des $\mathbb{R}^n$: Für $\boldsymbol{a}, \boldsymbol{b} \in \mathbb{R}^n$ ist

$$|\boldsymbol{a} - \boldsymbol{b}| := \sqrt{(a_1 - b_1)^2 + \ldots + (a_n - b_n)^2}.$$

Wir haben es ja mit n-Tupeln $\boldsymbol{y}$ und $\boldsymbol{f}(x, \boldsymbol{y})$ zu tun.

Beachte ferner, dass sich die Lipschitz-Stetigkeit der Funktion $\boldsymbol{f}$ in Definition 2.2 nur auf die Variable $\boldsymbol{y}$ bezieht, während x diesbezüglich als ein fester Parameter zu betrachten ist.

Eine Lipschitz-stetige Funktion darf sich nur „beschränkt schnell ändern": Schreibt man die Lipschitz-Bedingung in der Form

$$\frac{|\boldsymbol{f}(x, \boldsymbol{y}) - \boldsymbol{f}(x, \tilde{\boldsymbol{y}})|}{|\boldsymbol{y} - \tilde{\boldsymbol{y}}|} \leq L,$$

so erkennt man, dass die Beträge sämtlicher Sekantensteigungen der Funktion kleiner als die *Lipschitz-Konstante L* bleiben müssen.

Bei einer Lipschitz-stetigen Funktion gibt es ein globales L für die gesamte Funktion. Für unsere Anwendungen wird aber die *lokale* Lipschitz-Stetigkeit ausreichend sein, bei der es nur für (kleine) Umgebungen der einzelnen Punkte jeweils eine Lipschitz-Konstante geben muss. Diese kann dann von Punkt zu Punkt – bzw. von Umgebung zu Umgebung – unterschiedlich sein und darf insbesondere auch immer größer werden.

Bei der lokalen Lipschitz-Stetigkeit handelt es sich um eine Verschärfung der Stetigkeit, ohne dass aus ihr bereits die Differenzierbarkeit folgen würde. Sie liegt somit gewissermaßen zwischen diesen beiden Eigenschaften.

Lesehilfe Stetigkeit

Die Stetigkeit einer Funktion $y \mapsto f(y)$ ist mit dem *ε-δ-Kriterium der Stetigkeit* wie folgt charakterisiert:

Die Funktion f ist genau dann stetig in y, wenn es zu jedem $\varepsilon > 0$ ein $\delta > 0$ gibt, sodass gilt

$$|f(y) - f(\tilde{y})| < \varepsilon \text{ für alle } \tilde{y} \text{ mit } |y - \tilde{y}| < \delta.$$

Ist f lokal Lipschitz-stetig, so gibt es zu jedem y eine Umgebung mit einer endlichen Lipschitz-Konstante L und

$$|f(y) - f(\tilde{y})| \leq L|y - \tilde{y}|$$

für alle $\tilde{y}$ aus dieser Umgebung. Wählen wir nun im ε-δ-Kriterium der Stetigkeit $\delta := \varepsilon/L$, so sehen wir, dass aus lokaler Lipschitz-Stetigkeit die gewöhnliche Stetigkeit folgt, denn dann ist ja

$$|f(y) - f(\tilde{y})| \leq L|y - \tilde{y}| = \frac{\varepsilon}{\delta}\underbrace{|y - \tilde{y}|}_{<\delta} < \varepsilon.$$

Machen wir uns die Begriffe an einem eindimensionalen **Beispiel** klar:

Betrachten wir die Funktion $f : \mathbb{R} \to \mathbb{R}$ mit $f(x) = \sqrt[3]{x}$. Ihre Ableitung $f'(x) = 1/(3\sqrt[3]{x^2})$ ist bei 0 nicht definiert, der Graph besitzt hier eine vertikale Tangente mit „unendlich großer" Steigung. Nun gilt:

- Auf jedem Intervall $]\varepsilon, \infty[$ mit $\varepsilon > 0$ ist f Lipschitz-stetig mit der Lipschitz-Konstante $L = 1/(3\sqrt[3]{\varepsilon^2})$, da hier die größte Steigung am Anfang des Intervalls auftritt und die Sekantensteigungen kleiner sind als die größte Tangentensteigung.
- Für $\varepsilon \to 0$ wächst $1/(3\sqrt[3]{\varepsilon^2})$ über alle Grenzen. Auf $]0, \infty[$ ist f daher nicht Lipschitz-stetig. Aber immerhin ist f noch lokal Lipschitz-stetig: Zu jeder Stelle $\mu \in]0, \infty[$ betrachten wir beispielsweise die Umgebung $]\mu/2, 3\mu/2[$; sie besitzt die Lipschitz-Konstante $L = 1/(3\sqrt[3]{(\mu/2)^2})$.
- Auf einem Intervall, das die 0 enthält, ist f nicht lokal Lipschitz-stetig, da sich für eine Umgebung der 0 keine endliche Lipschitz-Konstante finden lässt.

Zwischenfrage (1)

Ist die Betragsfunktion abs $: \mathbb{R} \to \mathbb{R}$, $x \mapsto |x|$, auf $\mathbb{R}$ lokal Lipschitz-stetig? Ist sie Lipschitz-stetig? Ist sie differenzierbar?

Natürlich ist nicht immer offensichtlich, ob eine Funktion und insbesondere die Funktion f einer Differenzialgleichung lokal Lipschitz-stetig ist. Der folgende Satz liefert aber ein einfach zu prüfendes Kriterium:

Satz 2.1 *Es sei $G \subseteq \mathbb{R} \times \mathbb{R}^n$ ein Gebiet und $f : G \to \mathbb{R}^n$, $(x, y) \mapsto f(x, y)$, eine bezüglich der Variablen $y = (y_1, \ldots, y_n)$ stetig partiell differenzierbare Funktion. Dann ist f in G bezüglich y lokal Lipschitz-stetig.*

Beweis Der Beweis kann mithilfe des Mittelwertsatzes für Funktionen mehrerer Veränderlicher erfolgen. Wir führen ihn nicht aus.   ○

Lesehilfe partielle Differenzierbarkeit

Die Funktion f, mit der wir es in den Differenzialgleichungssystemen zu tun haben, ist vektorwertig. Die Ableitung einer solchen Funktion erfolgt einfach komponentenweise.

Betrachten wir nun eine eindimensionale Funktion f, die von n Argumenten x_i abhängt, also $f = f(x_1, \ldots, x_n)$ oder auch $f(x)$. Eine solche Funktion f heißt *partiell differenzierbar bzgl. der i-ten Koordinatenrichtung*, falls der Grenzwert

$$\partial_i f(x) := \lim_{h \to 0} \frac{f(x + he_i) - f(x)}{h}$$

existiert, wobei e_i für den i-ten Einheitsvektor steht. Es handelt sich also um die Steigung der Funktion in Richtung der i-ten Koordinate.

Die partiellen Ableitungen lassen sich wie gewöhnliche Ableitungen berechnen: Die partielle Ableitung bzgl. der i-ten Koordinatenrichtung ist nichts anderes als die gewöhnliche Ableitung bzgl. der i-ten Variable, wobei die übrigen $n - 1$ Veränderlichen wie Konstante behandelt werden. Man schreibt daher statt $\partial_i f$ auch $\partial f / \partial x_i$, analog zu den gewöhnlichen Ableitungen $f' = \mathrm{d}f/\mathrm{d}x$.

Ist also eine Funktion stetig partiell differenzierbar, so ist sie auch lokal Lipschitz-stetig. Für die Funktion $f = (f_1, \ldots, f_n)$ aus Satz 2.1 muss demnach geprüft werden, ob die n^2 partiellen Ableitungen $\partial f_k / \partial y_i$, $k, i = 1, \ldots, n$, allesamt auf ganz G existieren und ob diese Ableitungen darüber hinaus stetig sind. Falls ja, ist f bzgl. y lokal Lipschitz-stetig, und falls nicht, kann mithilfe dieses Kriteriums keine Aussage getroffen werden.

Antwort auf Zwischenfrage (1)

Gefragt war, ob die Betragsfunktion abs : $\mathbb{R} \to \mathbb{R}$ (lokal) Lipschitz-stetig und differenzierbar ist.

Die Betragsfunktion ist Lipschitz-stetig mit der Lipschitz-Konstanten $L = 1$. Stärker können ihre Sekanten offenbar nicht ansteigen oder abfallen. Wenn sie Lipschitz-stetig ist, ist sie erst recht lokal Lipschitz-stetig mit $L = 1$ in jeder Umgebung eines jeden Punkts.

Sie ist bei 0 nicht differenzierbar; hier liegt ein „Knick" im Graphen vor, siehe auch Abb. 2.2. Aber Differenzierbarkeit ist für Lipschitz-Stetigkeit nicht notwendig: Satz 2.1 besagt nur, dass eine differenzierbare Funktion sicher auch lokal Lipschitz-stetig ist, aber nicht umgekehrt.

Beispiel

Die soeben formulierten Zusammenhänge gelten natürlich auch für $n = 1$ und können daher auf sämtliche Beispiele aus Kap. 1 angewendet werden. Wir sehen uns noch einmal (1.15) an,

$$y' = -\frac{x}{y} \quad \text{in } \mathbb{R} \times \mathbb{R}_+^*,$$

und fragen uns, ob ihre Funktion

$$f = f(x, y) = -\frac{x}{y} \tag{2.4}$$

auf $G = \mathbb{R} \times \mathbb{R}_+^*$ bzgl. y lokal Lipschitz-stetig ist: Wir bilden die partielle Ableitung

$$\frac{\partial f}{\partial y} = \frac{\partial}{\partial y}\left(-\frac{x}{y}\right) = \frac{x}{y^2}. \tag{2.5}$$

Da dieser Ausdruck für alle $y \in \mathbb{R}_+^*$ existiert, ist f bzgl. y partiell differenzierbar. Außerdem ist die Funktion $y \mapsto x/y^2$ auf $\mathbb{R}_+^*$ stetig. Somit ist f auf G bzgl. y stetig partiell differenzierbar und damit lokal Lipschitz-stetig.

Übrigens ist f in diesem Beispiel tatsächlich nur lokal Lipschitz-stetig, aber nicht global: Für $y \to 0$ werden die partiellen Ableitungen und damit auch die Sekantensteigungen beliebig groß.

2.2.2 Eindeutigkeitssatz

Wir werden nun sehen, dass die lokale Lipschitz-Stetigkeit die Eindeutigkeit der Lösung einer Differenzialgleichung sicherstellt:

Satz 2.2 *Es sei $G \subseteq \mathbb{R} \times \mathbb{R}^n$ ein Gebiet und $f : G \to \mathbb{R}^n$, $(x, y) \mapsto f(x, y)$, eine bzgl. der Variable y lokal Lipschitz-stetige Funktion. Ferner seien $y, \tilde{y} : I \to \mathbb{R}^n$ zwei Lösungen der Differenzialgleichung $y' = f(x, y)$ über einem Intervall $I \subseteq \mathbb{R}$. Gilt dann $y(x_0) = \tilde{y}(x_0)$ für ein $x_0 \in I$, so folgt $y(x) = \tilde{y}(x)$ für alle $x \in I$.*

Lesehilfe

Der Eindeutigkeitssatz besagt also, dass zu einer Anfangsbedingung nur eine Lösung gehört. Hier ausgedrückt als: Wenn es eine zweite Lösung gibt, die dieselbe Anfangsbedingung erfüllt, so ist sie nicht nur bei x_0, sondern überall gleich der ersten Lösung.

Der Beweis ist recht technisch. Bist du vorwiegend an Anwendungen interessiert, reicht es, ihn zu überfliegen.

Beweis Der Beweis von Satz 2.2 erfolgt in zwei Schritten: Zunächst zeigen wir die lokale Eindeutigkeit um den Anfangswert (I), anschließend zeigen wir, dass sie dann auch global gelten muss (II).

(I) Wir zeigen: Gilt $y(x_0) = \tilde{y}(x_0)$, so gibt es ein $\varepsilon > 0$ so, dass auch in der ε-Umgebung von x_0 gilt $y(x) = \tilde{y}(x)$.[3]

Sind y und $\tilde{y}$ Lösungen, so erfüllen sie analog zu (1.4) beide die Integralgleichung

$$y(x) = y(x_0) + \int_{x_0}^{x} f(t, y(t))\, dt.$$

Subtrahiert man beide Gleichungen, so folgt wegen $y(x_0) = \tilde{y}(x_0)$

$$y(x) - \tilde{y}(x) = \int_{x_0}^{x} [f(t, y(t)) - f(t, \tilde{y}(t))]dt. \tag{2.6}$$

Da f lokal Lipschitz-stetig ist, gibt es Konstanten $\delta > 0$ und $L \geq 0$ so, dass in der δ-Umgebung von x_0 gilt

$$|f(t, y(t)) - f(t, \tilde{y}(t))| \leq L|y(t) - \tilde{y}(t)|, \tag{2.7}$$

also für alle $t \in U_\delta(x_0) \cap I$. Aufgrund ihrer Differenzierbarkeit und damit Stetigkeit können wir außerdem annehmen, dass y und $\tilde{y}$ auf $U_\delta(x_0) \cap I$ beschränkt sind. Wir setzen

$$M := \sup\{|y(t) - \tilde{y}(t)| \,\big|\, t \in U_\delta(x_0) \cap I\} \tag{2.8}$$

und

$$\varepsilon := \min\{\delta, 1/2L\}. \tag{2.9}$$

Ausgehend von (2.6) folgt nun für alle $x \in U_\varepsilon(x_0) \cap I$

$$|y(x) - \tilde{y}(x)| = \left| \int_{x_0}^{x} [f(t, y(t)) - f(t, \tilde{y}(t))]dt \right|$$

$$\overset{(2.7)}{\leq} L \left| \int_{x_0}^{x} |y(x) - \tilde{y}(x)|dt \right| \overset{(2.8)}{\leq} L|x - x_0|M \overset{(2.9)}{\leq} \frac{1}{2}M.$$

Aufgrund der Definition von M folgt daraus aber auch $M \leq \frac{1}{2}M$, was nur möglich ist für $M = 0$. Dies aber bedeutet $y = \tilde{y}$ auf $U_\varepsilon(x_0) \cap I$, womit (I) gezeigt wäre.

---

[3] Die ε-Umgebung von x_0 ist die Menge $U_\varepsilon(x_0) = \{x \in \mathbb{R} \,\big|\, |x - x_0| < \varepsilon\} =]x_0 - \varepsilon, x_0 + \varepsilon[$.

(II) Wir zeigen jetzt $y(x) = \tilde{y}(x)$ für alle $x \in I$ mit $x \geq x_0$ (für $x \leq x_0$ geht man analog vor): Es sei

$$w := \sup\{x \in I \mid y|[x_0, x] = \tilde{y}|[x_0, x]\}.$$

Falls w dem rechten Intervallende von I entspricht, ist nichts mehr zu zeigen. Andernfalls gibt es ein $\delta > 0$ so, dass $[w, w + \delta] \subset I$. Da y und $\tilde{y}$ stetig sind, gilt $y(w) = \tilde{y}(w)$. Nach (I) gibt es dann eine ε-Umgebung von w, in der y und $\tilde{y}$ übereinstimmen, im Widerspruch zur Definition von w. Daher gilt $y(x) = \tilde{y}(x)$ für alle $x \in I$ mit $x \geq x_0$.   •

Aus den Voraussetzungen des Eindeutigkeitssatzes ergibt sich für $n = 1$ insbesondere, dass die *„Feldlinien" des Richtungsfelds der Differenzialgleichung nicht ineinander übergehen dürfen*. Andernfalls würden die Lösungen von einem Punkt ausgehend auseinanderlaufen können.

Zwischenfrage (2)
Wenn eine Differenzialgleichung $y' = f(x, y)$ die Voraussetzungen des Eindeutigkeitssatzes *nicht* erfüllt, können sich dann die Feldlinien ihres Richtungsfelds schneiden?

Beispiele
(1) In Kap. 1 haben wir mit unterschiedlichen Methoden Lösungen zu verschiedenen Differenzialgleichungen $y' = f(x, y)$ gefunden. Diese Lösungen sind allesamt eindeutig, da die Funktionen f der Differenzialgleichungen lokal Lipschitz-stetig sind: Wie man im Einzelnen leicht nachprüft, sind die partiellen Ableitungen $\frac{\partial f(x,y)}{\partial y}$ im Definitionsbereich existent und stetig.

(2) Wir sehen uns eine Differenzialgleichung an, für die der Eindeutigkeitssatz nicht gilt:

$$y' = y^{2/3} \quad \text{in } \mathbb{R} \times \mathbb{R}. \tag{2.10}$$

Auf den ersten Blick handelt es sich um eine „normale" separable Gleichung. Die Funktion f dieser Differenzialgleichung lautet

$$f(x, y) = y^{2/3} = \sqrt[3]{y^2}$$

und ist für alle $y \in \mathbb{R}$ definiert. Aber sie ist bei $y = 0$ nicht partiell differenzierbar. Man muss sich diese Stelle also ansehen: Tatsächlich wird die y-Ableitung hier unendlich groß, die Funktion ist somit in keiner Umgebung eines Punkts $(x, 0)$ Lipschitz-stetig und damit insgesamt nicht lokal Lipschitz-stetig, siehe Abb. 2.2. Die Voraussetzungen für den Eindeutigkeitssatz sind somit nicht erfüllt.

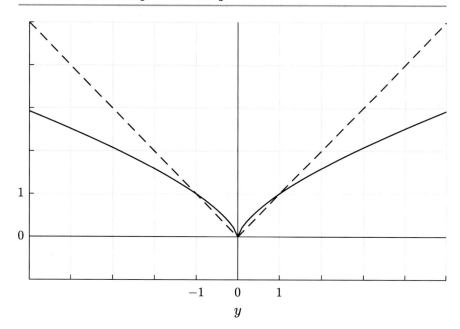

Abb. 2.2 Die Funktion $y \mapsto y^{2/3} = \sqrt[3]{y^2}$ ist bei $y = 0$ nicht differenzierbar. Sie besitzt hier einen Knick im Graphen. Darüber hinaus wird die Steigung mit Annäherung an diesen Punkt unendlich groß. Daher gibt es keine Umgebung von $y = 0$, in der die Funktion Lipschitz-stetig ist. Nicht im gesamten Definitionsbereich differenzierbar zu sein, ist eine typische Eigenschaft von Wurzelfunktionen. Nicht differenzierbar ist aber nicht gleichbedeutend mit nicht lokal Lipschitz-stetig: Die Funktion $y \mapsto \sqrt{y^2} = |y|$ (gestrichelt) ist bei Null nicht differenzierbar, aber dennoch Lipschitz-stetig mit $L = 1$

Sehen wir uns die Lösungen der Gleichung an: Jede Differenzialgleichung der Form $y' = y^q$ mit $q > 0$ besitzt offenbar die Nullfunktion $y_0 : \mathbb{R} \to \mathbb{R}$, $y_0(x) := 0$, als Lösung. Damit haben wir eine Lösung für den Anfangswert $y(x_0) = 0$ mit beliebigem $x_0 \in \mathbb{R}$.

Löst man die Gleichung nun durch Trennung der Variablen, so erhält man zum Anfangswert $y(x_0) = y_0$ die Lösung

$$y(x) = \left(\frac{1}{3}(x - x_0) + y_0^{1/3} \right)^3 . \tag{2.11}$$

Setzen wir hier $y_0 = 0$ ein, so haben wir

$$\tilde{y}(x) = \frac{1}{27}(x - x_0)^3 , \tag{2.12}$$

und tatsächlich lässt sich durch Einsetzen leicht zeigen, dass diese Funktion $\tilde{y}$ die Gleichung $y' = y^{2/3}$ löst.

Lesehilfe

Der Lösungsweg durch Trennung der Variablen setzt $y^{2/3} \neq 0$ voraus. Die Lösung (2.11) gilt daher zunächst einmal nur für $y, y_0 > 0$ oder für $y, y_0 < 0$. Die Gleichung $y' = y^{2/3}$ ist auf $\mathbb{R} \times \mathbb{R}_+^*$ oder auf $\mathbb{R} \times \mathbb{R}_-^*$ auch ohne Überraschungen lösbar, denn in diesen Gebieten erfüllt sie die Voraussetzungen des Eindeutigkeitssatzes.

Aber die Lösung (2.11) „funktioniert" auch für $y_0 = 0$.

Wegen $y_0(x_0) = \tilde{y}(x_0) = 0$, aber $y_0 \neq \tilde{y}$, haben wir also keine eindeutige Lösung. Und darüber hinaus gibt es noch unendlich viele andere Lösungen $y : \mathbb{R} \to \mathbb{R}$ mit $y(x_0) = 0$: Setzen wir für $a \in \mathbb{R}$

$$y_a(x) := \frac{1}{27}(x - a)^3,$$

so erfüllen folgende Funktionen y mit $a \leq x_0 \leq b$ ebenfalls die Differenzialgleichung:

$$x \mapsto y(x) := \begin{cases} y_a(x) & \text{für } x \leq a \\ 0 & \text{für } a < x < b \\ y_b(x) & \text{für } x \geq b, \end{cases} \tag{2.13}$$

siehe Abb. 2.3. Diese Funktionen sind auf ganz $\mathbb{R}$ differenzierbar, sie erfüllen die Gleichung $y' = y^{2/3}$, und es gilt $y(x_0) = 0$.

Antwort auf Zwischenfrage (2)

Gefragt war, ob sich Feldlinien eines Richtungsfelds schneiden können.

Die Funktion f einer Differenzialgleichung ist auf dem Gebiet G der Gleichung definiert, ordnet also einem Punkt (x, y) *eindeutig* einen Funktionswert $f(x, y)$ zu. Das ist die Steigung in dem Punkt. Würden sich Feldlinien schneiden, so würde dies bedeuten, dass zwei verschiedene Steigungen vorlägen. Das ist daher grundsätzlich nicht möglich.

Zwischenfrage (3)

Bei der Lösung von (2.10) wurde der Anfangswert $y(x_0) = 0$ betrachtet. Die Lösungen waren nicht eindeutig.

Was wäre, wenn man als y-Anfangswert nicht 0 vorgegeben hätte, sondern $y(x_0) = c > 0$? Sind die Lösungen zu diesem Anfangswert eindeutig?

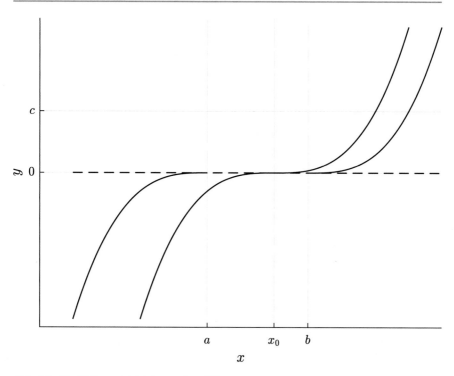

Abb. 2.3 Die Differenzialgleichung $y' = y^{2/3}$ besitzt unendlich viele Lösungen y mit $y(x_0) = 0$. Eine Lösung ist die Nullfunktion (gestrichelt). Aber auch die Parabel $y(x) = \frac{1}{27}(x - x_0)^3$ ist eine Lösung und allgemein alle Funktionen, die auf einem beliebig langen Intervall $[a, b]$ mit $a \leq x_0 \leq b$ der Nullfunktion entsprechen, an die sich für $x < a$ der Parabelbogen der Form $\frac{1}{27}(x - a)^3$ und für $x > b$ der Parabelbogen $\frac{1}{27}(x - b)^3$ stetig und differenzierbar anschließen

2.2.3   Existenzsatz

Wie wir gesehen haben, ist die Lösung einer Differenzialgleichung $y' = f(x, y)$ eindeutig, wenn f lokal Lipschitz-stetig ist. Und dieselbe Voraussetzung stellt auch sicher, dass es tatsächlich eine Lösung gibt:

Satz 2.3   (Existenzsatz von Picard-Lindelöf[4]) *Es sei* $G \subseteq \mathbb{R} \times \mathbb{R}^n$ *ein Gebiet und* $f : G \to \mathbb{R}^n$, $(x, y) \mapsto f(x, y)$, *eine bzgl. der Variable* y *lokal Lipschitz-stetige Funktion. Dann gibt es zu jedem* $(x_0, y_0) \in G$ *ein* $\varepsilon > 0$ *und eine Lösung*

$$y : [x_0 - \varepsilon, x_0 + \varepsilon] \to \mathbb{R}^n$$

der Differenzialgleichung $y' = f(x, y)$ *mit der Anfangsbedingung* $y(x_0) = y_0$.

---

[4] Benannt nach dem französischen Mathematiker Émile Picard, 1856–1941, und dem finnischen Mathematiker Ernst Leonard Lindelöf, 1870–1946.

Beweis Der Beweis ist aufwändig; wir führen ihn nicht aus.   ○

Existenzsatz und Eindeutigkeitssatz zusammen stellen sicher, dass es *zu einem Anfangswert stets eine eindeutige Lösung* gibt. Das Auffinden der Lösung kann analytisch gelingen, wie wir in vielen Beispielen gesehen haben. Andernfalls ist zumindest eine numerische Näherung der exakten Lösung möglich.

Zu beachten ist allerdings, dass die Lösung y mit $y(x_0) = y_0$ unter Umständen nur in einer kleinen Umgebung von x_0 definiert ist und nicht etwa den gesamten Bereich der durch G erlaubten x-Werte abdecken muss.

Antwort auf Zwischenfrage (3)

Gefragt war, ob $y' = y^{2/3}$ mit dem Anfangswert $y(x_0) = c > 0$ eindeutig gelöst wird.

Die Differenzialgleichung gibt mit ihrem Richtungsfeld offenbar in der positiven Halbebene Parabelbögen vor und ebenso in der negativen Halbebene. Dies führt zu den Lösungen, wie sie in Abb. 2.3 dargestellt sind. Die nicht eindeutigen Lösungen entstehen, weil die Feldlinien bei $y = 0$, also auf der x-Achse, ineinander übergehen und man somit für eine Lösung von hier unterschiedlich wieder „abzweigen" kann.

Mit $y(x_0) = c > 0$ gibt man vor, dass die Lösung an der Stelle x_0 den Wert c haben soll. Damit wird in der positiven Halbebene eindeutig ein Parabelzweig festgelegt. Sobald man diese in der positiven Halbebene eindeutige Lösung aber über die Nulllinie zu negativen y ausdehnen möchte, tritt erneut das Problem der Nichteindeutigkeit auf: Man kann ein beliebiges Stück in negativer Richtung auf der x-Achse laufen, bevor man auf einen Parabelzweig in die negative Halbebene abzweigt.

Beispiel

Wir kommen noch einmal auf die Differenzialgleichung (1.15) zurück,

$$y' = -\frac{x}{y} \quad \text{in } \mathbb{R} \times \mathbb{R}_+^*.$$

Wir haben bereits festgestellt, dass sie die Voraussetzungen für eindeutige Lösbarkeit erfüllt, siehe (2.5), und ihre Lösung y für den Anfangswert (x_0, y_0), d. h. mit $y(x_0) = y_0$, ist der Halbkreis

$$y = y(x) = \sqrt{x_0^2 + y_0^2 - x^2}, \tag{2.14}$$

siehe (1.28) und Abb. 1.2.

Sehen wir uns die Situation für $x_0 = 0$ an: Der Wert y_0, der bei 0 vorgegeben wird, gibt dann den Radius des entsprechenden Halbkreises an. Diese Lösung ist nur auf dem Intervall $]-y_0, y_0[$ definiert. Je kleiner y_0 ist, desto kleiner wird dieses

Intervall. Wegen $y_0 > 0$ bleibt aber immer ein endliches Intervall bestehen, auf dem die Lösung existiert.

Zwischenfrage (4)
Die Lösungen (2.14) sind für $x_0 = 0$ auf dem offenen Intervall $]-y_0, y_0[$ definiert. Im Existenzsatz 2.3 ist aber von einem abgeschlossenen Intervall $[x_0 - \varepsilon, x_0 + \varepsilon]$ die Rede, auf dem die Lösungen existieren. Stimmt da was nicht?

2.3 Differenzialgleichungen höherer Ordnung

Bisher haben wir Differenzialgleichungen bzw. Differenzialgleichungssysteme erster Ordnung betrachtet. In vielen Anwendungen treten aber natürlich auch höhere Ableitungen auf, sodass man es mit Differenzialgleichungen n-ter Ordnung zu tun hat:

Definition 2.3 *Es sei $G \subseteq \mathbb{R} \times \mathbb{R}^n$ ein Gebiet und $f : G \to \mathbb{R}$ eine stetige Funktion. Dann nennt man*

$$y^{(n)} = f(x, y, y', \ldots, y^{(n-1)})$$

eine gewöhnliche Differenzialgleichung *n-ter Ordnung. Eine* Lösung *dieser Gleichung ist eine auf einem Intervall $I \subseteq \mathbb{R}$ definierte n-mal differenzierbare Funktion $y : I \to \mathbb{R}$, die sich mit ihren Ableitungen vollständig im Definitionsbereich von f abspielt, für die also die Menge $\{(x, y(x), y'(x), y''(x), \ldots, y^{(n-1)}(x)) \mid x \in I\}$ in G enthalten ist und durch die die Differenzialgleichung gelöst wird, d. h., dass für alle $x \in I$ gilt*

$$y^{(n)}(x) = f(x, y(x), y'(x), \ldots, y^{(n-1)}(x)).$$

Lesehilfe
Die n-te Ableitung einer Funktion y schreibt man als $y^{(n)}$ und sagt „y oben n", nicht zu verwechseln mit der n-ten Potenz y^n, „y hoch n". Es ist also $y^{(0)} = y$, $y^{(1)} = y'$ usw.

Eine solche explizite Differenzialgleichung n-ter Ordnung gibt also Werte für die n-te Ableitung der gesuchten Funktion y vor, die ihrerseits von der Variablen x und den Werten der Funktion y und ihrer Ableitungen bis zur $(n-1)$-ten Ordnung abhängen können.

Antwort auf Zwischenfrage (4)

Gefragt war, ob Lösungen auf einem offenen Intervall $]-y_0, y_0[$ mit dem abgeschlossenen Intervall $[x_0 - \varepsilon, x_0 + \varepsilon]$ im Existenzsatz zusammenpassen.

Die Aussage im Existenzsatz 2.3, dass es ein Intervall $[x_0 - \varepsilon, x_0 + \varepsilon]$ gibt, auf dem eine Lösung existiert, bedeutet nicht, dass die Lösung nur in diesem Intervall existiert. Sondern es gibt mindestens ein solches Intervall.

Haben wir Lösungen auf einem offenen Intervall $]-y_0, y_0[$ um $x_0 = 0$, so findet sich darin leicht ein abgeschlossenes Intervall, z. B. $[-y_0/2, y_0/2]$, von dem in Satz 2.3 gesprochen wird. Satz 2.3 enthält ein abgeschlossenes Intervall $[x_0 - \varepsilon, x_0 + \varepsilon]$, weil man es auch dafür beweisen kann. Erst recht gibt es die Lösung dann auch im offenen Intervall $]x_0 - \varepsilon, x_0 + \varepsilon[$.

Für die Formulierung von Satz 2.3 ist übrigens relevant, dass der Definitionsbereich G als Gebiet offen ist. So ist sichergestellt, dass es zu jedem Punkt $(x_0, y_0) \in G$ auch eine Umgebung in G gibt, und insbesondere gibt es zu jedem erlaubten x_0 auch eine Umgebung $[x_0 - \varepsilon, x_0 + \varepsilon]$, deren x-Werte vollständig in G liegen.

Beispiele

(1) Die Gleichung

$$y'' = 0 \tag{2.15}$$

ist eine Differenzialgleichung zweiter Ordnung. Sie besagt offenbar, dass y' eine Konstante ist und y somit eine lineare Funktion. Ihre allgemeine Lösung lautet daher

$$y = mx + b$$

mit den zwei freien Parametern m und b.

Natürlich können Differenzialgleichungen auch kompliziert sein. Bei

$$y''' = \sin x \cos y + y y' + x + 3, \quad y^{(4)} = 2x y''' + 7(y')^2 + x\sqrt{y},$$
$$y^{(5)} = \sqrt[3]{(y^{(3)})^5 + \tan(xy)}$$

handelt es sich um Differenzialgleichungen 3., 4. bzw. 5. Ordnung.

(2) Das Grundgesetz der Mechanik $F = ma$, „Kraft gleich Masse mal Beschleunigung", ist eine Differenzialgleichung zweiter Ordnung. Mit $a(t) = \ddot{x}(t)$ lautet es nämlich

$$\ddot{x}(t) = \frac{1}{m} F(t, x(t), \dot{x}(t)). \tag{2.16}$$

Die Kraft F kann im allgemeinsten Fall explizit von der Zeit, dem Ort und auch der Geschwindigkeit des betrachteten Teilchens der Masse m abhängen. Seine Bahnkurve $x(t)$ kann eindeutig bestimmt werden, wenn sein Ort *und* seine Geschwindigkeit zu einem (Anfangs-) Zeitpunkt bekannt sind.

Lesehilfe
Natürlich ist $F = ma = m\ddot{x}$ eigentlich ein vektorielles Gesetz. In (2.16) betrachten wir zunächst nur ein eindimensionales Problem, d. h. für Kräfte und Bewegungen längs der x-Achse. Später mehr, siehe (2.25), aber dann auch etwas komplizierter.

2.3.1 Zurückführung auf ein System erster Ordnung

Eine *Differenzialgleichung n-ter Ordnung* kann auf ein *Differenzialgleichungssystem von n Gleichungen erster Ordnung* zurückgeführt werden. Auf diese Weise können insbesondere der Lösbarkeitssatz und der Eindeutigkeitssatz auf Differenzialgleichungen n-ter Ordnung übertragen werden.

Um die Entsprechung zu sehen, betrachten wir zu einer Differenzialgleichung

$$y^{(n)} = f(x, y, y', \dots, y^{(n-1)}) \tag{2.17}$$

mit ihrer Funktion f das Differenzialgleichungssystem

$$
\begin{aligned}
z_0' &= z_1 \\
z_1' &= z_2 \\
&\;\;\vdots \\
z_{n-2}' &= z_{n-1} \\
z_{n-1}' &= f(x, z_0, z_1, \dots, z_{n-1}).
\end{aligned}
\tag{2.18}
$$

Mit

$$
z := \begin{pmatrix} z_0 \\ z_1 \\ \vdots \\ z_{n-1} \end{pmatrix}
\quad \text{und} \quad
f(x, z) := \begin{pmatrix} z_1 \\ \vdots \\ z_{n-1} \\ f(x, z) \end{pmatrix}
$$

schreibt sich dieses Gleichungssystem in bekannter Form als

$$z' = f(x, z).$$

Zwischenfrage (5)
Sind die Gleichungen des speziellen Systems (2.18) tatsächlich gekoppelt?
Oder lässt sich dieses System „einfach" von unten nach oben durch Integration lösen, also erst mit der letzten Gleichung z_{n-1} bestimmen, daraus mit der nächsten z_{n-2} usw.?

Es sei nun $y : I \to \mathbb{R}$ eine Lösung der Differenzialgleichung (2.17), d. h., es gelte

$$y^{(n)}(x) = f(x, y(x), y'(x), \dots, y^{(n-1)}(x))$$

für alle $x \in I$. Dann ist die vektorwertige Funktion

$$z := \begin{pmatrix} y \\ y' \\ \vdots \\ y^{(n-1)} \end{pmatrix} : I \to \mathbb{R} \tag{2.19}$$

offenbar eine Lösung des Differenzialgleichungssystems (2.18).
   Umgekehrt sei $z = (z_0, z_1, \dots, z_{n-1}) : I \to \mathbb{R}^n$ eine Lösung des Systems (2.18). Dann ist die Funktion

$$z_0 : I \to \mathbb{R} \tag{2.20}$$

eine Lösung von (2.17): Aus den $(n-1)$ ersten Gleichungen des Systems folgt

$$z_1 = z_0'$$
$$z_2 = z_1' = z_0''$$
$$\vdots$$
$$z_{n-1} = z_{n-2}' = z_0^{(n-1)}. \tag{2.21}$$

Da z_{n-1} einmal differenzierbar ist, folgt daraus, dass z_0 n-mal differenzierbar ist. Die n-te Gleichung des Systems (2.18) liefert dann wie gewünscht

$$z_0^{(n)} = f(x, z_0, z_0', \dots, z_0^{(n-1)}). \qquad \bullet$$

Lesehilfe
Diese ganzen „Entsprechungen" hier sind ohne Zweifel etwas verwirrend.
Im Prinzip passiert offenbar Folgendes: Das spezielle Differenzialgleichungssystem (2.18) hangelt sich zunächst Schritt für Schritt, also Gleichung für

Gleichung, zur $(n-1)$-ten Ableitung von z_0 hoch. Diese Ableitungen sind dabei jeweils neue Funktionen. Erst in der letzten Gleichung des Systems kommt dann die eigentliche Differenzialgleichung mit ihrer Funktion f zum Tragen, die jetzt als Argumente die anderen Funktionen des Systems enthält.

Wir können also festhalten, dass die *Lösungen der Differenzialgleichung (2.17) und die des Differenzialgleichungssystems (2.18) sich wechselseitig entsprechen.* Daher lassen sich theoretische Aussagen über Gleichungen höherer Ordnung aus der Betrachtung von Systemen erster Ordnung gewinnen.

Außerdem kann eine Differenzialgleichung n-ter Ordnung durch Überführung in ihr zugeordnetes System erster Ordnung in bekannter Weise numerisch gelöst werden.

Antwort auf Zwischenfrage (5)
Gefragt war, ob das System (2.18) gekoppelt ist.

Ja, das System ist „echt" gekoppelt, es kann nicht einfach von unten nach oben gelöst werden. Die Funktion z_{n-1} ist in der letzten Gleichung i. Allg. mit den anderen Funktionen z_{n-2}, z_{n-3} usw. verknüpft. Sie lässt sich daher nicht aus dieser Gleichung alleine gewinnen.

Beispiele
(1) Der Differenzialgleichung dritter Ordnung

$$y''' = \sin x \cos y'' + y y' + x + 3 \tag{2.22}$$

entspricht das Differenzialgleichungssystem

$$
\begin{aligned}
z_0' &= z_1 \\
z_1' &= z_2 \\
z_2' &= \sin x \cos z_2 + z_0 z_1 + x + 3.
\end{aligned}
\tag{2.23}
$$

(2) Das Grundgesetz der Mechanik,

$$\ddot{x}(t) = \frac{1}{m} F(t, x(t), \dot{x}(t)),$$

siehe (2.16), ist eine Differenzialgleichung zweiter Ordnung. Sie ist äquivalent zu einem System von zwei Gleichungen erster Ordnung:

$$
\begin{aligned}
\dot{x}(t) &= v(t) \\
\dot{v}(t) &= \frac{1}{m} F(t, x(t), v(t)).
\end{aligned}
\tag{2.24}
$$

Im Vergleich mit der Schreibweise in (2.18) ist hier also $z_0 = x$ und $z_1 = v$. Die Lösungen sind eindeutig bestimmt, wenn der Ort x und die Geschwindigkeit v zu einem (Anfangs-) Zeitpunkt t_0 bekannt sind.

Natürlich lässt sich auch das System (2.24) aufgrund der Kopplung der Gleichungen i. Allg. nicht unmittelbar analytisch lösen. Das ändert sich, wenn keine Kopplung besteht, wenn also F nicht von x oder sogar nur von t abhängt. Im letzteren Fall kann man einfach von „unten nach oben hochintegrieren", siehe das Beispiel im Zusammenhang mit (1.7) und (1.10).

(3) Bei der allgemeinen Form von $F = ma$, d. h. der Vektorgleichung

$$\ddot{x}(t) = \frac{1}{m}\, F(t, x(t), \dot{x}(t)) \tag{2.25}$$

mit Vektoren $x = (x_1, x_2, x_3)$ und $F = (F_1, F_2, F_3)$, haben wir es mit drei gekoppelten Differenzialgleichungen zweiter Ordnung zu tun. Sie lauten ausgeschrieben

$$\ddot{x}_i = \frac{1}{m}\, F_i(t, x_1, x_2, x_3, \dot{x}_1, \dot{x}_2, \dot{x}_3), \quad i = 1, 2, 3.$$

Sie lassen sich in ein System von sechs gekoppelten Differenzialgleichungen erster Ordnung überführen:

$$
\begin{aligned}
\dot{x}_i &= v_i(t) \\
\dot{v}_i &= \frac{1}{m} F_i(t, x_1, x_2, x_3, v_1, v_2, v_3)
\end{aligned}
\qquad i = 1, 2, 3. \tag{2.26}
$$

Dieses System besitzt zwar nicht die Form (2.18). Dessen ungeachtet ist mit sechs Anfangswerten für diese sechs Gleichungen, also

$$
\begin{aligned}
x(t_0) &= x_0 \\
v(t_0) &= v_0,
\end{aligned}
\tag{2.27}
$$

eindeutig eine Lösung festgelegt, und auch eine numerische Lösung ist ohne Weiteres möglich.

2.3.2 Lösbarkeit und Eindeutigkeit

Da eine Differenzialgleichung n-ter Ordnung äquivalent ist zu einem Differenzialgleichungssystem von n Gleichungen erster Ordnung, können der Eindeutigkeits- und Existenzsatz auf sie übertragen werden:

Satz 2.4 *Es sei $G \subseteq \mathbb{R} \times \mathbb{R}^n$ ein Gebiet und $f : G \to \mathbb{R}$, $(x, y) \mapsto f(x, y)$, eine bzgl. der Variable y lokal Lipschitz-stetige Funktion.*

(1) Eindeutigkeit: *Es seien* $y, \tilde{y} : I \rightarrow \mathbb{R}$ *zwei Lösungen der Differenzialgleichung*

$$y^{(n)} = f(x, y, y', \ldots, y^{(n-1)})$$

und für einen Punkt $x_0 \in I$ *gelte*

$$y(x_0) = \tilde{y}(x_0), \ y'(x_0) = \tilde{y}'(x_0), \ \ldots, \ y^{(n-1)}(x_0) = \tilde{y}^{(n-1)}(x_0).$$

Dann gilt $y(x) = \tilde{y}(x)$ *für alle* $x \in I$.

(2) Existenz: *Zu jedem* $(x_0, a_0, a_1, \ldots, a_{n-1}) \in G$ *gibt ein* $\varepsilon > 0$ *und eine Lösung*

$$y : [x_0 - \varepsilon, x_0 + \varepsilon] \rightarrow \mathbb{R}$$

der Differenzialgleichung $y^{(n)} = f(x, y, y', \ldots, y^{(n-1)})$, *die der Anfangsbedingung*

$$y(x_0) = a_0, \ y'(x_0) = a_1, \ \ldots, \ y^{(n-1)}(x_0) = a_{n-1}$$

genügt.

Beweis Der Beweis ergibt sich aus der Übertragung der Sätze 2.2 und 2.3 auf Differenzialgleichungen n-ter Ordnung. Die Anfangsbedingung $z(x_0) = z_0$ für ein System $z' = f(x, z)$ lautet für $z = \begin{pmatrix} z_0 \\ \vdots \\ z_{n-1} \end{pmatrix}$ und $z_0 = \begin{pmatrix} a_0 \\ \vdots \\ a_{n-1} \end{pmatrix}$:

$$z_0(x_0) = a_0, \ z_1(x_0) = a_1, \ \ldots, \ z_{n-1}(x_0) = a_{n-1}.$$

Mit (2.21) ergeben sich daraus die obigen Anfangsbedingungen. ●

Um die Lösung einer Differenzialgleichung n-ter Ordnung eindeutig festzulegen, müssen also *neben dem Funktionswert an der Stelle* x_0 *auch die Werte der Ableitungen bis zur* $(n - 1)$-*ten Ordnung an dieser Stelle vorgegeben werden.*

Beispiel

Die Differenzialgleichung (2.22) entspricht der Funktion $f : \mathbb{R} \times \mathbb{R}^3 \rightarrow \mathbb{R}$ mit

$$f(x, y, y', y'') = \sin x \cos y'' + y y' + x + 3.$$

Sie ist bezüglich (y, y', y'') stetig partiell differenzierbar und daher lokal Lipschitz-stetig. Durch vorgegebene Anfangswerte, z. B.

$$y(0) = 1, \ y'(0) = 2, \ y''(0) = 3,$$

wird somit eindeutig eine Lösung y festgelegt. Sie kann numerisch über das zugehörige Differenzialgleichungssystem (2.23) von drei Gleichungen erster Ordnung ermittelt werden. Die entsprechenden Anfangswerte des Systems lauten

$$z_0(0) = 1, \ z_1(0) = 2, \ z_2(0) = 3.$$

2.4 Lineare Differenzialgleichungen

Lineare Differenzialgleichungen kommen in theoretischen und praktischen Anwendungen oft vor. Ihre Lösungen besitzen eine typische Struktur, die wir uns nun ansehen wollen. Da es für viele Anwendungen nützlich ist, lassen wir dabei auch komplexwertige Funktionen zu: Die Bezeichnung $\mathbb{K}$ steht für den Körper $\mathbb{R}$ oder den Körper $\mathbb{C}$.

Lesehilfe

Wie wir in den folgenden Kapiteln sehen werden, sind die komplexen Zahlen im Zusammenhang mit linearen Differenzialgleichungen manchmal essenziell. Im Moment reicht es dazu aus, an den relevanten Stellen einfach ein $\mathbb{K}$ anstelle des $\mathbb{R}$ zu schreiben.

Aber lass dich von dem $\mathbb{K}$ nicht irritieren. Wenn es dir lieber ist, kannst du dir hier zunächst noch einfach ein $\mathbb{R}$ denken. Erst in den kommenden Kapiteln werden wir tatsächlich mit komplexen Zahlen arbeiten.

Eine *lineare Differenzialgleichung n-ter Ordnung* besitzt die Form

$$y^{(n)} + a_{n-1}(x)y^{(n-1)} + \ldots + a_1(x)y' + a_0(x)y = b(x) \tag{2.28}$$

mit stetigen Funktionen $a_k : I \to \mathbb{K}$, $k = 0, 1, 2, \ldots, n-1$, und $b : I \to \mathbb{K}$ auf einem Intervall $I \subseteq \mathbb{R}$. Für $b \neq 0$ spricht man von einer *inhomogenen* linearen Differenzialgleichung und nennt b ihre *Inhomogenität*. Für $b = 0$ heißt die Gleichung *homogen*. Jeder inhomogenen Gleichung ist auf diese Weise eine homogene Gleichung zugeordnet.

Lineare Differenzialgleichungen sind also *linear bezüglich der gesuchten Funktion y und ihrer Ableitungen*. Für die Form der Funktionen a_k und b und ihrer Abhängigkeit von x besteht hingegen keine solche Einschränkung.

Ein wichtiger Spezialfall liegt vor, wenn die Funktionen a_k Konstante sind. Dann spricht man von einer *linearen Differenzialgleichung mit konstanten Koeffizienten*.

Lesehilfe

Eine lineare Gleichung ist natürlich eine „normale" Differenzialgleichung im Sinn von Definition 2.3. Man kann sie auch in der Form $y^{(n)} = f(x, y, y', \ldots, y^{(n-1)})$ schreiben:

$$y^{(n)} = -a_{n-1}(x)y^{(n-1)} - \ldots - a_1(x)y' - a_0(x)y + b(x).$$

Die Funktion f besitzt jetzt eben die spezielle Eigenschaft, linear bezüglich y, y' usw. zu sein. Für lineare Gleichungen ist aber die Schreibweise (2.28) üblich.

Damit wir die Gleichung nicht immer ausschreiben müssen, wollen wir die abkürzende Schreibweise

$$y^{(n)} + a_{n-1}(x)y^{(n-1)} + \ldots + a_1(x)y' + a_0(x)y =: L(x, \mathrm{D})y$$

verwenden, wodurch mit $\mathrm{D} := \mathrm{d}/\mathrm{d}x$ der *lineare Differenzialoperator*

$$L(x, \mathrm{D}) = \mathrm{D}^n + a_{n-1}(x)\mathrm{D}^{n-1} + \ldots + a_1(x)\mathrm{D} + a_0(x) \qquad (2.29)$$

definiert wird. Eine homogene Gleichung hat dann die Form

$$L(x, \mathrm{D})y = 0,$$

während im allgemeinen Fall noch die Inhomogenität b hinzukommt,

$$L(x, \mathrm{D})y = b.$$

Kommen wir nun zu den Lösungen einer linearen Gleichung: Zunächst stellen
wir fest, dass die Voraussetzungen für Eindeutigkeit und lokale Existenz einer Lösung, Satz 2.4, erfüllt sind.

Zwischenfrage (6)
Warum erfüllt eine lineare Differenzialgleichung die Voraussetzungen von
Satz 2.4?

Eine lineare Differenzialgleichung erfüllt aber nicht nur die Voraussetzungen von
Satz 2.4, sondern die ihr zugeordnete Funktion f ist darüber hinaus auf jedem
abgeschlossenen Intervall $[a, b] \subseteq I$ *global* Lipschitz-stetig. Daher existieren ihre Lösungen auf dem gesamten Intervall I, wie wir ohne Beweis festhalten wollen:

Satz 2.5 *Die Lösungen einer auf dem Intervall $I \subseteq \mathbb{R}$ definierten linearen Differenzialgleichung $L(x, \mathrm{D})y = b$ sind für eine gegebene Anfangsbedingung eindeutig
und existieren auf dem gesamten Intervall I.*

Aber aus der Linearität folgt noch mehr: Zunächst sind offensichtlich mit bekannten Lösungen einer *homogenen* linearen Gleichung auch deren Linearkombinationen wieder homogene Lösungen. Darüber hinaus gilt für die Lösungen linearer
Differenzialgleichungen der grundlegende

Satz 2.6 (1) *Es sei L_h die Menge aller Lösungen $h : I \to \mathbb{K}$ der homogenen
linearen Differenzialgleichung n-ter Ordnung $L(x, \mathrm{D})y = 0$. Dann ist L_h ein n-
dimensionaler Vektorraum über $\mathbb{K}$.*

(2) *Es sei L_i die Menge aller Lösungen $y : I \to \mathbb{K}$ der inhomogenen linearen Differenzialgleichung $L(x, \mathrm{D})y = b$. Dann gilt für ein beliebiges $y_0 \in L_i$:*

$$L_i = y_0 + L_h.$$

(3) *Eine Menge von n homogenen Lösungen $h_1, h_2, \ldots, h_n \in L_h$ ist genau dann linear unabhängig, wenn für ein und damit für alle $x \in I$ die* Wronski-Determinante[5]

$$W(x) := \det \begin{pmatrix} h_1(x) & h_2(x) & \cdots & h_n(x) \\ h_1'(x) & h_2'(x) & \cdots & h_n'(x) \\ \vdots & \vdots & \ddots & \vdots \\ h_1^{(n-1)}(x) & h_2^{(n-1)}(x) & \cdots & h_n^{(n-1)}(x) \end{pmatrix} \neq 0$$

ist.

Lesehilfe zum Satz

Satz 2.6 ist wichtig, aber sehr kompakt formuliert.

Zu Teil (1): Die Elemente des Vektorraums L_h sind natürlich die Funktionen $h : I \to \mathbb{K}$, durch die die homogene Gleichung gelöst wird. Dass L_h n-dimensional ist, bedeutet, dass es eine Basis aus n „Vektoren", also Funktionen gibt. Ferner ist ein Vektorraum abgeschlossen bezüglich der linearen Operationen (Addition untereinander und Multiplikation mit einer Konstante $c \in \mathbb{K}$), sodass mit vorhandenen Lösungen auch jede Linearkombination wieder eine Lösung ist. Und: Kennt man eine Basis des Lösungsraums L_h, so wird der gesamte Raum gegeben durch die Menge aller Linearkombinationen der Basis.

Zu Teil (2): Hier steht mit anderen Worten: Man erhält die allgemeine Lösung der inhomogenen Gleichung als Summe einer beliebigen speziellen Lösung und der allgemeinen Lösung der zugeordneten homogenen Gleichung.

Zu Teil (3): Die Vektoren einer Basis müssen linear unabhängig sein. Die Wronski-Determinante bietet ein oft leicht zu verwendendes Kriterium, um lineare Unabhängigkeit bei Funktionen festzustellen. Die Prüfung, ob die Determinante ungleich 0 ist, kann dabei für ein beliebiges x erfolgen, und man wird natürlich nach Möglichkeit eines wählen, bei dem sie besonders leicht zu berechnen ist.

---

[5] Benannt nach dem polnischen Mathematiker und Philosophen Josef Hoëné-Wronski, 1776–1853.

Beweis Wir geben keinen vollständigen Beweis, betrachten aber die Teile, die sich unmittelbar aus der Linearität ergeben:

L_h ist ein Vektorraum, wenn er die 0 enthält und abgeschlossen ist bezüglich der linearen Operationen: Die Nullfunktion ist offenbar eine homogene Lösung, $L(x, D)0 = 0$. Aufgrund der Linearität der Ableitung folgt aus $h_1, h_2 \in L_h$, d. h. $L(x, D)h_1 = 0 = L(x, D)h_2$, und $c \in \mathbb{K}$ unmittelbar auch $L(x, D)(h_1 + h_2) = L(x, D)h_1 + L(x, D)h_2 = 0$ und $L(x, D)(ch_1) = cL(x, D)h_1 = 0$, d. h., $h_1 + h_2, ch_1 \in L_h$.

$L_i = y_0 + L_h$: Zunächst zeigen wir $L_i \subseteq y_0 + L_h$. Es sei $y \in L_i$. Wir setzen $\Delta := y - y_0$. Es ist dann $L(x, D)\Delta = L(x, D)y - L(x, D)y_0 = b - b = 0$, also $\Delta \in L_h$. Daher gilt $y = y_0 + \Delta \in y_0 + L_h$. Wir zeigen nun $y_0 + L_h \subseteq L_i$: Sei $y \in y_0 + L_h$, d. h. $y = y_0 + h$ mit $h \in L_h$. Dies ergibt $L(x, D)y = L(x, D)y_0 + L(x, D)h = b + 0 = b$, also $y \in L_i$. Aus $L_i \subseteq y_0 + L_h$ und $L_i \supseteq y_0 + L_h$ folgt $L_i = y_0 + L_h$.   ○

Eine Basis $h_1, \ldots, h_n$ des Vektorraums L_h der Lösungen der homogenen Gleichung heißt eine *Lösungsbasis* oder ein *Fundamentalsystem*. Jede Lösung kann als Linearkombination der $h_1, \ldots, h_n$ geschrieben werden, d. h., die *allgemeine Lösung der homogenen Gleichung* $L(x, D)y = 0$ lautet

$$h = c_1 h_1 + \ldots + c_n h_n \qquad \text{mit } c_1, \ldots, c_n \in \mathbb{K}. \qquad (2.30)$$

Die homogene Gleichung ist daher vollständig gelöst, wenn die n Funktionen einer Lösungsbasis bekannt sind.

Zur Lösung der inhomogenen Gleichung $L(x, D)y = b$ muss darüber hinaus noch eine beliebige spezielle Lösung y_0 gefunden werden, d. h. eine Funktion y_0 mit $L(x, D)y_0 = b$. Die allgemeine Lösung der inhomogenen Gleichung ist dann

$$y = y_0 + c_1 h_1 + \ldots + c_n h_n \qquad \text{mit } c_1, \ldots, c_n \in \mathbb{K}. \qquad (2.31)$$

Da jeder Vektorraum eine Basis besitzt, gibt es zu jeder homogenen Gleichung eine Lösungsbasis. Das heißt allerdings nicht, dass sie immer leicht zu finden wäre oder sich ihre Elemente durch elementare Funktionen ausdrücken ließen.

Wir werden aber in den kommenden Kapiteln sehen, dass sich zumindest für lineare Differenzialgleichungen *mit konstanten Koeffizienten* ein allgemeines Verfahren zum Finden der Lösungen angeben lässt.

Antwort auf Zwischenfrage (6)

Es sollte gezeigt werden, dass eine lineare Differenzialgleichung die Voraussetzungen von Satz 2.4 erfüllt.

Eine lineare Differenzialgleichung $y^{(n)} = f(x, y, y', \ldots, y^{(n-1)})$ besitzt eine Funktion f der Form

$$f(x, y, y', \ldots, y^{(n-1)}) = -a_{n-1}(x)y^{(n-1)} - \ldots - a_1(x)y' - a_0(x)y + b(x).$$

Für ihre partiellen Ableitungen nach „y" gilt

$$\frac{\partial f}{\partial y^{(k)}} = -a_k, \qquad k = 0, 1, 2, \ldots n - 1.$$

Da die Funktionen a_k stetig sind, ist f stetig partiell differenzierbar und damit lokal Lipschitz-stetig.

2.4.1 Beispiel: Euler-Differenzialgleichung

Eine lineare Differenzialgleichung der Form

$$a_n x^n y^{(n)} + a_{n-1} x^{n-1} y^{(n-1)} + \ldots + a_1 x y' + a_0 y = 0 \qquad (2.32)$$

mit $a_0, \ldots, a_n \in \mathbb{R}$ und $a_n \neq 0$ nennt man *Euler-Differenzialgleichung*[6]. Sie besitzt die spezielle Form, dass die k-ten Ableitungen von y jeweils von einem Faktor x^k begleitet sind. Für $x > 0$ kann die Gleichung durch $a_n x^n$ geteilt werden, sodass wir es mit einer linearen Differenzialgleichung der Form (2.28) mit nichtkonstanten Koeffizienten zu tun haben.

Euler-Differenzialgleichungen kommen in Anwendungen des Öfteren vor. Als ein Beispiel wollen wir die spezielle Euler-Gleichung

$$x^2 y'' + x y' - m^2 y = 0 \qquad (2.33)$$

für $x > 0$ und $m \in \mathbb{N}^*$ lösen. Wir können daher

$$x =: e^t \qquad \text{und umgekehrt} \qquad t := \ln x \qquad (2.34)$$

setzen und definieren eine Funktion u durch

$$y(x) = y(e^t) =: u(t). \qquad (2.35)$$

Damit ist $y(x) = u(\ln x)$. Wir werden nun sehen, dass es diese Transformation erlaubt, die Euler-Gleichung zu lösen. Zunächst halten wir fest, dass gilt

$$\frac{\mathrm{d}x}{\mathrm{d}t} = e^t \qquad \text{und} \qquad \frac{\mathrm{d}t}{\mathrm{d}x} = \frac{1}{x} = e^{-t}.$$

---

[6] Benannt nach dem Schweizer Mathematiker Leonhard Euler, 1707–1783. Aber auch andere Differenzialgleichungen sind nach Euler benannt: So gibt es beispielsweise ebenso eine Euler-Differenzialgleichung der Variationsrechnung.

Damit haben wir

$$y' = \frac{dy}{dx} = \frac{dy}{dt}\frac{dt}{dx} = e^{-t}\frac{du}{dt} = e^{-t}\dot{u} \tag{2.36}$$

$$y'' = \frac{dy'}{dx} = \frac{dy'}{dt}\frac{dt}{dx} = e^{-t}\frac{d}{dt}\left(e^{-t}\dot{u}\right) = e^{-t}\left(-e^{-t}\dot{u} + e^{-t}\ddot{u}\right) = e^{-2t}\left(\ddot{u} - \dot{u}\right). \tag{2.37}$$

Lesehilfe
Ableitungen mit Differenzialen aufzuschreiben ist oft praktisch. Das Erweitern mit dt entspricht letztlich der Kettenregel. Du kannst die erste Ableitung beispielsweise aber auch wie folgt schreiben:

$$y'(x) = (y(x))' = (u(\ln x))' = u'(\ln x)(\ln x)' = u'(t)\frac{1}{x} = \dot{u}(t)\frac{1}{e^t}.$$

Der Strich steht generell für die Ableitung, wird aber für eine Ableitung nach t gerne als Punkt geschrieben.
  Bei der Ableitung (2.37) kommt zusätzlich noch die Produktregel zum Tragen.

Setzen wir nun die Ableitungen in (2.33) und beachten $e^{-t} = 1/x$ und $e^{-2t} = 1/x^2$, so erhalten wir

$$\ddot{u} - \dot{u} + \dot{u} - m^2 u = 0,$$

also die Differenzialgleichung

$$\ddot{u} - m^2 u = 0 \tag{2.38}$$

für die Funktion u, bei der es sich „nur noch" um eine lineare Differenzialgleichung *mit konstanten Koeffizienten* handelt.
  Wir halten allgemein fest: *Eine Euler-Differenzialgleichung der Form*

$$a_n x^n y^{(n)} + a_{n-1} x^{n-1} y^{(n-1)} + \ldots + a_1 x y' + a_0 y = 0$$

für $x > 0$ *wird mittels der Transformation* $y(x) = y(e^t) =: u(t)$ *in eine lineare Differenzialgleichung mit konstanten Koeffizienten für die Funktion* u *überführt. Deren Lösungen für* u *ergeben via* $y(x) = u(\ln x)$ *die gesuchten Lösungen der Euler-Differenzialgleichung.*
  In Kap. 4 werden wir sehen, wie sich lineare Differenzialgleichungen mit konstanten Koeffizienten allgemein lösen lassen. Für die Gleichung $\ddot{u} - m^2 u = 0$, also $\ddot{u} = m^2 u$, können wir die Lösungen aber einfach erraten: Unter Ableitung reproduzieren sich Exponentialfunktionen und unter Beachtung der inneren Ableitungen

haben wir offenbar

$$u_1(t) = e^{mt} \quad \text{und} \quad u_2(t) = e^{-mt}$$

als Lösungen. Die Lösungen der Euler-Gleichung (2.33) lauten daher

$$y_1(x) = u_1(\ln x) = e^{m \ln x} = x^m \quad \text{und} \quad y_2(x) = u_2(\ln x) = e^{-m \ln x} = x^{-m}.$$
$$\text{(2.39)}$$

Wir prüfen, ob die Lösungen linear unabhängig sind, indem wir ihre Wronski-Determinante berechnen:

$$W(x) = \det \begin{pmatrix} y_1(x) & y_2(x) \\ y_1'(x) & y_2'(x) \end{pmatrix} = \det \begin{pmatrix} x^m & x^{-m} \\ mx^{m-1} & -mx^{-m-1} \end{pmatrix} = -2mx^{-1}.$$

Es ist also offenbar $W(x) \neq 0$ für alle $x > 0$. Dabei würde es ausreichen, das nur für ein spezielles „angenehmes" x zu prüfen, beispielsweise für $x = 1$. Die Lösungen (2.39) sind daher linear unabhängig und bilden eine vollständige Lösungsbasis der linearen Differenzialgleichung zweiter Ordnung (2.33). Ihre allgemeine Lösung lautet somit

$$y(x) = c_1 x^m + c_2 x^{-m} \qquad \text{mit } c_1, c_2 \in \mathbb{R}.$$
$$\text{(2.40)}$$

In Kap. 4 werden wir mit (4.8) ein weiteres Beispiel einer Euler-Differenzialgleichung kennen lernen.

2.4.2 Beispiel: Legendre-Differenzialgleichung

Die *Legrendre-Differenzialgleichung*[7] besitzt die Form

$$(1 - x^2) y'' - 2xy' + l(l + 1)y = 0 \tag{2.41}$$

mit einem Parameter $l \in \mathbb{R}$. Sie tritt im Zusammenhang mit der Potenzialtheorie auf und spielt dort eine wichtige Rolle.[8]

Für $x \in]-1, 1[$ ist $1 - x^2 \neq 0$, sodass die Gleichung durch $1 - x^2$ geteilt werden kann und dann die Form (2.28) einer linearen Differenzialgleichung zweiter Ordnung besitzt. Wir wissen daher, dass sie zumindest auf dem Intervall $]-1, 1[$ eindeutig lösbar ist. Da im physikalischen Zusammenhang aber Lösungen von Interesse sind, die auch für $x = \pm 1$ existieren,[9] wollen wir die Gleichung weiter in der Form (2.41) betrachten.

---

[7] Benannt nach dem französischen Mathematiker Adrien-Marie Legendre, 1752–1833. Genauer handelt sich sich hier um die „gewöhnliche" Legrendre-Gleichung im Unterschied zur „zugeordneten" Legrendre-Gleichung, die einen weiteren Summanden enthält.

[8] Die Legendre-Gleichung „entsteht" bei der Verwendung eines Separationsansatzes zum Lösen der Potenzialgleichung. Die Konstante $l(l + 1)$ ist dieselbe Separationskonstante wie in (4.8).

[9] Die Gleichung tritt in der Potenzialtheorie in Kugelkoordinaten r, ϑ, φ auf und es ist dort $x = \cos \vartheta$. Die Stellen $x = \pm 1$ entsprechen dann dem Nord- bzw. Südpol.

Zunächst ist nicht offensichtlich, wie wir an Lösungen von (2.41) kommen können. Da ihre Koeffizienten Polynome von x sind, liegt es aber nahe, eine Lösung in Form einer Potenzreihe zu versuchen. Wir verwenden also den Ansatz

$$y(x) = \sum_{k=0}^{\infty} c_k x^k \tag{2.42}$$

und wollen sehen, ob sich Koeffizienten c_k so finden lassen, dass (2.41) gelöst wird. Nun ist zunächst

$$y'(x) = \sum_{k=1}^{\infty} c_k k x^{k-1} = \sum_{k=0}^{\infty} c_{k+1}(k+1)x^k$$

$$y''(x) = \sum_{k=1}^{\infty} c_{k+1}(k+1)k x^{k-1} = \sum_{k=0}^{\infty} c_{k+2}(k+2)(k+1)x^k$$

und Einsetzen in (2.41) ergibt mit der Abkürzung $l(l+1) =: \lambda$

$$(1-x^2)\sum_{k=0}^{\infty}(k+1)(k+2)c_{k+2}x^k - 2x\sum_{k=0}^{\infty}(k+1)c_{k+1}x^k + \lambda\sum_{k=0}^{\infty}c_k x^k$$

$$= \sum_{k=0}^{\infty}(k+1)(k+2)c_{k+2}x^k - \sum_{k=0}^{\infty}(k+1)(k+2)c_{k+2}x^{k+2}$$

$$- \sum_{k=0}^{\infty}2(k+1)c_{k+1}x^{k+1} + \sum_{k=0}^{\infty}\lambda c_k x^k = 0. \tag{2.43}$$

Diese Gleichung wollen wir nach Potenzen von x sortieren und schreiben dazu die zweite und dritte Summe passend um,

$$\sum_{k=0}^{\infty}(k+1)(k+2)c_{k+2}x^{k+2} = \sum_{k=2}^{\infty}(k-1)k c_k x^k = \sum_{k=0}^{\infty}(k-1)k c_k x^k$$

$$\sum_{k=0}^{\infty}2(k+1)c_{k+1}x^{k+1} = \sum_{k=1}^{\infty}2k c_k x^k = \sum_{k=0}^{\infty}2k c_k x^k,$$

wobei im zweiten Schritt jeweils nur Summanden 0 hinzugefügt wurden. So ist (2.43) insgesamt gleichbedeutend mit

$$\sum_{k=0}^{\infty}[(k+1)(k+2)c_{k+2} - (k-1)k c_k - 2k c_k + \lambda c_k]x^k = 0. \tag{2.44}$$

Lesehilfe

In den obigen Summen wird mehrfach ein Summationsindex verschoben. Zum Beispiel ist $\sum_{k=1}^{\infty} s_k = \sum_{k=0}^{\infty} s_{k+1}$ usw.

Nun ist (2.44) für alle x erfüllt, wenn sämtliche Koeffizienten der Summe verschwinden, d. h., wenn gilt

$$(k + 1)(k + 2)c_{k+2} - \underbrace{[(k - 1)k + 2k - \lambda]}_{=k(k+1)-\lambda} c_k = 0 \qquad \text{für } k = 0, 1, 2, \ldots$$

Wir haben damit die *Rekursionsformel*

$$c_{k+2} = \frac{k(k + 1) - \lambda}{(k + 1)(k + 2)} c_k, \qquad k = 0, 1, 2, \ldots, \tag{2.45}$$

für die Koeffizienten der Potenzreihe (2.42) erhalten. Mit ihr legt die freie Vorgabe von c_0 die Koeffizienten $c_2, c_4, \ldots$ fest und die freie Vorgabe von c_1 bestimmt $c_3, c_5, \ldots$ Betrachten wir zunächst die geraden Koeffizienten: Es ist

$$c_2 = -\frac{\lambda}{2} c_0$$

$$c_4 = \frac{2 \cdot 3 - \lambda}{3 \cdot 4} c_2 = -\lambda \frac{2 \cdot 3 - \lambda}{2 \cdot 3 \cdot 4} c_0 = -\frac{\lambda}{4}\left(1 - \frac{\lambda}{2 \cdot 3}\right) c_0$$

$$c_6 = \frac{4 \cdot 5 - \lambda}{5 \cdot 6} c_4 = -\lambda \frac{4 \cdot 5 - \lambda}{4 \cdot 5 \cdot 6}\left(1 - \frac{\lambda}{2 \cdot 3}\right) c_0$$

$$= -\frac{\lambda}{6}\left(1 - \frac{\lambda}{4 \cdot 5}\right)\left(1 - \frac{\lambda}{2 \cdot 3}\right) c_0 \qquad \text{usw.,}$$

d. h. allgemein, wobei wir jetzt wieder zu $\lambda = l(l + 1)$ zurückkehren:

$$c_{2k} = -c_0 \frac{l(l + 1)}{2k} \prod_{j=2}^{k}\left(1 - \frac{l(l + 1)}{(2j - 2)(2j - 1)}\right), \qquad k = 1, 2, 3, \ldots \tag{2.46}$$

Lesehilfe
Beachte, dass das Produkt $\prod_{j=2}^{k} \ldots$ für $k = 1$ dem leeren Produkt entspricht und daher per Definition gleich 1 ist. Damit funktioniert die Formel auch für c_2.

Analog überzeugt man sich vom Aussehen der ungeraden Koeffizienten:

$$c_{2k+1} = c_1 \frac{1}{2k + 1} \prod_{j=1}^{k}\left(1 - \frac{l(l + 1)}{(2j - 1)(2j)}\right), \qquad k = 1, 2, 3, \ldots \tag{2.47}$$

Zwischenfrage (7)
Verwende die Rekursionsformel (2.45), um bei vorgegebenem c_1 die Koeffizienten c_3 und c_5 zu berechnen. Überzeuge dich davon, dass (2.47) die Koeffizienten tatsächlich korrekt wiedergibt.

Wir sind damit bei folgenden Ergebnis angelangt: *Die Legendre-Differenzialglei-chung (2.41) wird für $x \in \,]-1, 1[$ gelöst durch die zwei Funktionen*

$$y_{\mathrm{g}}(x) = 1 - \sum_{k=1}^{\infty} \left[\frac{l(l+1)}{2k} \prod_{j=2}^{k} \left(1 - \frac{l(l+1)}{(2j-2)(2j-1)} \right) \right] x^{2k} \qquad (2.48)$$

(hier ist $c_0 = 1$ und $c_1 = 0$ gewählt) und

$$y_{\mathrm{u}}(x) = x + \sum_{k=1}^{\infty} \left[\frac{1}{2k+1} \prod_{j=1}^{k} \left(1 - \frac{l(l+1)}{(2j-1)(2j)} \right) \right] x^{2k+1} \qquad (2.49)$$

($c_0 = 0$ und $c_1 = 1$). Die beiden Funktionen sind gerade bzw. ungerade und daher linear unabhängig. Die allgemeine Lösung wird somit gegeben durch

$$y(x) = c_{\mathrm{g}} y_{\mathrm{g}}(x) + c_{\mathrm{u}} y_{\mathrm{u}}(x) \qquad (2.50)$$

mit frei wählbaren Konstanten $c_{\mathrm{g}}, c_{\mathrm{u}} \in \mathbb{R}$.

Lösbarkeit für $x = \pm 1$: Legendre-Polynome
Die physikalische Anwendung der Legendre-Differenzialgleichung benötigt Lösun-gen, die nicht nur in $]-1, 1[$ existieren, sondern auch an den Rändern des Intervalls. *Die Reihen y_{g} und y_{u} divergieren jedoch für $x = \pm 1$, es sei denn, sie brechen ab und besitzen somit nur endlich viele Summanden.* Nun sieht man, dass y_{g} genau dann abbricht, wenn l eine gerade natürliche Zahl ist, und y_{u} bricht ab, wenn l eine ungerade natürliche Zahl ist. Aus diesem Grund erfordert die physikalische Legendre-Gleichung $l \in \mathbb{N}$ und man spricht

$$(1 - x^2)y'' - 2xy' + l(l+1)y = 0$$

als die *Legendre-Differenzialgleichung der Ordnung l* an. Diese Gleichung besitzt für gerades (ungerades) l zumindest ein gerades (ungerades) Polynom der Ord-nung l als Lösung, die übrigens nicht nur auf $[-1, 1]$ existiert, sondern auf ganz $\mathbb{R}$.

Lesehilfe
Die Koeffizienten der Summe in der Funktionsgleichung von y_{g} enthalten das Produkt $\prod_{j=2}^{k} \left(1 - \frac{l(l+1)}{(2j-2)(2j-1)} \right)$. Wenn l eine gerade natürliche Zahl ist, wird $\frac{l(l+1)}{(2j-2)(2j-1)}$ gleich 1, wenn $2j - 2 = l$ ist, und damit ist der entsprechen-de Faktor gleich 0 und somit das gesamte Produkt. Die Reihe enthält daher ab $k = l/2 + 1$ keine Glieder mehr, sie bricht ab. Ihre höchste Potenz ist $x^{2l/2} = x^l$.
Analog verhält es sich für ungerade l und y_{u}.

Die „Normierung" der Polynome kann über die Festlegung von c_0 bzw. c_1 frei festgelegt werden. Üblich ist, sie so zu wählen, dass der höchste Koeffizient des Polynoms der Ordnung l gleich $(2l)!/(2^l (l!)^2)$ ist. Man erhält so die *Legendre-Polynome* $P_l(x)$, die Legendre 1785 eingeführt hat. Beispielsweise ist

$$P_0(x) = 1, \quad P_1(x) = x, \quad P_2(x) = -\frac{1}{2} + \frac{3}{2}x^2, \quad P_3(x) = -\frac{3}{2}x + \frac{5}{2}x^3.$$
(2.51)

Lesehilfe

Sehen wir uns $P_3(x)$ einmal in Ruhe an: Es ist $l = 3$ und der höchste Koeffizient sollte daher gleich

$$\frac{(2 \cdot 3)!}{2^3(3!)^2} = \frac{6!}{8 \cdot 36} = \frac{6 \cdot 5 \cdot 4 \cdot 3 \cdot 2}{2 \cdot 4 \cdot 6 \cdot 6} = \frac{5 \cdot 3}{6} = \frac{5}{2}$$

sein, was auch der Fall ist. Das ursprüngliche Polynom ist

$$y_{\mathrm{u}}^{l=3}(x) = x + \frac{1}{3}\left(1 - \frac{3 \cdot 4}{1 \cdot 2}\right)x^3 = x - \frac{5}{3}x^3,$$

wir haben also

$$P_3(x) = -\frac{3}{2}\, y_{\mathrm{u}}^{l=3}(x).$$

Dieser Faktor (hier $-3/2$) wird für die Legendre-Polynome gerade so gewählt, dass $P_l(x)$ den Koeffizienten $(2l)!/(2^l (l!)^2)$ bei x^l aufweist.

Die Legendre-Gleichung der Ordnung l wird vom Legendre-Polynom $P_l(x)$ gelöst, das bis auf einen Vorfaktor mit den entsprechend abbrechenden Reihen (2.48) oder (2.49) identisch ist. Zur vollständigen Lösung der Legendre-Gleichungen wäre natürlich jeweils noch eine zweite Lösung erforderlich; aber diese gibt es über das Intervall $]-1, 1[$ hinausgehend nicht. Die physikalische Fragestellung ist dennoch gelöst: Die Ordnung l entstammt der Separationskonstante $l(l + 1)$ und kann beliebige Werte $l \in \mathbb{N}$ annehmen. Damit stehen sämtliche Polynome $P_l(x)$ als Lösungen der Legendre-Gleichung(en) zur Verfügung. Diese Polynome bilden ein vollständiges Funktionensystem auf dem Intervall $[-1, 1]$ und erlauben es, jede Anfangsbedingung in Form einer Reihe $\sum_l a_l P_l(x)$ zu erfüllen.[10]

---

[10] Separationskonstante wie $l(l + 1)$, $l \in \mathbb{N}$, in der Legendre-Gleichung treten im Zusammenhang mit Separationsansätzen zur Lösung partieller Differenzialgleichungen auf. In Kap. 6 findet sich ein vollständiges Beispiel für dieses Vorgehen und auch dort entsteht ein vollständiges Funktionensystem, das die Anpassung an beliebige Anfangsbedingungen erlaubt.

Antwort auf Zwischenfrage (7)
Es sollten die ungeraden Koeffizienten c_{2k+1} betrachtet werden.
Die Rekursionsformel (2.45) ergibt:

$$c_3 = \frac{2-\lambda}{2\cdot 3}\, c_1 = \frac{1}{3}\left(1 - \frac{\lambda}{2}\right)c_1$$

$$c_5 = \frac{3\cdot 4-\lambda}{4\cdot 5}\, c_3 = \frac{3\cdot 4-\lambda}{4\cdot 5}\cdot\frac{1}{3}\left(1 - \frac{\lambda}{2}\right)c_1$$

$$= \frac{1}{5}\left(1 - \frac{\lambda}{1\cdot 2}\right)\left(1 - \frac{\lambda}{3\cdot 4}\right)c_1.$$

Wie man sieht, wird c_3 durch Formel (2.47) mit $k=1$ korrekt wiedergegeben und c_5 mit $k=2$ ist ebenso korrekt. Und alle anderen ungeraden Koeffizienten stimmen dann hoffentlich auch ;-)

Formel von Rodrigues

Zwar handelt es sich bei den Legendre-Polynomen „nur" um spezielle Polynome, aber die obige Darstellung ihrer Koeffizienten ist nicht leicht wiederzugeben. Hier hilft die *Formel von Rodrigues*[11]: Sie erlaubt die kompakte Darstellung der Legendre-Polynome als

$$P_l(x) = \frac{1}{2^l l!}\, \mathrm{D}^l (x^2 - 1)^l. \tag{2.52}$$

Zwischenfrage (8)
Zeige, dass die Polynome $P_l(x)$ der Formel von Rodrigues die korrekten Vorfaktoren für Legendre-Polynome haben, dass also ihr höchster Koeffizient gleich $(2l)!/(2^l(l!)^2)$ ist.

Beweis Wir wollen nicht die Gleichheit der Polynome (2.48), (2.49) mit (2.52) (bis auf Vorfaktoren) nachrechnen, sondern wir zeigen einfacher direkt, dass die Polynome (2.52) die Legendre-Gleichung lösen. Dafür können wir uns auf die Funktionen $y = \mathrm{D}^l(x^2 - 1)^l$ beschränken und wir benötigen die allgemeine Produktregel

$$\mathrm{D}^l(uv) = \sum_{k=0}^{l}\binom{l}{k}(\mathrm{D}^k u)(\mathrm{D}^{l-k}v) = \sum_{k=0}^{l}\binom{l}{k}(\mathrm{D}^{l-k}u)(\mathrm{D}^k v). \tag{2.53}$$

---

[11] Benannt nach dem französischen Mathematiker und Bankier Olinde Rodrigues, 1795–1851.

Lesehilfe

Die Produktregel ist $D(uv) = (Du)v + u(Dv)$. Die zweite Ableitung lautet dann

$$D^2(uv) = (D^2u)v + (Du)(Dv) + (Du)(Dv) + u(D^2v)$$
$$= (D^2u)v + 2(Du)(Dv) + u(D^2v)$$

usw. Vollständige Induktion ergibt – analog zum binomischen Lehrsatz – die l-fache Ableitung in der Form (2.53).

Wir verwenden nun den Trick, die Hilfsfunktion

$$\tilde{y} := (x^2 - 1)D(x^2 - 1)^l = (x^2 - 1)l(x^2 - 1)^{l-1} \cdot 2x = 2lx(x^2 - 1)^l$$

auf zwei Weisen mit der Produktregel abzuleiten: Einerseits ist

$$D^{l+1}\tilde{y} = D^{l+1}\big((x^2 - 1)D(x^2 - 1)^l\big)$$
$$= \sum_{k=0}^{l+1} \binom{l+1}{k} \big(D^k(x^2 - 1)\big)D^{l+1-k}\big(D(x^2 - 1)^l\big)$$
$$= \binom{l+1}{0}(x^2 - 1)\,D^{l+1}\big(D(x^2 - 1)^l\big) + \binom{l+1}{1} \cdot 2x\,D^l\big(D(x^2 - 1)^l\big)$$
$$+ \binom{l+1}{2} \cdot 2\,D^{l-1}\big(D(x^2 - 1)^l\big)$$
$$= (x^2 - 1)\,D^{l+2}(x^2 - 1)^l + 2(l+1)x\,D^{l+1}(x^2 - 1)^l$$
$$+ l(l+1)\,D^l(x^2 - 1)^l$$
$$= (x^2 - 1)y'' + 2(l+1)xy' + l(l+1)y. \tag{2.54}$$

Lesehilfe

Hier ist einiges passiert: Zunächst bleiben nur die ersten drei Summanden übrig, weil die dritte Ableitung von $x^2 - 1$ gleich 0 ist – und alle höheren Ableitungen damit auch. Die Werte der Binomialkoeffizienten sind $\binom{l+1}{0} = 1$, $\binom{l+1}{1} = l+1$ und $\binom{l+1}{2} = l(l+1)/2$, wie du etwa anhand der bekannten Formel $\binom{n}{k} = n!/((n-k)!k!)$ nachrechnen kannst. Schließlich ist $y = D^l(x^2-1)^l$ und damit haben wir $D^{l+2}(x^2-1)^l = D^2D^l(x^2-1)^l = D^2y = y''$ usw. Also ein ganzer Haufen „Tricks", und es geht jetzt genauso weiter ;-)

Andererseits ist aber auch

$$\begin{aligned}
\mathrm{D}^{l+1}\tilde{y} &= \mathrm{D}^{l+1}\big(2lx(x^2-1)^l\big)\\
&= 2lx\,\mathrm{D}^{l+1}(x^2-1)^l + 2l(l+1)\mathrm{D}^l(x^2-1)^l\\
&= 2lxy' + 2l(l+1)y.
\end{aligned} \tag{2.55}$$

Gleichsetzen der Ausdrücke (2.54) und (2.55) ergibt nun

$$(x^2-1)y'' + 2(l+1)xy' + l(l+1)y = 2lxy' + 2l(l+1)y$$

bzw.

$$(x^2-1)y'' + 2xy' - l(l+1)y = 0,$$

was aber nichts anderes ist als die Legendre-Differenzialgleichung. Sie wird also von den Funktionen $y = \mathrm{D}^l(x^2-1)^l$ erfüllt. Da die Polynome $P_l(x) = \mathrm{D}^l(x^2-1)^l/(2^l l!)$ darüber hinaus bei ihren höchsten Koeffizienten die richtigen Vorfaktoren besitzen, kann es sich nur um die Legendre-Polynome handeln.   ●

Antwort auf Zwischenfrage (8)
Es sollte gezeigt werden, dass die Formel von Rodrigues Polynome $P_l(x)$ mit den höchsten Koeffizienten $(2l)!/(2^l(l!)^2)$ ergibt.

Es ist $(x^2-1)^l = x^{2l} + \ldots$, wobei alle weiteren Summanden eine kleinere Ordnung besitzen. Im Ausdruck $\mathrm{D}^l(x^2-1)^l$ wird nun dieses Polynom l-mal abgeleitet: Die erste Ableitung ergibt im führenden Term den Faktor $2l$ und seine Ordnung wird um Eins verringert, die zweite Ableitung ergibt dann $(2l-1)$ usw. bis zum Faktor l, sodass wir

$$\mathrm{D}^l(x^2-1)^l = \frac{(2l)!}{l!}x^l + \ldots$$

erhalten. Wir haben daher insgesamt

$$P_l(x) = \frac{1}{2^l l!}\mathrm{D}^l(x^2-1)^l = \frac{(2l)!}{2^l(l!)^2}x^l + \ldots$$

und damit die gewünschte führende Ordnung.

Das Wichtigste in Kürze

- Ein **Differenzialgleichungssystem erster Ordnung** ist ein System von gekoppelten Differenzialgleichungen für Funktionen $y_1, y_2, \ldots, y_n$. Es lässt sich kompakt schreiben als $y' = f(x, y)$.

- Differenzialgleichungssysteme erster Ordnung lassen sich in bekannter Weise **numerisch lösen**. Dazu wird etwa das Runge-Kutta-Verfahren simultan für alle Gleichungen durchgeführt.

- Die **lokale Lipschitz-Stetigkeit** einer Funktion ist eine Verschärfung der Stetigkeit. Sie folgt aus der stetigen partiellen Differenzierbarkeit.

- Ein Differenzialgleichungssystem $y' = f(x, y)$ mit einer bzgl. y lokal Lipschitz-stetigen Funktion f ist zu einer vorgegebenen Anfangsbedingung stets **eindeutig lösbar**. Dabei kann es sein, dass die Lösung nur lokal existiert.

- Eine **Differenzialgleichung n-ter Ordnung** ist äquivalent zu einem Differenzialgleichungssystem von n Gleichungen erster Ordnung. Sie kann durch Betrachtung des ihr zugeordneten Systems erster Ordnung auch numerisch gelöst werden.

- Gibt man bei einer Differenzialgleichung n-ter Ordnung als **Anfangsbedingung** die Werte der Lösung und ihrer Ableitungen bis zur Ordnung $(n-1)$ vor, so ist die Lösung unter der Voraussetzung der lokalen Lipschitz-Stetigkeit eindeutig festgelegt.

- Eine **lineare Differenzialgleichung** n-ter Ordnung wird durch einen linearen Differenzialoperator und eine Inhomogenität definiert. Die homogene Gleichung besitzt einen n-dimensionalen Lösungsraum. Die Lösung der inhomogenen Gleichung ergibt sich als Summe der homogenen Lösungen und einer speziellen inhomogenen Lösung.

- Eine **Euler-Differenzialgleichung** ist eine spezielle lineare Differenzialgleichung, in der die k-te Ableitung von y jeweils von einem Faktor x^k begleitet wird. Für positive x kann sie mittels $y(x) = y(e^t) =: u(t)$ in eine lineare Differenzialgleichung mit konstanten Koeffizienten für die Funktion u überführt werden.

- Die **Legendre-Differenzialgleichung** ist nur für ganzzahlige Parameter $l \geq 0$ auch an den Stellen $x = \pm 1$ lösbar. Ihre Lösungen entsprechen dann den **Legendre-Polynomen** $P_l(x)$, bei denen es sich bei um spezielle Polynome der Ordnung l handelt. Sie können mit der **Formel von Rodrigues** kompakt dargestellt werden. ◀

Und was bedeuten die Formeln?

$$y' = f(x, y), \quad y = (y_1, \ldots, y_n), \quad f = (f_1, \ldots, f_n), \quad y(x_0) = y_0,$$
$$|f(x, y) - f(x, \tilde{y})| \leq L |y - \tilde{y}| \text{ mit } L \geq 0,$$

$$\frac{\partial f_k}{\partial y_i}, \ k, i = 1, \ldots, n, \text{ existieren und sind stetig},$$

$$y(x_0) = \tilde{y}(x_0) \ \Rightarrow \ y(x) = \tilde{y}(x) \text{ für alle } x \in I,$$

$$y^{(n)} = f(x, y, y', \ldots, y^{(n-1)}) \ \Leftrightarrow \ z' = f(x, z)$$

$$\text{mit } z = (z_0, \ldots, z_{n-1}), \ f = (z_1, \ldots, z_{n-1}, f(x, z)), \ z_0 = y,$$

$$y(x_0) = a_0, \quad y'(x_0) = a_1, \quad \ldots, \quad y^{(n-1)}(x_0) = a_{n-1},$$

$$y^{(n)} + a_{n-1}(x) y^{(n-1)} + \ldots + a_0(x) y = b(x), \quad L(x, D) y = b,$$

$$y = y_0 + c_1 h_1 + \ldots + c_n h_n, \quad W = \det \begin{pmatrix} h_1 & \cdots & h_n \\ h'_1 & \cdots & h'_n \\ \vdots & \ddots & \vdots \\ h_1^{(n-1)} & \cdots & h_n^{(n-1)} \end{pmatrix} \neq 0,$$

$$a_n x^n y^{(n)} + a_{n-1} x^{n-1} y^{(n-1)} + \ldots + a_1 x y' + a_0 y = 0, \quad y(x) = y(e^t) =: u(t),$$

$$(1 - x^2) y'' - 2xy' + l(l+1) y = 0, \quad P_l(x) = \frac{1}{2^l l!} D^l (x^2 - 1)^l.$$

Übungsaufgaben

A2.1 Wir betrachten das Räuber-Beute-Problem, das die Population einer Beute, $N_1(t)$, und die ihres Räubers, $N_2(t)$, durch die gekoppelten Differenzialgleichungen

$$\dot{N}_1 = N_1(a_1 - b_1 N_2)$$
$$\dot{N}_2 = -N_2(a_2 - b_2 N_1)$$

beschreibt. Wähle folgende Werte für die Parameter:

$$a_1 = \text{Reproduktionsrate der Beute ohne Störung} = 0.2$$
$$b_1 = \text{Sterberate der Beute pro Räuberlebewesen} = 0.001$$
$$a_2 = \text{Sterberate der Räuber ohne Beute} = 0.4$$
$$b_2 = \text{Reproduktionsrate der Räuber pro Beutelebewesen} = 0.001.$$

Gehe aus von den Startwerten $N_1(0) = 500$ und $N_2(0) = 100$ und löse das Differenzialgleichungssystem numerisch für die ersten 100 Zeitperioden. Stelle das Ergebnis graphisch dar. Ist es plausibel?

A2.2 Wir betrachten die Differenzialgleichung

$$y' = \sqrt{y^2/4} \quad \text{in } \mathbb{R} \times \mathbb{R}.$$

Ist die ihr zugeordnete Funktion $(x, y) \mapsto f(x, y) = \sqrt{y^2/4}$ für alle y partiell differenzierbar? Ist f bzgl. y lokal Lipschitz-stetig? Ist die Differenzialgleichung für alle Anfangswerte $y(0) = y_0$ mit $y_0 \in \mathbb{R}$ eindeutig lösbar? Skizziere schließlich ihr Richtungsfeld und gib die Lösungen für beliebige $y_0 \in \mathbb{R}$ an.

A2.3 Ist die Differenzialgleichung

$$y' = 2xy^2 \quad \text{in } \mathbb{R} \times \mathbb{R}$$

für jeden Anfangswert $y(0) = y_0$, $y_0 \in \mathbb{R}$, (eindeutig) lösbar? Gib sämtliche mögliche Lösungen an. Wie groß ist jeweils ihr Definitionsbereich? Stelle die Lösungen für $y_0 = -2, -1, 0, 1, 2$ graphisch dar.

A2.4 Ein Asteroid bewegt sich im Sonnensystem unter dem Einfluss der auf ihn durch Sonne und Planeten einwirkenden Gravitationskraft $\boldsymbol{F}$. Diese Kraft hängt ab von der Position $\boldsymbol{x}$ des Asteroiden und auch von der Zeit t, da sich die Lage der Planeten ständig verändert. Es ist also $\boldsymbol{F} = \boldsymbol{F}(\boldsymbol{x}, t)$. Die Geschwindigkeit $\dot{\boldsymbol{x}}$ des Asteroiden spielt für die auf ihn wirkende Gravitationskraft keine Rolle.

Wir nehmen an, die Gravitationskraft sei vollständig bekannt und die Position des Asteroiden könne zu einem Zeitpunkt exakt bestimmt werden. Ließe sich seine weitere Bewegung dann vollständig vorhersagen?

A2.5 Wir betrachten die Differenzialgleichung

$$y'' = \frac{1}{2x}\, y' - \frac{1}{2x^2}\, y \quad \text{in } \mathbb{R}_+^* \times \mathbb{R}.$$

a) Handelt es sich bei der Gleichung um eine (homogene) lineare Differenzialgleichung? Falls ja, wie lautet der ihr zugeordnete lineare Differenzialoperator $L(x, D)$?

b) Zeige, dass die Funktionen

$$y_1 : x \mapsto x, \quad y_2 : x \mapsto \sqrt{x}$$

Lösungen der Differenzialgleichungen sind. Sind diese beiden Lösungen linear unabhängig? Ist es möglich, sämtliche Lösungen der Differenzialgleichung anzugeben?

c) Kann es sein, dass die Funktion $y_3 : x \mapsto x^2$ ebenfalls die homogene Gleichung $L(x, D)y = 0$ löst? Warum (nicht)?

Gib eine Differenzialgleichung der Form $L(x, D)y = b(x)$ an, so dass y_3 eine Lösung dieser Gleichung ist. Wie lauten sämtliche Lösungen dieser Gleichung?

A2.6 Bei der Gleichung

$$(1 - x^2)y'' - 2xy' + l(l + 1)y = 0$$

mit $l \in \mathbb{N}$ handelt es sich um die „Legendre-Differenzialgleichung der Ordnung l".
  a) Was hat die Ordnung l mit der Ordnung der Differenzialgleichung zu tun?
  b) Verwende die Formel von Rodrigues,

$$P_l(x) = \frac{1}{2^l l!} \, D^l (x^2 - 1)^l,$$

um die Legendre-Polynome der Ordnungen $l = 0, 1, 2, 3, 4$ zu ermitteln. Welche Gleichungen werden durch diese Polynome gelöst? Handelt es sich jeweils um die vollständigen Lösungen?

Beispiel: Freie gedämpfte Schwingung

3

Die freie gedämpfte Schwingung wird durch eine homogene lineare Differenzialgleichung zweiter Ordnung mit konstanten Koeffizienten beschrieben. An ihrem Beispiel wollen wir uns ansehen, wie sich eine solche Gleichung mit einem Exponentialansatz „zu Fuß" lösen lässt. Dabei lernen wir grundlegende Eigenschaften und Konzepte kennen, die wir im nächsten Kapitel zu einem allgemeinen Lösungsverfahren für lineare Differenzialgleichungen mit konstanten Koeffizienten erweitern wollen.

Insbesondere werden wir sehen, welche Rolle die komplexen Zahlen im Zusammenhang mit dem Exponentialansatz spielen.

Lesehilfe

In diesem und in Kap. 4 finden sich an den relevanten Stellen Lesehilfen zu komplexen Zahlen. Sie unterstützen dich, sofern du mit komplexen Zahlen nicht vertraut bist :-)

Im Anhang findest du darüber hinaus eine kurze zusammenhängende Einführung in die komplexen Zahlen.

Wozu dieses Kapitel im Einzelnen

- Wir lernen hier ein typisches Beispiel einer linearen Differenzialgleichung kennen und werden zu ihrer Beschreibung eine Reihe von Wörtern verwenden: „frei", „gedämpft", „schwach" oder „stark", „aperiodischer Grenzfall".
- Zur Lösung der Gleichung nutzen wir den „Exponentialansatz". Wir werden sehen, warum und auf welche Weise er funktioniert. In Kap. 4 begegnen wir diesem Ansatz erneut und behandeln ihn dann allgemein.
- Der Exponentialansatz funktioniert nur dann vollständig, wenn man komplexe Zahlen zulässt. Wir machen uns daher mit ihnen vertraut und

© Springer-Verlag GmbH Deutschland, ein Teil von Springer Nature 2022
J. Balla, *Gewöhnliche Differenzialgleichungen leicht gemacht!*,
https://doi.org/10.1007/978-3-662-64752-3_3

verwenden insbesondere die Euler-Formel. Sie wird auch in Kap. 4 eine wichtige Rolle spielen.
- Die „Variation der Konstanten" kennen wir aus Kap. 1 und werden dieses Verfahren hier erneut mit Erfolg einsetzen können.

3.1 Differenzialgleichung der gedämpften Schwingung

Die Differenzialgleichungen zur Beschreibung mechanischer Schwingungen eines Teilchens der Masse m ergeben sich aus dem Grundgesetz der Mechanik,

$$F = ma = m\ddot{x},$$

siehe auch (2.16). Darin steht F für die auf das Teilchen wirkende Kraft und wir betrachten eine eindimensionale Bewegung in x-Richtung.

Eine sogenannte *harmonische* Schwingung entsteht, wenn das Teilchen einer *Rückstellkraft* F_h ausgesetzt wird, die *proportional zur Auslenkung x* ist:

$$F_h = -kx. \tag{3.1}$$

Ein typisches Beispiel für eine Rückstellkraft ist eine Feder, die das Teilchen zurück in die Ruhelage zieht bzw. drückt, siehe Abb. 3.1. Hier – aber auch für andere Rückstellkräfte – kann man davon ausgehen, dass der lineare Zusammenhang (3.1) zumindest für hinreichend kleine $|x|$, d. h. für hinreichend kleine Auslenkungen aus der Ruhelage, gegeben ist.

Die Gleichung des *harmonischen Oszillators* lautet somit

$$m\ddot{x} = F_h = -kx \qquad \text{bzw.} \qquad \ddot{x} + \frac{k}{m}x = 0$$

oder mit $\omega_0^2 := k/m$

$$\ddot{x} + \omega_0^2 x = 0, \qquad \omega_0 \in \mathbb{R}_+^*. \tag{3.2}$$

Lesehilfe
Gleichung (3.2) ist offenbar eine lineare Differenzialgleichung zweiter Ordnung. Wichtig ist das Pluszeichen: Es besagt, dass die wirkende Kraft eine Rückstellkraft ist, und resultiert aus dem Minuszeichen in $F_h = -kx$ mit $k > 0$. Für positive x wirkt die Kraft daher in negative Richtung und für negative x in positive Richtung.

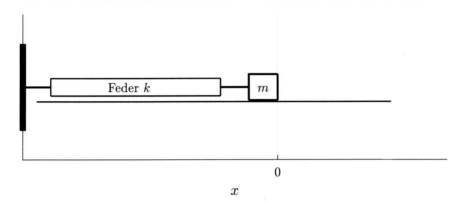

Abb. 3.1 Als Beispiel für eine harmonische Schwingung denke man sich einen Körper mit der Masse m, der mit einer Feder mit der Federkonstante k verbunden ist. In der Ruhelage befindet sich das Massenstück bei $x = 0$. Die Feder übt eine Rückstellkraft $F_h = -kx$ aus. Das Minuszeichen besagt, dass diese Kraft einer Auslenkung x entgegenwirkt, den Körper also in die Ruhelage zurückziehen will

Bei der *gedämpften* Schwingung wird zusätzlich eine *Reibungskraft* F_R berücksichtigt; sie wirkt der Bewegung entgegen und wird als proportional zur Geschwindigkeit $v = \dot{x}$ angenommen[1]:

$$F_R = -\beta\dot{x}, \qquad \beta \in \mathbb{R}_+. \tag{3.3}$$

Zwischenfrage (1)
Was würde es bedeuten, wenn die Reibungskraft kein Minuszeichen enthielte?

Daraus ergibt sich insgesamt die Gleichung

$$m\ddot{x} = F_h + F_R = -kx - \beta\dot{x} \qquad \text{bzw.} \qquad \ddot{x} + \frac{\beta}{m}\dot{x} + \frac{k}{m}x = 0$$

oder mit $2\mu := \beta/m$ schließlich

$$\ddot{x}(t) + 2\mu\dot{x}(t) + \omega_0^2 x(t) = 0, \qquad \omega_0 \in \mathbb{R}_+^*,\ \mu \in \mathbb{R}_+. \tag{3.4}$$

---

[1] Natürlich sind reale Reibungskräfte nicht exakt proportional zu v, sondern sie enthalten abhängig von der Reibungsart typischerweise auch Terme mit v^2, v^4 usw. Für kleine Auslenkungen aus der Ruhelage und damit für kleine Geschwindigkeiten kann man jedoch im Sinn einer Taylor-Entwicklung die Näherung machen, dass der lineare Anteil den dominierenden Beitrag stellt.

Lesehilfe
Die Setzungen für ω_0 bzw. ω_0^2 und μ sind so gewählt, dass die Lösungen der Gleichung in möglichst einfacher Form geschrieben werden können. Das werden wir später erkennen.

Gleichung (3.4), die *Differenzialgleichung der freien gedämpften harmonischen Schwingung*, ist eine homogene lineare[2] Differenzialgleichung mit konstanten Koeffizienten, die wir im Folgenden lösen werden. Sie beschreibt ein gedämpftes schwingungsfähiges System, das nach einer Anregung ohne weitere äußere Beeinflussung sich selbst überlassen wird, also „frei" ist.

Die Anregung entspricht den *Anfangsbedingungen*, denen die allgemeine Lösung unterworfen wird: Durch die Vorgaben des Orts x und der Geschwindigkeit $\dot{x}$ zum Zeitpunkt 0 – oder einem beliebigen anderen Zeitpunkt t_0 – wird eindeutig eine Lösung festgelegt.

Für die vollständige Lösung der Gleichung (3.4) benötigen wir eine aus zwei linear unabhängigen Lösungen bestehende Lösungsbasis. Dabei wollen wir zunächst auch komplexwertige Funktionen zulassen. Für Anwendungen sind allerdings reelle Lösungen relevant, sodass wir letztendlich auf der Suche nach reellen Lösungsbasen sind, aus denen sich mit reellen Koeffizienten reelle Lösungen erhalten lassen.

Antwort auf Zwischenfrage (1)
Gefragt war, was eine Reibungskraft ohne Minuszeichen bedeutete.
Ohne Minuszeichen würde die „Reibungskraft" in Bewegungsrichtung wirken, also die Bewegung nicht dämpfen, sondern sie beschleunigen. Man hätte es also nicht mehr mit Reibung zu tun.

3.2 Exponentialansatz und charakteristische Gleichung

Wir wollen nun versuchen, eine Lösung der Schwingungsgleichung (3.4) zu finden. In dieser Gleichung werden eine Funktion und deren erste und zweite Ableitung mit konstanten Vorfaktoren so addiert, dass sich 0 ergibt. Es liegt nahe, solche Funktionen als Lösungen zu probieren, die unter Ableitung erhalten bleiben, da sich dann die drei Summanden insgesamt zu identisch 0 ergänzen können. Wir probieren daher den *Exponentialansatz*

$$x(t) = e^{\lambda t} \tag{3.5}$$

---

[2] Betrachtete man Reibungsterme mit höheren Potenzen von v, z. B. mit $v^2 = \dot{x}^2$, so wäre die Differenzialgleichung nicht mehr linear.

mit einer noch zu bestimmenden Konstanten $\lambda \in \mathbb{C}$. Es ist dann $\dot{x}(t) = \lambda\,e^{\lambda t}$ und $\ddot{x}(t) = \lambda^2\,e^{\lambda t}$ und Einsetzen in (3.4) ergibt

$$\lambda^2\,e^{\lambda t} + 2\mu\lambda\,e^{\lambda t} + \omega_0^2\,e^{\lambda t} = \left(\lambda^2 + 2\mu\lambda + \omega_0^2\right)e^{\lambda t} = 0. \qquad (3.6)$$

Da $e^{\lambda t}$ nie 0 werden kann, ist die Differenzialgleichung mit dem Ansatz (3.5) genau dann erfüllt, wenn λ der *charakteristischen Gleichung*

$$\lambda^2 + 2\mu\lambda + \omega_0^2 = 0 \qquad (3.7)$$

genügt. Sie besitzt die Lösungen

$$\lambda_{1,2} = -\mu \pm \sqrt{\mu^2 - \omega_0^2}. \qquad (3.8)$$

Für $\mu \neq \omega_0$ gilt $\lambda_1 \neq \lambda_2$ und wir erhalten zwei Lösungen

$$x_k(t) = e^{\lambda_k t}, \qquad k = 1, 2, \qquad (3.9)$$

der Differenzialgleichung (3.4). Ihre Wronski-Determinante an der Stelle 0 lautet

$$W(0) = \det\begin{pmatrix} x_1(0) & x_2(0) \\ \dot{x}_1(0) & \dot{x}_2(0) \end{pmatrix} = \det\begin{pmatrix} 1 & 1 \\ \lambda_1 & \lambda_2 \end{pmatrix} = \lambda_2 - \lambda_1 \neq 0.$$

Die Lösungen (3.9) sind somit linear unabhängig und bilden eine Lösungsbasis der Differenzialgleichung. Der Fall $\mu = \omega_0$ und damit $\lambda_1 = \lambda_2$ ist auf diese Weise allerdings noch nicht vollständig gelöst; für ihn werden wir noch auf anderem Weg eine zweite Lösung finden müssen.

Lesehilfe komplexe Zahlen

Auch wenn man es vielleicht nicht auf den ersten Blick sieht, so haben wir es hier „zur Hälfte" mit komplexen Zahlen zu tun. Die Wurzel $\sqrt{\mu^2 - \omega_0^2}$ ist nur für $\mu \geq \omega_0$ reell. Aber im Komplexen ist sie auch für $\mu < \omega_0$ definiert:

Komplexe Zahlen z besitzen die Form $z = x + iy$ mit $x, y \in \mathbb{R}$ und der *imaginären Einheit* i mit der Eigenschaft

$$i^2 = -1.$$

Es ist dann z. B. $\sqrt{-9} = \sqrt{9i^2} = 3i$. Ebenso ist für $\mu < \omega_0$

$$\sqrt{\mu^2 - \omega_0^2} = \sqrt{-(\omega_0^2 - \mu^2)} = \sqrt{i^2(\omega_0^2 - \mu^2)} = i\sqrt{\omega_0^2 - \mu^2}$$

mit der reellen Wurzel $\sqrt{\omega_0^2 - \mu^2}$.

Wir werden nun sehen, dass die Lösungen (3.9) für unterschiedliche Werte von μ auf reelle Lösungsbasen führen, die sich deutlich voneinander unterscheiden.

3.3 Ungedämpfte Schwingung: $\mu = 0$

Für $\mu = 0$ liegt keine Reibung und damit keine Dämpfung der Schwingung vor. Wir haben dann $\lambda_{1,2} = \pm\sqrt{-\omega_0^2} = \pm i\omega_0$, also die Lösungsbasis

$$x_{\pm}(t) = e^{\pm i\omega_0 t}. \tag{3.10}$$

Die Menge aller Lösungen wird somit gegeben durch die Linearkombinationen

$$x(t) = \tilde{c}_+ \, e^{i\omega_0 t} + \tilde{c}_- \, e^{-i\omega_0 t} \tag{3.11}$$

mit komplexen Koeffizienten $\tilde{c}_+, \tilde{c}_-$. Darin sind auch die reellen Lösungen enthalten, sie verbergen sich aber in der Kombination von $\tilde{c}_+$ und $\tilde{c}_-$ und den komplexwertigen Exponentialfunktionen.

Lesehilfe komplexe Zahlen

Komplexe Zahlen z besitzen einen Realteil x und einen Imaginärteil y:

$$z = x + iy, \quad x, y \in \mathbb{R}, \quad \mathrm{Re}\,z := x, \quad \mathrm{Im}\,z := y.$$

Sie enthalten die reellen Zahlen: Die speziellen komplexen Zahlen mit Imaginärteil 0 sind nichts anderes als die reellen Zahlen.

Die Addition zweier zweier komplexer Zahlen $z = x + iy$ und $w = u + iv$ ist

$$z + w = x + iy + u + iv = x + u + i(y + v).$$

Sie ergibt eine reelle Zahl für $y + v = 0$, also $y = -v$.

Die Multiplikation zweier komplexer Zahlen $z = x + iy$ und $w = u + iv$ erfolgt auf normale Weise durch Ausmultiplizieren:

$$\begin{aligned} zw &= (x + iy)(u + iv) \\ &= xu + ixv + iyu + \underbrace{i^2}_{=-1} yv = xu - yv + i(xv + yu) \end{aligned}$$

Das Ergebnis dieser Multiplikation ist reell, wenn $xv + yu = 0$ ist.

Daher sind in (3.11) mit ihrer Summe zweier Produkte komplexer Zahlen auch reelle Ergebnisse enthalten.

Wir wollen daher eine andere, reelle Lösungsbasis wählen. Den Weg dahin liefert die *Euler-Formel*

$$e^{\pm i\varphi} = \cos\varphi \pm i\sin\varphi, \quad \varphi \in \mathbb{R}, \tag{3.12}$$

mit ihrer Inversion

$$\cos\varphi = \frac{1}{2}\left(\mathrm{e}^{\mathrm{i}\varphi} + \mathrm{e}^{-\mathrm{i}\varphi}\right) \tag{3.13}$$

$$\sin\varphi = \frac{1}{2\mathrm{i}}\left(\mathrm{e}^{\mathrm{i}\varphi} - \mathrm{e}^{-\mathrm{i}\varphi}\right). \tag{3.14}$$

Mit Blick auf die Form der Lösungen $x_{\pm}(t) = \mathrm{e}^{\pm\mathrm{i}\omega_0 t}$ bilden wir nun die folgenden Linearkombinationen:

$$x_1(t) := \frac{1}{2}(x_+(t) + x_-(t)) = \cos(\omega_0 t)$$

$$x_2(t) := \frac{1}{2\mathrm{i}}(x_+(t) - x_-(t)) = \sin(\omega_0 t).$$

Lesehilfe Euler-Formel

Zu einer komplexen Zahl $z = x + \mathrm{i}y$, $x, y \in \mathbb{R}$, definiert man die konjugiert komplexe Zahl $\overline{z} := x - \mathrm{i}y$. Damit lassen sich Real- und Imaginärteil von z offenbar schreiben als

$$\mathrm{Re}\, z = \frac{1}{2}(z + \overline{z}), \qquad \mathrm{Im}\, z = \frac{1}{2\mathrm{i}}(z - \overline{z}).$$

Die Euler-Formel besagt nun, dass für alle $\varphi \in \mathbb{R}$ gilt

$$\mathrm{e}^{\mathrm{i}\varphi} = \cos\varphi + \mathrm{i}\sin\varphi.$$

Die speziellen komplexen Zahlen $\mathrm{e}^{\mathrm{i}\varphi}$ besitzen also den Realteil $\cos\varphi$ und den Imaginärteil $\sin\varphi$. Für die komplexe Konjugation gilt

$$\overline{\mathrm{e}^{\mathrm{i}\varphi}} = \mathrm{e}^{\overline{\mathrm{i}\varphi}} = \mathrm{e}^{-\mathrm{i}\varphi} = \cos\varphi - \mathrm{i}\sin\varphi.$$

Kombiniert man diese Zusammenhänge, so erhält man die „inversen" Euler-Formeln

$$\cos\varphi = \frac{1}{2}\left(\mathrm{e}^{\mathrm{i}\varphi} + \mathrm{e}^{-\mathrm{i}\varphi}\right), \qquad \sin\varphi = \frac{1}{2\mathrm{i}}\left(\mathrm{e}^{\mathrm{i}\varphi} - \mathrm{e}^{-\mathrm{i}\varphi}\right).$$

Auf diese Weise können $\cos\varphi$ und $\sin\varphi$ also als Linearkombinationen der komplexen Exponentialausdrücke $\mathrm{e}^{\mathrm{i}\varphi}$ und $\mathrm{e}^{-\mathrm{i}\varphi}$ dargestellt werden.

Dass auch x_1 und x_2 linear unabhängig sind, folgt daraus, dass x_+ und x_- als Linearkombinationen aus ihnen darstellbar sind. Natürlich kann dies auch direkt anhand ihrer Wronski-Determinante nachgewiesen werden. Die Menge aller Lösungen wird also auch dargestellt durch die Linearkombinationen

$$x(t) = c_1 \cos(\omega_0 t) + c_2 \sin(\omega_0 t) \qquad (3.15)$$

und *mit reellen Koeffizienten c_1, c_2 erhält man sämtliche reellen Lösungen.* Wie man sieht, entspricht der oben definierte Parameter ω_0, siehe (3.2), also der *Frequenz*[3] *der ungedämpften Schwingung.*

Zwischenfrage (2)
Wie sind die Elemente der Lösungsbasis $x_\pm(t) = e^{\pm i\omega_0 t}$ als Linearkombination von $\cos(\omega_0 t)$ und $\sin(\omega_0 t)$ darstellbar? Und wie zeigt man mit der Wronski-Determinante, dass $\cos(\omega_0 t)$ und $\sin(\omega_0 t)$ linear unabhängig sind?

3.4 Schwache Dämpfung: $0 < \mu < \omega_0$

Für $\mu < \omega_0$ spricht man von „schwacher" Dämpfung. Die charakteristische Gleichung besitzt dann die Lösungen

$$\lambda_{1,2} = -\mu \pm \sqrt{\mu^2 - \omega_0^2} = -\mu \pm i \underbrace{\sqrt{\omega_0^2 - \mu^2}}_{=:\omega} = -\mu \pm i\omega,$$

und die Funktionen

$$x_\pm(t) = e^{(-\mu \pm i\omega)t} = e^{-\mu t} e^{\pm i\omega t}$$

bilden eine Lösungsbasis. Daraus erhält man analog zu oben die reelle Lösungsbasis

$$x_1(t) := \frac{1}{2}(x_+(t) + x_-(t)) = e^{-\mu t} \cos(\omega t)$$

$$x_2(t) := \frac{1}{2i}(x_+(t) - x_-(t)) = e^{-\mu t} \sin(\omega t)$$

und die allgemeine Lösung

$$x(t) = e^{-\mu t}(c_1 \cos(\omega t) + c_2 \sin(\omega t)). \qquad (3.16)$$

Die gedämpfte Schwingung besitzt also eine Amplitude, die mit dem Faktor $e^{-\mu t}$ abklingt, siehe Abb. 3.2, und die Schwingung erfolgt dabei mit der Frequenz

$$\omega = \sqrt{\omega_0^2 - \mu^2} < \omega_0;$$

sie wird also durch die Dämpfung im Vergleich zur freien Schwingung verlangsamt.

---

[3] Physikalisch hat man es hier genauer mit der „Kreisfrequenz" zu tun. Einer Frequenz f entspricht die Kreisfrequenz $\omega = 2\pi f$.

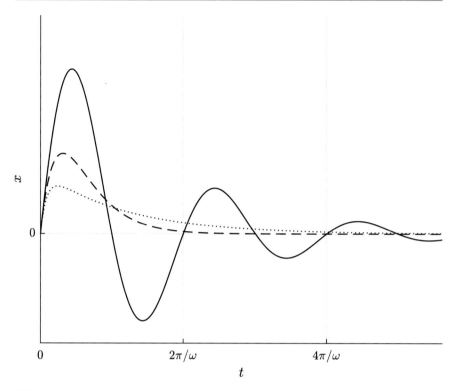

Abb. 3.2 Abhängig von der Stärke der Dämpfung besitzt die gedämpfte harmonische Schwingung verschiedene Lösungen. Dargestellt sind Lösungen für die Anfangsbedingung $x(0) = 0$ und $\dot{x}(0) > 0$. Bei schwacher Dämpfung entsteht eine Schwingung mit der Periodendauer $T = 2\pi/\omega$, deren Amplitude kontinuierlich abnimmt. Beim aperiodischen Grenzfall (gestrichelt) klingt die Anregung ohne Schwingungsverhalten schnell ab. Bei starker Dämpfung (gepunktet) schließlich erreicht der Schwinger die kleinste Auslenkung und kriecht anschließend in die Ruhelage zurück

Antwort auf Zwischenfrage (2)

Gefragt war, wie $x_{\pm}(t) = \mathrm{e}^{\pm \mathrm{i}\omega_0 t}$ als Linearkombination von $\cos(\omega_0 t)$ und $\sin(\omega_0 t)$ darstellbar ist, und nach der Wronski-Determinante von $\cos(\omega_0 t)$ und $\sin(\omega_0 t)$.

Die Euler-Formel lautet für $x_{\pm}(t)$

$$\mathrm{e}^{\pm \mathrm{i}\omega_0 t} = \cos(\omega_0 t) \pm \mathrm{i}\sin(\omega_0 t),$$

sie entspricht also genau den gesuchten Linearkombinationen. Die Koeffizienten der Linearkombination sind somit 1 und $\pm\mathrm{i}$.

Die Wronski-Determinante von $\cos(\omega_0 t)$ und $\sin(\omega_0 t)$ lautet

$$W(t) = \det\begin{pmatrix} \cos(\omega_0 t) & \sin(\omega_0 t) \\ -\omega_0 \sin(\omega_0 t) & \omega_0 \cos(\omega_0 t) \end{pmatrix}$$

$$= \omega_0\left(\cos^2(\omega_0 t) + \sin^2(\omega_0 t)\right) = \omega_0 \neq 0.$$

Die Funktionen $\cos(\omega_0 t)$ und $\sin(\omega_0 t)$ sind linear unabhängig.

3.5 Aperiodischer Grenzfall: $\mu = \omega_0$

Den Fall $\mu = \omega_0$ bezeichnet man als den „aperiodischen Grenzfall", weil ab diesem Wert für μ keine periodischen Lösungen mehr auftreten. Die charakteristische Gleichung besitzt hier nur eine Lösung $\lambda_1 = \lambda_2 = -\mu$, sodass sich aus ihr nur eine Lösung

$$x_1(t) = e^{-\mu t} \tag{3.17}$$

der Differenzialgleichung gewinnen lässt. Zur vollständigen Lösung benötigen wir jedoch noch eine zweite Lösung. Wir versuchen es mit einer Variation der Konstanten, also mit dem Ansatz

$$x(t) = c(t)\, e^{-\mu t}$$

mit der „variablen Konstanten" $c = c(t)$. Es ist dann

$$\dot{x} = \dot{c}\, e^{-\mu t} - \mu c\, e^{-\mu t}$$
$$\ddot{x} = \ddot{c}\, e^{-\mu t} - \mu\dot{c}\, e^{-\mu t} - \mu\dot{c}\, e^{-\mu t} + \mu^2 c\, e^{-\mu t} = \ddot{c}\, e^{-\mu t} - 2\mu\dot{c}\, e^{-\mu t} + \mu^2 c\, e^{-\mu t}$$

und Einsetzen in die Differenzialgleichung

$$\ddot{x} + 2\mu\dot{x} + \mu^2 x = 0 \qquad \text{(es ist ja jetzt } \omega_0 = \mu)$$

ergibt

$$\left(\ddot{c} - 2\mu\dot{c} + \mu^2 c + 2\mu\dot{c} - 2\mu^2 c + \mu^2 c\right)e^{-\mu t} = \ddot{c}\, e^{-\mu t} \stackrel{!}{=} 0.$$

Lesehilfe
Das Einsetzen des Ansatzes $c\, e^{-\mu t}$ in die Differenzialgleichung hast du sicher mitgerechnet ;-) Die Ableitungen erfordern die Produktregel und die Kettenregel. Und schließlich hebt sich fast alles auf.

Die Differenzialgleichung wird also gelöst von Funktionen $c(t)\,\mathrm{e}^{-\mu t}$, bei denen $\ddot{c}(t) = 0$ ist. Wir können daher für c eine beliebige lineare Funktion wählen. Die einfachste nichttriviale Wahl ist $c(t) = t$, und mit ihr haben wir

$$x_2(t) = t\,\mathrm{e}^{-\mu t} \qquad (3.18)$$

als zweite Lösung. Wir prüfen, ob die Lösungen x_1, x_2 linear unabhängig sind:

$$W(0) = \det\begin{pmatrix} x_1(0) & x_2(0) \\ \dot{x}_1(0) & \dot{x}_2(0) \end{pmatrix} = \det\begin{pmatrix} 1 & 0 \\ -\mu & 1 \end{pmatrix} = 1 \neq 0.$$

Mit x_1, x_2 haben wir daher die gewünschte Lösungsbasis für den aperiodischen Grenzfall gefunden, und sie ist auch bereits reell.

Lesehilfe

Kurz zur „einfachsten nichttrivialen" Wahl in (3.18): Aus $\ddot{c}(t) = 0$ folgt $c(t) = at + b$ mit beliebigen Konstanten a und b, also

$$x_2(t) = (at + b)\,\mathrm{e}^{-\mu t}. \qquad (3.19)$$

Die einfachste Wahl wäre $a = b = 0$, was aber nichts bringt, weil die Nullfunktion offenbar nie Element einer Lösungsbasis sein kann. Ferner ist klar, dass wir ein $a \neq 0$ benötigen, da der Anteil mit b nur ein Vielfaches der ersten Lösung x_1 ergibt. Somit ist $a = 1$ und $b = 0$ die einfachste funktionierende Wahl. Natürlich funktionierte auch $a = 17$ und $b = -\pi$. Ist aber unnötig kompliziert.

Beim aperiodischen Grenzfall treten somit nur noch fallende Exponentialfunktionen und keine periodischen Terme mehr in den Lösungen auf. Natürlich kann eine spezielle Lösung, abhängig von den Anfangsbedingungen, trotzdem zunächst ansteigen, bevor sie dann rasch exponentiell abfällt.

Der aperiodische Grenzfall besitzt die besondere Eigenschaft, dass bei ihm eine Anregung des Systems am schnellsten abklingt, siehe Abb. 3.2.

Beispiel

Aufgrund seines schnellen Abklingverhaltens spielt der aperiodische Grenzfall in technischen Anwendungen eine Rolle, beispielsweise für Stoßdämpfer an Fahrzeugen: Die „Federung" an einem Fahrzeug, beispielsweise einem Fahrrad oder einem Auto, besteht aus zwei Elementen, der Feder und der Dämpfung. Die Feder ist oft eine Metallfeder oder auch eine Luftfeder, bei der zunehmend komprimierte Luft dem weiteren „Einfedern" entgegenwirkt. Um zu verhindern, dass das

Fahrzeug nach dem Einfedern beim Ausfedern nachschwingt, ist eine Dämpfung notwendig, der sogenannte „Stoßdämpfer". Und diese Dämpfung soll einerseits ein Nachschwingen verhindern, aber andererseits zulassen, dass der ursprüngliche Federweg schnell wiederhergestellt wird. Und das entspricht gerade dem aperiodischen Grenzfall.

Zwischenfrage (3)
Handelt es sich bei der Differenzialgleichung

$$\ddot{x} + 10\dot{x} + ax = 0$$

für alle $a \in \mathbb{R}$ um die Differenzialgleichung einer gedämpften harmonischen Schwingung? Wie muss a gewählt werden, damit der aperiodische Grenzfall vorliegt?

3.6   Starke Dämpfung: $\mu > \omega_0$

Für $\mu > \omega_0$ besitzt die charakteristische Gleichung die zwei reellen Lösungen

$$\lambda_{1,2} = -\mu \pm \sqrt{\mu^2 - \omega_0^2}. \tag{3.20}$$

Wegen $\sqrt{\mu^2 - \omega_0^2} < \mu$ sind beide Lösungen negativ und die Lösungsbasis besteht aus den zwei exponentiell abfallenden Funktionen $e^{\lambda_1 t}$ und $e^{\lambda_2 t}$.

Das System kriecht also nach einer Anregung in die Ruhelage zurück und aufgrund der stärkeren Dämpfung geschieht das langsamer als beim aperiodischen Grenzfall, siehe Abb. 3.2.

Lesehilfe
Die starke Dämpfung unterdrückt die Schwingung vollständig. Um anschaulich zu verstehen, was starke Dämpfung bedeuten kann, kannst du dir den Schwinger aus Abb. 3.1 in einem Honigbad vorstellen. Eine „Schwingung" ist dann praktisch nicht mehr vorstellbar.

3.7 Übersicht

Formelmäßig zusammengefasst besitzt die homogene Differenzialgleichung (3.4),

$$\ddot{x}(t) + 2\mu\dot{x}(t) + \omega_0^2 x(t) = 0,$$

also die folgenden allgemeinen Lösungen, jeweils mit freien Konstanten c_1 und c_2:

$$x_{\text{hom}}^{\mu < \omega_0}(t) = e^{-\mu t}(c_1 \cos(\omega t) + c_2 \sin(\omega t)) \quad \text{mit } \omega = \sqrt{\omega_0^2 - \mu^2} \quad (3.21)$$

$$x_{\text{hom}}^{\mu = \omega_0}(t) = c_1 e^{-\mu t} + c_2 t e^{-\mu t} \quad (3.22)$$

$$x_{\text{hom}}^{\mu > \omega_0}(t) = c_1 e^{\left(-\mu + \sqrt{\mu^2 - \omega_0^2}\right)t} + c_2 e^{\left(-\mu - \sqrt{\mu^2 - \omega_0^2}\right)t}. \quad (3.23)$$

Der Fall der ungedämpften Schwingung, d. h. $\mu = 0$, ist in (3.21) enthalten.

Mit Dämpfung gehen alle Lösungen aufgrund der fallenden Exponentialfunktionen für $t \to \infty$ gegen 0: *Ein gedämpftes System kommt nach einmaliger Anregung mit der Zeit zur Ruhe.* Dies ist physikalisch unmittelbar klar, da die Dämpfung in Form von Reibung dem schwingenden System kontinuierlich Energie entzieht und sie in Wärme umwandelt.

Antwort auf Zwischenfrage (3)
Gefragt war, ob die Gleichung $\ddot{x} + 10\dot{x} + ax = 0$ für $a \in \mathbb{R}$ eine Schwingungsgleichung ist. Und für welches a der aperiodische Grenzfall vorliegt.

Nur für $a > 0$ handelt es sich um die Differenzialgleichung einer Schwingung, da ansonsten keine Rückstellkraft vorliegt. Man liest dann den Parameter μ ab aus $2\mu = 10$, es ist also $\mu = 5$. Für $a = \omega_0^2 = 25$ liegt somit der aperiodische Grenzfall vor, für $0 < a < 25$ hat man schwache Dämpfung und für $a > 25$ starke Dämpfung.

Zwischenfrage (4)
Wir haben uns die analytische Lösung von (3.4) angesehen. Können wir die Gleichung mit vorgegebenen Anfangsbedingungen und konkreten Zahlwerten für die Parameter ω_0 und μ auch „einfach" numerisch lösen?

Und ginge das alles auch mit einem zusätzlichen quadratischen Reibungsterm, also mit einer Gleichung der Form

$$\ddot{x}(t) + 2\mu\dot{x}(t) + \varrho\dot{x}^2(t) + \omega_0^2 x(t) = 0,$$

wobei ϱ natürlich wieder für einen konkreten Zahlwert steht? Analytisch, ähnlich wie hier, nur mit etwas mehr Aufwand? Numerisch?

Beispiel

Soll ein konkreter Schwingungsverlauf beschrieben werden, so muss die allgemeine Lösung an die Anfangsbedingungen angepasst werden.

Wir betrachten als Beispiel den Fall schwacher Dämpfung und der Schwinger werde zum Zeitpunkt $t = 0$ nach a ausgelenkt und dann losgelassen. Die Anfangsbedingungen lauten also

$$x(0) = a, \qquad \dot{x}(0) = 0. \tag{3.24}$$

Lesehilfe

Die Bedingung $\dot{x}(0) = 0$ ergibt sich aus dem „Loslassen" des Schwingers. Wollte man ihm eine Anfangsgeschwindigkeit mit auf den Weg geben, so müsste man ihn „anschubsen".

Wir wenden die Anfangsbedingungen auf die allgemeine Lösung

$$x(t) = e^{-\mu t}(c_1 \cos(\omega t) + c_2 \sin(\omega t))$$

an. Das heißt:

$$x(0) = 1 \cdot (c_1 + 0) = c_1 \overset{!}{=} a, \qquad \text{also } c_1 = a,$$

$$\dot{x}(0) = \big[-\mu\, e^{-\mu t}(c_1 \cos(\omega t) + c_2 \sin(\omega t))$$

$$+ e^{-\mu t}(-c_1 \omega \sin(\omega t) + c_2 \omega \cos(\omega t)) \big]_{t=0}$$

$$= -\mu c_1 + c_2 \omega \overset{!}{=} 0, \qquad \text{also } c_2 = \frac{\mu}{\omega} c_1 = \frac{\mu}{\omega} a.$$

Die spezielle Lösung für die Anfangsbedingungen (3.24) lautet daher

$$x(t) = a\, e^{-\mu t}\Big(\cos(\omega t) + \frac{\mu}{\omega} \sin(\omega t) \Big). \tag{3.25}$$

Antwort auf Zwischenfrage (4)

Es war gefragt, ob wir die Schwingungsgleichung auch numerisch lösen können. Und ob wir die um einen quadratischen Reibungsterm erweiterte Gleichung $\ddot{x}(t) + 2\mu\dot{x}(t) + \varrho\dot{x}^2(t) + \omega_0^2 x(t) = 0$ ebenso lösen können.

Die um einen quadratischen Reibungsterm erweiterte Gleichung ist keine lineare Differenzialgleichung mehr. Die hier besprochenen Methoden zur analytischen Lösung sind daher nicht anwendbar und auch der Exponentialansatz funktioniert nicht mehr.

Sie lässt sich aber ebenso wie die normale Schwingungsgleichung ohne Weiteres numerisch lösen. Dazu übersetzen wir sie in das äquivalente Differenzialgleichungssystem erster Ordnung:

$$\dot{z}_0 = z_1$$
$$\dot{z}_1 = -2\mu z_1 - \varrho z_1^2 - \omega_0^2 z_0.$$

Darin ist $z_0 = x$ der Ort des Schwingers und $z_1 = \dot{z}_0$ seine Geschwindigkeit. Mit konkreten Zahlwerten für μ, ϱ, ω_0 und Anfangsbedingungen für z_0 und z_1 kann das System wie im Beispiel von (2.2) numerisch gelöst werden.

Das Wichtigste in Kürze

- Die Differenzialgleichung der **gedämpften harmonischen Schwingung** folgt aus dem Grundgesetz der Mechanik. Neben der Rückstellkraft wird eine Reibungskraft berücksichtigt, die proportional zur Geschwindigkeit ist.
- Die allgemeine Lösung erfordert eine Lösungsbasis aus zwei linear unabhängigen Funktionen. Sie ergeben sich – bis auf den aperiodischen Grenzfall – aus der aus dem **Exponentialansatz** folgenden **charakteristischen Gleichung**.
- Komplexe Lösungen werden mithilfe der Euler-Formel so kombiniert, dass sich eine **reelle Lösungsbasis** ergibt.
- Beim **aperiodischen Grenzfall** muss noch eine zweite Lösung konstruiert werden. Dies kann mit Hilfe der Variation der Konstanten erfolgen.
- Eine konkrete Schwingungssituation wird durch zwei **Anfangsbedingungen** festgelegt. Aus ihnen ergibt sich die spezielle Lösung. ◄

Und was bedeuten die Formeln?

$$\ddot{x}(t) + 2\mu\dot{x}(t) + \omega_0^2 x(t) = 0, \quad \omega_0 \in \mathbb{R}_+^*, \ \mu \in \mathbb{R}_+,$$

$$x(t) = e^{\lambda t}, \quad \lambda^2 + 2\mu\lambda + \omega_0^2 = 0, \quad \lambda_{1,2} = -\mu \pm \sqrt{\mu^2 - \omega_0^2},$$

$$\cos\varphi = \frac{1}{2}\left(e^{i\varphi} + e^{-i\varphi}\right), \quad \sin\varphi = \frac{1}{2i}\left(e^{i\varphi} - e^{-i\varphi}\right),$$

$$x_1(t) := \frac{1}{2}(x_+(t) + x_-(t)), \quad x_2(t) := \frac{1}{2i}(x_+(t) - x_-(t)),$$

$$x(t) = \tilde{c}_+ e^{i\omega_0 t} + \tilde{c}_- e^{-i\omega_0 t} = c_1 \cos(\omega_0 t) + c_2 \sin(\omega_0 t),$$

$$x(t) = c(t) e^{-\mu t}, \quad \ddot{c}(t) = 0,$$

$$x_{\text{hom}}^{\mu < \omega_0}(t) = e^{-\mu t}(c_1 \cos(\omega t) + c_2 \sin(\omega t)), \quad \omega = \sqrt{\omega_0^2 - \mu^2},$$

$$x_{\text{hom}}^{\mu = \omega_0}(t) = c_1 e^{-\mu t} + c_2 t e^{-\mu t},$$

$$x_{\text{hom}}^{\mu > \omega_0}(t) = c_1 e^{\left(-\mu + \sqrt{\mu^2 - \omega_0^2}\right)t} + c_2 e^{\left(-\mu - \sqrt{\mu^2 - \omega_0^2}\right)t},$$

$$x(0) = x_0, \quad \dot{x}(0) = v_0,$$

$$\dot{z}_0 = z_1 \wedge \dot{z}_1 = -2\mu z_1 - \omega_0^2 z_0.$$

Übungsaufgaben

A3.1 Zwei Exponentialfunktionen $t \mapsto e^{\alpha t}$ und $t \mapsto e^{\beta t}$ sind linear unabhängig für $\alpha \neq \beta$. Wie verhält es sich mit den zwei Funktionen x_1 und x_2 mit

$$x_1(t) := e^{\alpha t} \cos t \qquad \text{und} \qquad x_2(t) := e^{\alpha t} \sin t,$$

bei denen die Exponentialausdrücke identisch sind? Sind x_1 und x_2 linear unabhängig?

A3.2 Denke dir bei der freien gedämpften Schwingung, d. h. der Differenzialgleichung

$$\ddot{x}(t) + 2\mu\dot{x}(t) + \omega_0^2 x(t) = 0,$$

den Fall einer sehr schwach gedämpften Schwingung. Wie wirkt es sich auf die Lösung aus, wenn μ verdoppelt wird – aber weiter mit Abstand klein genug für schwache Dämpfung ist? Und wie wirkt es sich aus, wenn zusätzlich ω_0 verdoppelt wird? Skizziere Lösungen vor und nach der Verdopplung.

A3.3 Wir betrachten die Differenzialgleichung der gedämpften harmonischen Schwingung,

$$\ddot{x}(t) + 2\mu\dot{x}(t) + \omega_0^2 x(t) = 0 \qquad \text{mit } \omega_0 \in \mathbb{R}_+^*,\ \mu \in \mathbb{R}_+.$$

a) Zeige durch Einsetzen, dass die folgenden Funktionen x_i die Differenzialgleichung lösen:

- Für $0 < \mu < \omega_0$ und mit $\omega := \sqrt{\omega_0^2 - \mu^2}$:

$$x_1(t) = e^{-\mu t}(c_1 \cos(\omega t) + c_2 \sin(\omega t)), \quad c_1, c_2 \in \mathbb{R}.$$

- Für $\mu = \omega_0$:

$$x_2(t) = c_1 e^{-\mu t} + c_2 t e^{-\mu t}, \quad c_1, c_2 \in \mathbb{R}.$$

- Für $\mu > \omega_0$ und mit $\alpha := \sqrt{\mu^2 - \omega_0^2}$:

$$x_3(t) = c_1 e^{-(\mu - \alpha)t} + c_2 e^{-(\mu + \alpha)t}, \quad c_1, c_2 \in \mathbb{R}.$$

Hinweis: Das ist eine echte Fleißaufgabe. Such dir vielleicht einfach nur den der drei Fälle heraus, der dir am besten gefällt ;-)

b) Für den Fall der schwachen Dämpfung seien für einen Zeitpunkt t_0 der Ort a und die Geschwindigkeit v des Schwingers beliebig vorgegeben. Wie lautet die spezielle Lösung für diese Anfangswerte?

c) Es seien nun als Anfangswerte die Orte des Schwingers zu zwei Zeitpunkten vorgegeben: a_1 zum Zeitpunkt t_1 und a_2 zum Zeitpunkt t_2. Lässt sich für diese Anfangsbedingungen stets eine stark gedämpfte Lösung finden?

A3.4 Sind die folgenden Aussagen zur freien gedämpften Schwingung richtig oder falsch? Begründe jeweils deine Antwort.

(I)   Bei schwacher Dämpfung überschreitet die Lösung unendlich oft die Nulllinie.
(II)   Bei starker Dämpfung überschreitet die Lösung nie die Nulllinie.
(III) Bei starker Dämpfung überschreitet die Lösung höchstens einmal die Nulllinie.
(IV)   Der aperiodische Grenzfall ist der Fall, bei dem die Lösung am schnellsten zur Ruhelage zurückkehrt.

Lineare DGLs mit konstanten Koeffizienten 4

Nachdem wir in Kap. 3 anhand eines Beispiels einige Grundtatsachen zur Lösung einer homogenen Gleichung kennengelernt haben, wollen wir jetzt eine allgemeine Lösungstheorie für *lineare Differenzialgleichungen (DGLs) mit konstanten Koeffizienten* entwickeln. Dabei behandeln wir auch inhomogene Gleichungen, bei denen die Inhomogenität eine Exponentialfunktion enthält.

Zur Lösung der homogenen Gleichungen ist i. Allg. die Verwendung komplexer Zahlen notwendig. Aber auch zur Behandlung der besonders wichtigen periodischen Inhomogenitäten sind die komplexen Zahlen außerordentlich hilfreich, da sie ein schlankes Vorgehen über Exponentialansätze erlauben.

Lesehilfe

Wie in Kap. 3 finden sich auch in diesem Kapitel an den relevanten Stellen Lesehilfen zu komplexen Zahlen. Darüber hinaus findet sich im Anhang eine zusammenhängende Einführung in die komplexen Zahlen

Wozu dieses Kapitel im Einzelnen

- Lineare Differenzialgleichungen mit konstanten Koeffizienten sind eine wichtige „Sorte" von Differenzialgleichungen, denen man oft begegnet. Wir wollen sie uns daher genau ansehen.
- Zunächst ist die homogene Gleichung zu lösen. Dabei haben wir es mit Polynomen zu tun und werden den Fundamentalsatz der Algebra kennenlernen und verwenden.
- Auch wenn wir komplexe Zahlen nutzen, so wollen wir doch reelle Lösungen zu homogenen reellen Gleichungen finden. Dazu bedienen wir uns wie in Kap. 3 der Euler-Formel.
- Schließlich kümmern wir uns um inhomogene Gleichungen und werden dabei erneut sehen, wie nützlich die Euler-Formel im Hinblick auf das Lösen reeller Gleichungen ist.

© Springer-Verlag GmbH Deutschland, ein Teil von Springer Nature 2022
J. Balla, *Gewöhnliche Differenzialgleichungen leicht gemacht!*,
https://doi.org/10.1007/978-3-662-64752-3_4

4.1 Definition und Grundbegriffe

Lineare Differenzialgleichungen kennen wir bereits aus Abschn. 2.4. Sind nun in der linearen Gleichung die Koeffizientenfunktionen a_k gar nicht von x abhängig, sondern nur Konstante, so haben wir es mit einer vergleichsweise einfachen Form einer linearen Gleichung zu tun:

Definition 4.1 *Eine* lineare Differenzialgleichung n-ter Ordnung mit konstanten Koeffizienten *ist eine Differenzialgleichung der Form*

$$y^{(n)} + a_{n-1}y^{(n-1)} + \ldots + a_1 y' + a_0 y = b(x) \qquad (4.1)$$

mit Koeffizienten $a_0, \ldots, a_{n-1} \in \mathbb{C}$ und einer auf dem Intervall $I \subseteq \mathbb{R}$ stetigen Funktion $b : I \to \mathbb{C}$.

Für die Lösungen $y : I \to \mathbb{C}$ von (4.1) gilt natürlich unverändert Satz 2.6.

In praktischen Anwendungen hat man es in der Regel mit reellen Gleichungen zu tun: Sie besitzen reelle Koeffizienten a_k und eine reelle Inhomogenität b und man sucht nach reellen Lösungen y. Aber auch zur Lösung solcher Gleichungen ist es manchmal nötig und oft vorteilhaft, komplexe Zahlen und komplexwertige Funktionen zu verwenden.

> **Lesehilfe**
> Auch wenn die Funktionen b und $y : I \to \mathbb{C}$ „komplexwertig" sein dürfen, sind sie weiter nur auf dem reellen Intervall I definiert. Und wegen $\mathbb{R} \subset \mathbb{C}$ können sie natürlich auch rein reelle Funktionswerte haben.

Wir wollen jetzt ein Standardverfahren zur Konstruktion der Lösungen von (4.1) entwickeln.

Polynome von Differenzialoperatoren

Bei dem Differenzialoperator in (4.1) handelt es sich um ein Polynom von Differenzialoperatoren $D = d/dx$: Ersetzt man im Polynom

$$P(z) = a_0 + a_1 z + a_2 z^2 + \ldots + a_n z^n = \sum_{k=0}^{n} a_k z^k \qquad (4.2)$$

mit komplexen Koeffizienten a_k die Variable z durch D, so erhält man das *Differenzialpolynom*

$$P(D) = a_0 + a_1 D + a_2 D^2 + \ldots + a_n D^n = \sum_{k=0}^{n} a_k D^k. \qquad (4.3)$$

Ist der führende Koeffizient $a_n = 1$, so nennt man das Polynom *normiert* und die Differenzialgleichung (4.1) lässt sich schreiben als

$$P(\mathrm{D})y = b(x). \tag{4.4}$$

Man kann diese Gleichung auch so lesen: *Der Differenzialoperator $P(\mathrm{D})$ erzeugt angewandt auf die Funktion y die Inhomogenität b.*

Lesehilfe

Ein beliebiges Polynom vom Grad n hat die Form $P(z) = \sum_{k=0}^{n} a_k z^k$ mit $a_n \neq 0$ (für $a_n = 0$ besäße es einen kleineren Grad). Ist es nicht normiert und hat man es mit der Differenzialgleichung $P(\mathrm{D})y = b^*$ zu tun, so lässt sich diese Gleichung leicht auf die Form (4.1) bringen, indem die Gleichung durch a_n geteilt wird.

Für allgemeine Aussagen über (Differenzial-) Polynome spielt es oft keine Rolle, ob sie normiert sind oder nicht.

Mit Differenzialpolynomen kann man rechnen wie mit gewöhnlichen Polynomen:

Für zwei Polynome $P_1(z)$ und $P_2(z)$ mit beliebigem, auch unterschiedlichem Grad sei $P(z) := P_1(z) + P_2(z)$ die Summe und $Q(z) := P_1(z)P_2(z)$ ihr Produkt. Dann gilt für jede genügend oft differenzierbare Funktion $f : I \to \mathbb{C}$ auch

$$P_1(\mathrm{D})f + P_2(\mathrm{D})f = P(\mathrm{D})f \quad \text{und} \quad P_1(\mathrm{D})(P_2(\mathrm{D})f) = Q(\mathrm{D})f.$$

Letztendlich wird sowohl mit z als Argument als auch mit D einfach gliedweise addiert bzw. es wird ausmultipliziert und dann zusammengefasst.

Im Hinblick auf die Lösung der homogenen Gleichung betrachten wir nun die Wirkung von Differenzialpolynomen $P(\mathrm{D})$ auf den „Exponentialansatz", d. h. auf Funktionen der Gestalt $f(x) = \mathrm{e}^{\lambda x}, \lambda \in \mathbb{C}$:

Satz 4.1 *Für jedes Polynom $P(z)$ und jedes $\lambda \in \mathbb{C}$ gilt*

$$P(\mathrm{D})\mathrm{e}^{\lambda x} = P(\lambda)\mathrm{e}^{\lambda x}.$$

Beweis Es sei $P(z) = \sum_{k=0}^{n} a_k z^k$. Aus $\mathrm{D}\mathrm{e}^{\lambda x} = \lambda\,\mathrm{e}^{\lambda x}$ folgt $\mathrm{D}^k \mathrm{e}^{\lambda x} = \lambda^k \mathrm{e}^{\lambda x}$, und damit

$$P(\mathrm{D})\mathrm{e}^{\lambda x} = \sum_{k=0}^{n} a_k \mathrm{D}^k \mathrm{e}^{\lambda x} = \sum_{k=0}^{n} a_k \lambda^k \mathrm{e}^{\lambda x} = P(\lambda)\mathrm{e}^{\lambda x}. \qquad \bullet$$

Lesehilfe zum Beweis

Der Beweis ist kompakt geschrieben, aber einfach: Zunächst ist $De^{\lambda x} = (e^{\lambda x})' = \lambda e^{\lambda x}$. Jede weitere Ableitung erzeugt einen weiteren Faktor λ, also gilt $D^k e^{\lambda x} = \lambda^k e^{\lambda x}$. Daher ist dann

$$
\begin{aligned}
P(D)e^{\lambda x} &= (a_0 + a_1 D + \ldots + a_n D^n)e^{\lambda x} \\
&= a_0 e^{\lambda x} + a_1 De^{\lambda x} + \ldots + a_n D^n e^{\lambda x} \\
&= a_0 e^{\lambda x} + a_1 \lambda e^{\lambda x} + \ldots + a_n \lambda^n e^{\lambda x} \\
&= (a_0 + a_1 \lambda + \ldots + a_n \lambda^n)e^{\lambda x} \\
&= P(\lambda)e^{\lambda x}.
\end{aligned}
$$

Ein Differenzialpolynom $P(D)$ erzeugt also angewandt auf $e^{\lambda x}$ den Faktor $P(\lambda)$ vor der Funktion. Diese Eigenschaft des Exponentialansatzes haben wir übrigens schon einmal gesehen: Sie führte uns auf (3.6).

Zwischenfrage (1)

Wie lauten das Differenzialpolynom $P(D)$ und die Funktion b, mit denen die Differenzialgleichung

$$
y''' - 8y'' + 4y' - y + 2 = 0
$$

als $P(D)y = b$ geschrieben werden kann?
Wird die Gleichung zufällig durch $y = e^{-2x}$ gelöst?

4.2   Homogene Gleichung

Wir kümmern uns nun um die homogene Differenzialgleichung der Form

$$
P(D)y = y^{(n)} + a_{n-1}y^{(n-1)} + \ldots + a_1 y' + a_0 y = 0.
$$

Wie wir aus Satz 2.6 wissen, benötigen wir zur vollständigen Lösung dieser Gleichung eine aus n linear unabhängigen Funktionen bestehende Lösungsbasis.

Aus Satz 4.1 folgt zunächst unmittelbar:

Satz 4.2   *Ist λ eine Nullstelle des Polynoms $P(z)$, d. h., gilt $P(\lambda) = 0$, so ist $y(x) = e^{\lambda x}$ eine Lösung der Differenzialgleichung $P(D)y = 0$.*

Lesehilfe

Kurz zur Erläuterung von „unmittelbar": Aus $P(\lambda) = 0$ folgt $P(D)e^{\lambda x} = P(\lambda)e^{\lambda x} = 0$, d. h., $y = e^{\lambda x}$ ist eine Lösung von $P(D)y = 0$.

Die Gleichung

$$P(z) = z^n + a_{n-1}z^{n-1} + \ldots + a_1 z + a_0 = 0 \qquad (4.5)$$

ist nichts anderes als die *charakteristische Gleichung* der Differenzialgleichung $P(D)y = 0$, vgl. (3.7).

Das Lösen der homogenen Gleichung $P(D)y = 0$ ist somit zurückgeführt auf die Bestimmung der Nullstellen des Polynoms $P(z)$.

Antwort auf Zwischenfrage (1)

Gefragt war nach der Form $P(D)y = b$ der Differenzialgleichung

$$y''' - 8y'' + 4y' - y + 2 = 0$$

und ob $y = e^{-2x}$ eine Lösung ist.

Die 2 ist Teil der Inhomogenität und gehört auf die andere Seite:

$$y''' - 8y'' + 4y' - y = -2.$$

Mit $P(D) = D^3 - 8D^2 + 4D - 1$ lautet die Gleichung dann $P(D)y = -2 = b$. Einsetzen von $y = e^{-2x}$ ergibt nach Satz 4.1

$$P(D)e^{-2x} = \left((-2)^3 - 8(-2)^2 + 4(-2) - 1\right)e^{-2x} = (-49)e^{-2x} \neq -2,$$

sodass wir keine Lösung der Gleichung haben. (Man sieht übrigens auch ohne Rechnung, dass es keine Lösung sein kann: e^{-2x} und seine Ableitungen können sich allenfalls zu identisch 0 ergänzen, aber nicht zu -2.)

4.2.1 Fundamentalsatz der Algebra

Besitzt ein Polynom $P(z)$ eine Nullstelle λ, so enthält das Polynom den Linearfaktor $(z - \lambda)$. Dabei gilt über $\mathbb{C}$ der *Fundamentalsatz der Algebra*, der sich für unsere Zwecke wie folgt formulieren lässt:

Satz 4.3 *Über $\mathbb{C}$ zerfällt jedes Polynom n-ten Grads,*

$$P(z) = z^n + a_{n-1}z^{n-1} + \ldots + a_1 z + a_0,$$

in n Linearfaktoren, d. h., es ist

$$P(z) = \prod_{k=1}^{r}(z - \lambda_k)^{v_k} = (z - \lambda_1)^{v_1}(z - \lambda_2)^{v_2} \cdots (z - \lambda_r)^{v_r}$$

mit $v_1, v_2, \ldots, v_r \in \mathbb{N}^*$ *und* $v_1 + v_2 + \ldots + v_r = n$. *Das Polynom* $P(z)$ *besitzt daher die r Nullstellen* $\lambda_1, \ldots, \lambda_r$ *mit den* Vielfachheiten $v_1, \ldots, v_r$ *und es ist* $r \leq n$.

Beweis Den Beweis dieses grundlegenden Satzes führen wir nicht aus.[1]   o

Beispielsweise ist

$$z^3 + z^2 - 5z + 3 = (z - 1)^2(z + 3),$$

dieses Polynom zerfällt also in die Linearfaktoren $(z - 1)$ mit der Vielfachheit $v_1 = 2$ und $(z + 3)$ mit der Vielfachheit $v_2 = 1$. Es ist $v_1 + v_2 = 3$ und das Polynom besitzt die doppelte Nullstelle 1 und die einfache Nullstelle -3.

Auch wenn es in diesem einfachen Beispiel funktioniert, so ist zu beachten, dass *der Fundamentalsatz der Algebra über* $\mathbb{R}$ *nicht gilt*. Zum Beispiel kann dort $z^2 + 1$ nicht faktorisiert werden, während wir im Komplexen $z^2 + 1 = (z - i)(z + i)$ haben. Bei der Faktorisierung eines Polynoms kann man im Reellen auf „Restpolynomen" mit geradem Grad sitzen bleiben, die keine Nullstellen haben und sich somit nicht weiter in Linearfaktoren zerlegen lassen. Und genau das kann über $\mathbb{C}$ nicht passieren: Hier kommt man immer hinunter auf Linearfaktoren. Man sagt dazu, $\mathbb{C}$ sei „algebraisch abgeschlossen".

Lesehilfe Faktorisierung im Komplexen und Polarkoordinaten
Die Faktorisierung eines Polynoms erfolgt im Komplexen im Prinzip wie im Reellen: Mit bekannten Nullstellen können zugehörige Linearfaktoren abgespalten werden. Und doch sind manchmal spezielle Kenntnisse über komplexe Zahlen erforderlich.

Wir sehen uns dazu ein Beispiel an: Das Polynom

$$P(z) = z^4 + 1$$

besitzt keine reellen Nullstellen. Analog zur dritten binomischen Formel in der Form $z^2 + 1 = (z - i)(z + i)$ haben wir aber mit

$$z^4 + 1 = (z^2 - i)(z^2 + i)$$

zumindest eine erste Faktorisierung zur Hand.

---

[1] Der erste vollständige Beweis dieses Satzes wurde 1799 von Carl Friedrich Gauß im Rahmen seiner Dissertation gegeben.

Betrachten wir zunächst den ersten Faktor: Er wird 0 für Zahlen z, deren Quadrat gleich i ist. Um sie zu finden, sehen wir uns die **Polarkoordinaten-darstellung** komplexer Zahlen an:

Eine komplexe Zahl $z = x + \mathrm{i}y$, $x, y \in \mathbb{R}$, kann graphisch mit den Koordinaten (x, y) als Zahlvektor in der *Gauß-Zahlenebene* dargestellt werden (wie ein „normaler Vektor"). Die x-Achse entspricht dann dem Zahlenstrahl der reellen Zahlen und die y-Koordinate kommt bei komplexen Zahlen als Imaginärteil mit hinzu, siehe Abb. 4.1. Die speziellen Zahlen

$$\mathrm{e}^{\mathrm{i}\varphi} = \cos\varphi + \mathrm{i}\sin\varphi$$

der Euler-Formel besitzen den Realteil $x = \cos\varphi$ und den Imaginärteil $y = \sin\varphi$. Sie liegen daher auf dem Einheitskreis in der Gauß-Zahlenebene und das Argument φ entspricht dem Winkel, den ihr Zahlvektor mit der reellen Achse einschließt.

Nun liegt jeder beliebige Zahlvektor $z = x + \mathrm{i}y \neq 0$ offenbar in einer bestimmten Richtung φ, nur außerhalb des Einheitskreises, wenn sein Betrag $|z| = \sqrt{x^2 + y^2} > 1$ ist, oder innerhalb, falls $|z| \leq 1$. In allen Fällen kann z aber geschrieben werden als

$$z = |z|\,\mathrm{e}^{\mathrm{i}\varphi}$$

mit den *Polarkoordinaten* $|z|$ und φ.

Wir betrachten nun die Multiplikation zweier komplexer Zahlen z und w: Aus ihren Polarkoordinatendarstellungen folgt

$$zw = |z|\mathrm{e}^{\mathrm{i}\varphi}\,|w|\mathrm{e}^{\mathrm{i}\psi} = |z||w|\,\mathrm{e}^{\mathrm{i}(\varphi+\psi)}.$$

Die Multiplikation von z mit w ist also geometrisch gleichbedeutend mit einer Drehstreckung: z wird mit $|w|$ gestreckt und um ψ weitergedreht.

Kommen wir nun zurück zu unserer Faktorisierung: Wir suchen Zahlen z, deren Quadrat gleich i ist. Die Zahl i befindet sich in der Gauß-Zahlenebene offenbar an der Stelle $(0, 1)$, sie hat den Betrag 1 und die Polarkoordinaten-darstellung

$$\mathrm{i} = \mathrm{e}^{\mathrm{i}\pi/2}.$$

Eine Zahl z mit $z^2 = \mathrm{i}$ hat daher auch den Betrag 1, sodass beim Produkt $z^2 = zz$ die Streckung entfällt und nur noch weitergedreht wird. Offensichtlich ist daher $z = \mathrm{e}^{\mathrm{i}\pi/4}$ eine Lösung,

$$\mathrm{e}^{\mathrm{i}\pi/4}\,\mathrm{e}^{\mathrm{i}\pi/4} = \mathrm{e}^{\mathrm{i}(\pi/4+\pi/4)} = \mathrm{e}^{\mathrm{i}\pi/2} = \mathrm{i},$$

siehe auch Abb. 4.1, und aufgrund des Quadrats ist $-\mathrm{e}^{\mathrm{i}\pi/4}$ die zweite.

Ebenso findet man die Nullstellen von $z^2 + \mathrm{i}$, also die Zahlen z mit $z^2 = -\mathrm{i} = \mathrm{e}^{\mathrm{i}3\pi/2}$, nämlich $z = \pm\mathrm{e}^{\mathrm{i}3\pi/4}$.

Insgesamt haben wir daher die Faktorisierung

$$z^4 + 1 = (z^2 - \mathrm{i})(z^2 + \mathrm{i}) = (z - \mathrm{e}^{\mathrm{i}\pi/4})(z + \mathrm{e}^{\mathrm{i}\pi/4})(z - \mathrm{e}^{\mathrm{i}\,3\pi/4})(z + \mathrm{e}^{\mathrm{i}\,3\pi/4}).$$

Natürlich können die Nullstellen mithilfe der Euler-Formel auch „herkömmlich" geschrieben werden: Bei $\pi/4$, also bei 45°, sind Cosinus und Sinus gleich $\sqrt{2}/2$ und das ergibt

$$\mathrm{e}^{\mathrm{i}\pi/4} = \cos\frac{\pi}{4} + \mathrm{i}\sin\frac{\pi}{4} = \frac{1}{2}\sqrt{2} + \mathrm{i}\,\frac{1}{2}\sqrt{2},$$

$$\mathrm{e}^{\mathrm{i}\,3\pi/4} = \cos\frac{3\pi}{4} + \mathrm{i}\sin\frac{3\pi}{4} = -\frac{1}{2}\sqrt{2} + \mathrm{i}\,\frac{1}{2}\sqrt{2},$$

aber das macht es nicht schöner ;-)

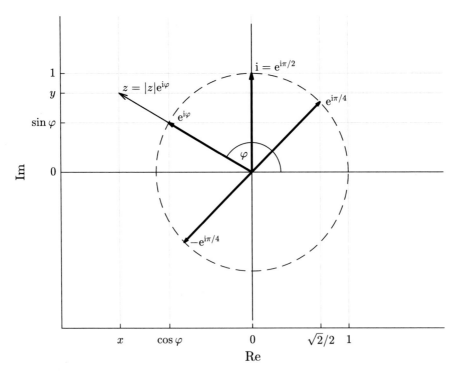

Abb. 4.1 Eine komplexe Zahl $z = x + \mathrm{i}y$ kann in der Gauß-Zahlenebene graphisch dargestellt werden. Ihr Realteil ergibt den Rechtswert und der Imaginärteil den Hochwert des Zahlvektors. Die Rechtsachse entspricht dann dem reellen Zahlenstrahl. Die speziellen Zahlen $\mathrm{e}^{\mathrm{i}\varphi} = \cos\varphi + \mathrm{i}\sin\varphi$ liegen auf dem Einheitskreis und φ entspricht dem Winkel, den der Zahlvektor mit der reellen Achse einschließt. Eine beliebige komplexe Zahl z besitzt die Polarkoordinatendarstellung $z = |z|\,\mathrm{e}^{\mathrm{i}\varphi}$. Offenbar ist $(\pm\mathrm{e}^{\mathrm{i}\pi/4})^2 = \mathrm{e}^{\mathrm{i}\pi/2} = \mathrm{i}$, sodass $\pm\mathrm{e}^{\mathrm{i}\pi/4}$ die Nullstellen des Polynoms $z^2 - \mathrm{i}$ sind

Zwischenfrage (2)
Jemand sagt, der Fundamentalsatz der Algebra laute anders, nämlich: „Über $\mathbb{C}$ besitzt jedes nicht konstante Polynom eine Nullstelle." Ist das tatsächlich etwas anderes als Satz 4.3?

Die r Nullstellen des charakteristischen Polynoms, die in Satz 4.3 angegeben sind, ergeben aufgrund von Satz 4.2 unmittelbar r verschiedene Lösungen $h_k(x) = e^{\lambda_k x}$, $k = 1, \ldots, r$, der homogenen Differenzialgleichung $P(\mathrm{D})y = 0$. Wir müssen uns nun ansehen, inwieweit das zur vollständigen Lösung der homogenen Gleichung beiträgt.

4.2.2 Nur einfache Nullstellen

Besonders einfach ist die vollständige Lösung der homogenen Gleichung $P(\mathrm{D})y = 0$, wenn ihr Polynom $P(z)$ nur einfache Nullstellen enthält. Dann sind die Vielfachheiten $v_1, \ldots, v_r$ in Satz 4.3 allesamt gleich 1 und es ist $r = n$. Wir haben damit unmittelbar die n benötigten Lösungen:

Satz 4.4 *Es sei $P(z) = z^n + a_{n-1}z^{n-1} + \ldots + a_1 z + a_0$ ein Polynom mit n verschiedenen Nullstellen $\lambda_1, \ldots, \lambda_n \in \mathbb{C}$. Dann bilden die Funktionen $h_k : \mathbb{R} \to \mathbb{C}$ mit*

$$h_k(x) = e^{\lambda_k x}, \qquad k = 1, \ldots, n,$$

eine Lösungsbasis der Differenzialgleichung

$$y^{(n)} + a_{n-1}y^{(n-1)} + \ldots + a_1 y' + a_0 y = 0.$$

Beweis Dass die Funktionen h_k Lösungen der Differenzialgleichung sind, folgt aus Satz 4.2. Zu zeigen bleibt ihre lineare Unabhängigkeit: Es ist $h_k^{(m)}(x) = \lambda_k^m e^{\lambda_k x}$, sodass die Wronski-Determinante an der Stelle 0 lautet

$$W(0) = \det \begin{pmatrix} 1 & 1 & \cdots & 1 \\ \lambda_1 & \lambda_2 & \cdots & \lambda_n \\ \vdots & \vdots & \ddots & \vdots \\ \lambda_1^{n-1} & \lambda_2^{n-1} & \cdots & \lambda_n^{n-1} \end{pmatrix}.$$

Diese spezielle Determinante ist in der linearen Algebra als die „Vandermonde-Determinante"[2] bekannt. Für sie gilt

$$W(0) = \prod_{i > j}(\lambda_i - \lambda_j).$$

Dieses Produkt ist ungleich Null, da die λ_k paarweise verschieden sind. $\bullet$

---

[2] Benannt nach dem französischen Mathematiker Alexandre-Théophile Vandermonde, 1735–1796. Der Nachweis ihres Werts kann durch vollständige Induktion erfolgen.

Antwort auf Zwischenfrage (2)

Gefragt war, ob sich Satz 4.3 auch als „Über $\mathbb{C}$ besitzt jedes nicht konstante Polynom eine Nullstelle" aussprechen lässt.

Beides ist tatsächlich dasselbe. Ein nicht konstantes Polynom besitzt einen Grad ≥ 1. Da es eine Nullstelle besitzt, kann der entsprechende Linearfaktor abgespaltet werden. Ist der Grad des Rests wieder ≥ 1, so besitzt er wieder eine Nullstelle und der nächste Linearfaktor kann abgespaltet werden usw. Das Ergebnis ist die Darstellung des Polynoms als Produkt von Linearfaktoren, wie sie in Satz 4.3 angegeben ist.

Beispiele

(1) Die in den Abschnitten 3.3, 3.4 und 3.6 behandelten Fälle der freien gedämpften Schwingung entsprechen den Voraussetzungen von Satz 4.4. Ihre Lösungsbasen ergeben sich unmittelbar aus den beiden Lösungen der charakteristischen Gleichung.

(2) Wir betrachten die Differenzialgleichung

$$y''' - 2y'' + y' - 2y = 0, \tag{4.6}$$

d. h. die Gleichung $P(D)y = 0$ mit

$$P(z) = z^3 - 2z^2 + z - 2.$$

Wie man sich leicht überzeugt, zerfällt das Polynom $P(z)$ folgendermaßen in Linearfaktoren:

$$P(z) = (z^2 + 1)(z - 2) = (z - \mathrm{i})(z + \mathrm{i})(z - 2).$$

Lesehilfe

Das „leichte Überzeugen" kann beispielsweise stattfinden, indem man das Polynom aus seinen Faktoren wieder zusammenmultipliziert.

Natürlich steckt hinter dem Faktorisieren eines Polynoms in der Regel eine Rechenaufgabe. Hier müsste etwa die Nullstelle 2 erraten werden, sodann wird der Linearfaktor $(z - 2)$ mittels Polynomdivision abgespaltet, und bei einem quadratischen Restpolynom kann dann die „pq-Formel" verwendet werden, die auch bei komplexwertigen Lösungen funktioniert.

Es besitzt also die allesamt einfachen Nullstellen

$$\lambda_1 = \mathrm{i}, \qquad \lambda_2 = -\mathrm{i}, \qquad \lambda_3 = 2.$$

Die folgenden Funktionen $h_k : \mathbb{R} \to \mathbb{C}$, $k = 1, 2, 3$, bilden daher eine Lösungsbasis der Differenzialgleichung:

$$h_1(x) = e^{ix}, \qquad h_2(x) = e^{-ix}, \qquad h_3(x) = e^{2x}.$$

Sucht man nach reellen Lösungen, so gewinnt man durch geeignete Linearkombinationen von h_1 und h_2 gemäß den Euler-Formeln eine reelle Lösungsbasis (siehe Abschn. 3.3): Mit

$$r_1(x) := \frac{1}{2}(h_1(x) + h_2(x)) = \cos x$$

$$r_2(x) := \frac{1}{2i}(h_1(x) - h_2(x)) = \sin x \qquad (4.7)$$

erhalten wir die vollständige reelle Lösungsbasis

$$r_1(x) = \cos x, \qquad r_2(x) = \sin x, \qquad h_3(x) = e^{2x}.$$

Dass die Funktionen r_1 und r_2 denselben Unterraum aufspannen wie h_1 und h_2, ergibt sich daraus, dass sich beide Funktionenpaare wechselseitig als Linearkombinationen des anderen Paars darstellen lassen.

Lesehilfe

Eine reelle Gleichung $P(\mathrm{D})y = 0$ besitzt ein Polynom $P(\mathrm{D})$ mit reellen Koeffizienten. Man sucht dann in der Regel nach reellen Lösungen und ist daher an einer reellen Lösungsbasis interessiert.

Besitzt ein *reelles* Polynom eine komplexe Nullstelle λ, so ist stets auch $\overline{\lambda}$ eine Nullstelle. Es können daher immer die Linearkombinationen (4.7) angewandt werden, um eine reelle Lösungsbasis zu erhalten. Das wollen wir gar nicht theoretisch ergründen, sondern werden es einfach in all unseren Beispielen sehen.

(3) Bei der Behandlung der Potenzialtheorie in Kugelkoordinaten stößt man auf die Differenzialgleichung

$$\frac{\mathrm{d}}{\mathrm{d}r}\left(r^2 \frac{\mathrm{d}R}{\mathrm{d}r}\right) = l(l+1)R$$

für die Radialabhängigkeit, die durch $R = R(r)$ beschrieben wird. Darin ist $l(l+1)$ mit $l \in \mathbb{N}$ eine Konstante. Führt man die Ableitung aus, so erkennt man, dass man es mit einer linearen Differenzialgleichung zweiter Ordnung zu tun hat:

$$r^2 \frac{\mathrm{d}^2 R}{\mathrm{d}r^2} + 2r \frac{\mathrm{d}R}{\mathrm{d}r} - l(l+1)R = 0. \qquad (4.8)$$

Diese Gleichung ist zwar keine lineare Gleichung mit konstanten Koeffizienten, aber es handelt sich um eine Euler-Differenzialgleichung, siehe Abschn. 2.4.1. Sie kann daher für $r > 0$ mittels $r = e^t$ und

$$R(r) = R(e^t) =: u(t)$$

in eine lineare Differenzialgleichung mit konstanten Koeffizienten überführt werden: Mit den Gleichungen (2.36) und (2.37) erhalten wir

$$-\dot{u} + \ddot{u} + 2\dot{u} - l(l+1)u = 0$$

bzw.

$$\ddot{u} + \dot{u} - l(l+1)u = 0. \tag{4.9}$$

Diese Gleichung besitzt das Differenzialpolynom[3]

$$P(D) = D^2 + D - l(l+1) = (D-l)(D+(l+1)).$$

Lesehilfe
Rechne diese Faktorisierung unbedingt mal mit der *pq*-Formel nach ;-)

Es besitzt also die zwei einfachen Nullstellen l und $-(l+1)$ und wir haben für (4.9) die Lösungen

$$u_1(t) = e^{lt} \quad \text{und} \quad u_2(t) = e^{-(l+1)t}.$$

Daraus ergeben sich für (4.8) die Lösungen

$$R_1(r) = u_1(\ln r) = e^{l \ln r} = r^l \quad \text{und} \quad R_2(r) = u_2(\ln r) = e^{-(l+1)\ln r} = r^{-(l+1)}$$

und somit ihre allgemeine Lösung

$$R(r) = c_1 r^l + c_2 r^{-(l+1)} \quad \text{mit } c_1, c_2 \in \mathbb{R}. \tag{4.10}$$

---

[3] Die Konstante $l(l+1)$ ist zunächst eine (beliebige) Separationskonstante, dieselbe, die auch in der Legendre-Differenzialgleichung auftaucht, siehe Abschn. 2.4.2. Man würde sie also zunächst beispielsweise einfach λ nennen. Wir sehen hier den Grund, warum es praktischer ist, sie stattdessen als $l(l+1)$ zu schreiben: Sie enthält dann direkt die zwei Lösungen der charakteristischen Gleichung und man bekommt es nicht mit Wurzeln zu tun. Dass l darüber hinaus eine natürliche Zahl sein muss, ergibt sich aus der Lösung der Legendre-Gleichung.

4.2.3 Allgemeiner Fall

Besitzt das Polynom $P(z) = z^n + a_{n-1}z^{n-1} + \ldots + a_1 z + a_0$ einer Differenzialgleichung Nullstellen mit Vielfachheiten größer als 1, so ist die Anzahl seiner Nullstellen kleiner als n. Aus ihnen kann sich daher nicht unmittelbar die vollständige, aus n linear unabhängigen Lösungen bestehende Lösungsbasis ergeben, sondern es müssen jetzt aus einer Nullstelle λ_k mit der Vielfachheit v_k auch v_k unabhängige Lösungen gewonnen werden.

Dies erlaubt der folgende *Hauptsatz zur Lösung der homogenen Gleichung*:

Satz 4.5 *Das Polynom* $P(z) = z^n + a_{n-1}z^{n-1} + \ldots + a_1 z + a_0$ *besitze die* r *verschiedenen Nullstellen* $\lambda_k \in \mathbb{C}$ *mit den Vielfachheiten* v_k, $1 \leq k \leq r$. *Es ist also* $\sum_{k=1}^{r} v_k = n$. *Dann besitzt die Differenzialgleichung*

$$P(\mathrm{D})y = y^{(n)} + a_{n-1}y^{(n-1)} + \ldots + a_1 y' + a_0 y = 0$$

eine Lösungsbasis aus den n *Funktionen* h_{km} *mit*

$$h_{km}(x) = x^m e^{\lambda_k x}, \quad 1 \leq k \leq r, \quad 0 \leq m \leq v_k - 1.$$

Eine Nullstelle λ_k mit der Vielfachheit v_k ergibt also die v_k Lösungen

$$h_{k0}(x) = x^0 e^{\lambda_k x} = e^{\lambda_k x},$$
$$h_{k1}(x) = x^1 e^{\lambda_k x} = x e^{\lambda_k x},$$
$$h_{k2}(x) = x^2 e^{\lambda_k x},$$
$$\vdots$$
$$h_{k\,v_k-1}(x) = x^{v_k - 1} e^{\lambda_k x}.$$

Der **Beweis** von Satz 4.5 erfordert etwas Aufwand und erfolgt in Abschn. 4.2.4. •

Lesehilfe zum Satz

Satz 4.5 sieht aufgrund der zahlreichen Indizes vielleicht gefährlich aus, aber davon solltest du dich nicht einschüchtern lassen. Seine Anwendung fällt ganz leicht. Schreiben wir mal Zahlen hin: Eine Nullstelle $\lambda_2 = -17$ besitze die Vielfachheit $v_2 = 4$. Aus ihr ergeben sich dann die 4 Lösungen

$$h_{20}(x) = x^0 e^{-17x} = e^{-17x},$$
$$h_{21}(x) = x^1 e^{-17x} = x e^{-17x},$$
$$h_{22}(x) = x^2 e^{-17x},$$
$$h_{23}(x) = x^3 e^{-17x}.$$

Es werden also einfach ansteigende Potenzen von x dazugeschrieben, und bei 1 unterhalb der Vielfachheit, also bei $v_2 - 1 = 4 - 1 = 3$, hört man auf.

Übrigens enthält der „Hauptsatz" 4.5 natürlich auch die Aussage von Satz 4.4.

Zwischenfrage (3)
Inwiefern enthält der Hauptsatz 4.5 auch die Aussage von Satz 4.4?

Beispiele
(1) Für den aperiodischen Grenzfall der freien gedämpften Schwingung haben wir in Abschn. 3.5 die zweite Lösung $t\,\mathrm{e}^{-\mu t}$ über Variation der Konstanten ermittelt. Für die zweifache Nullstelle μ des charakteristischen Polynoms ergibt sie sich nun auch unmittelbar aus Satz 4.5.

(2) Wir betrachten die Differenzialgleichung $P(\mathrm{D})y = 0$ mit

$$P(\mathrm{D}) = (\mathrm{D} + 3)(\mathrm{D} - 5)^4(\mathrm{D} - 2\mathrm{i})^2(\mathrm{D} + 2\mathrm{i})^2.$$

Es handelt sich um eine Differenzialgleichung 9. Ordnung. Da $P(\mathrm{D})$ bereits in faktorisierter Form vorliegt, können 9 Fundamentallösungen sofort angegeben werden:

$$h_{10}(x) = \mathrm{e}^{-3x}, \quad h_{20}(x) = \mathrm{e}^{5x}, \quad h_{30}(x) = \mathrm{e}^{2\mathrm{i}x}, \quad h_{40}(x) = \mathrm{e}^{-2\mathrm{i}x},$$
$$h_{21}(x) = x\mathrm{e}^{5x}, \quad h_{31}(x) = x\mathrm{e}^{2\mathrm{i}x}, \quad h_{41}(x) = x\mathrm{e}^{-2\mathrm{i}x},$$
$$h_{22}(x) = x^2\mathrm{e}^{5x},$$
$$h_{23}(x) = x^3\mathrm{e}^{5x}.$$

Da das Polynom $P(\mathrm{D})$ rein reelle Koeffizienten besitzt – auch

$$(\mathrm{D} - 2\mathrm{i})^2(\mathrm{D} + 2\mathrm{i})^2 = \mathrm{D}^4 + 8\mathrm{D}^2 + 16$$

ist ein reeller Ausdruck –, ist eine reelle Lösungsbasis von Interesse. Dazu werden die komplexen Lösungspärchen $x^m\mathrm{e}^{\pm\mathrm{i}bx}$ durch reelle Linearkombinationen analog zu (4.7) ersetzt. Dies ergibt

$$h_{10}(x) = \mathrm{e}^{-3x}, \quad h_{20}(x) = \mathrm{e}^{5x}, \quad r_{30}(x) = \cos(2x), \quad r_{40}(x) = \sin(2x),$$
$$h_{21}(x) = x\mathrm{e}^{5x}, \quad r_{31}(x) = x\cos(2x), \quad r_{41}(x) = x\sin(2x),$$
$$h_{22}(x) = x^2\mathrm{e}^{5x},$$
$$h_{23}(x) = x^3\mathrm{e}^{5x}.$$

Ein Pärchen $x^m\mathrm{e}^{\pm\mathrm{i}bx}$ wird also ersetzt durch $x^m\cos(bx)$ und $x^m\sin(bx)$. Und hätte man es mit einem Pärchen $x^m\mathrm{e}^{(a\pm\mathrm{i}b)x}$ zu tun, so würde es wegen $\mathrm{e}^{(a\pm\mathrm{i}b)x} = \mathrm{e}^{ax}\mathrm{e}^{\pm\mathrm{i}bx}$ ersetzt durch $x^m\mathrm{e}^{ax}\cos(bx)$ und $x^m\mathrm{e}^{ax}\sin(bx)$, siehe auch Abschn. 3.4.

Lesehilfe

Wir sehen, dass sich die Lösungsbasis einer homogenen Gleichung $P(\mathrm{D})y = 0$ einfach hinschreiben lässt, wenn die Nullstellen ihres Polynoms $P(z)$ bekannt sind. Die eigentliche Rechenaufgabe beim Lösen der Gleichung besteht also in der Bestimmung der Nullstellen. Das ist zwar eine „Standardaufgabe", die aber trotzdem nicht unbedingt leicht sein muss und mit Rechenaufwand verbunden sein kann.

Antwort auf Zwischenfrage (3)

Gefragt war, inwiefern der Hauptsatz 4.5 auch Satz 4.4 enthält.

Der Hauptsatz 4.5 lässt auch den Fall zu, dass die Vielfachheiten v_k allesamt gleich 1 sind. Dann ist $r = n$ und die Lösungsbasis besteht aus den Funktionen

$$h_{km}(x) = x^m \mathrm{e}^{\lambda_k x}, \quad 1 \le k \le r = n, \quad 0 \le m \le v_k - 1 = 0;$$

es ist also $m = 0$ und wir haben die n Funktionen

$$h_{k0}(x) = x^0 \mathrm{e}^{\lambda_k x} = \mathrm{e}^{\lambda_k x}, \quad 1 \le k \le n,$$

also genau die Funktionen aus Satz 4.4.

4.2.4 Beweis des Hauptsatzes für homogene Gleichungen

Zum Beweis von Satz 4.5 verwenden wir zwei Hilfssätze, die wir auch später noch in Beweisen benötigen werden:

Satz 4.6 *Für eine k-mal differenzierbare Funktion $f : I \to \mathbb{C}$ auf dem Intervall $I \subseteq \mathbb{R}$ und $\lambda \in \mathbb{C}$ gilt*

$$(\mathrm{D} - \lambda)^k \big(f(x)\,\mathrm{e}^{\lambda x}\big) = f^{(k)}(x)\,\mathrm{e}^{\lambda x}.$$

Beweis Der Beweis erfolgt durch Induktion über k. Für $k = 0$ ist die Aussage klar. Induktionsschritt $k \to k+1$:

$$
\begin{aligned}
(\mathrm{D} - \lambda)^{k+1}\big(f(x)\,\mathrm{e}^{\lambda x}\big) &= (\mathrm{D} - \lambda)(\mathrm{D} - \lambda)^k\big(f(x)\,\mathrm{e}^{\lambda x}\big) \overset{\mathrm{IV}}{=} (\mathrm{D} - \lambda) f^{(k)}(x)\,\mathrm{e}^{\lambda x} \\
&= \mathrm{D} f^{(k)}(x)\,\mathrm{e}^{\lambda x} - \lambda f^{(k)}(x)\,\mathrm{e}^{\lambda x} \\
&= f^{(k+1)}(x)\,\mathrm{e}^{\lambda x} + f^{(k)}(x)\,\lambda \mathrm{e}^{\lambda x} - \lambda f^{(k)}(x)\,\mathrm{e}^{\lambda x} \\
&= f^{(k+1)}(x)\,\mathrm{e}^{\lambda x}. \qquad \bullet
\end{aligned}
$$

Zwischenfrage (4)
Warum ist die Aussage von Satz 4.6 für $k = 0$ klar?

Als zweiten Hilfssatz benötigen wir:

Satz 4.7 *Es sei $P(z)$ ein Polynom und $\lambda \in \mathbb{C}$ eine Zahl mit $P(\lambda) \neq 0$. Für eine beliebige Polynomfunktion $g : \mathbb{R} \to \mathbb{C}$ vom Grad m gilt dann*

$$P(\mathrm{D})\big(g(x)\,\mathrm{e}^{\lambda x}\big) = h(x)\,\mathrm{e}^{\lambda x},$$

wobei $h : \mathbb{R} \to \mathbb{R}$ wieder eine Polynomfunktion vom Grad m ist.

Beweis Man kann das Polynom $P(z)$ nach Potenzen von $(z - \lambda)$ umordnen:

$$P(z) = \sum_{i=0}^{n} c_i (z - \lambda)^i, \qquad c_i \in \mathbb{C}.$$

Dabei ist $P(\lambda) = c_0 \neq 0$. Nach Satz 4.6 (∗) gilt dann

$$P(\mathrm{D})\big(g(x)\,\mathrm{e}^{\lambda x}\big) = \sum_{i=0}^{n} c_i (\mathrm{D} - \lambda)^i \big(g(x)\,\mathrm{e}^{\lambda x}\big) \overset{(*)}{=} \sum_{i=0}^{n} c_i\, g^{(i)}(x)\,\mathrm{e}^{\lambda x}$$

$$= \Big[\underbrace{\sum_{i=0}^{n} c_i\, g^{(i)}(x)}_{=:h(x)} \Big]\mathrm{e}^{\lambda x}.$$

Wegen $c_0 \neq 0$ besitzt h denselben Grad wie g.   ●

Lesehilfe zum Beweis
Das Umordnen eines Polynoms machen wir uns an einem Beispiel klar. Wir ordnen $P(z) = 3z^2 + z - 1$ nach Potenzen von $(z - 5)$ um:

$$\begin{aligned}
P(z) &= 3z^2 + z - 1 \\
&= 3\big((z-5)^2 + 10z - 25\big) + z - 1 = 3(z-5)^2 + 31z - 76 \\
&= 3(z-5)^2 + 31\big((z-5) + 5\big) - 76 = 3(z-5)^2 + 31(z-5) + 79 \\
&= 3(z-5)^2 + 31(z-5)^1 + 79(z-5)^0.
\end{aligned}$$

Es ist also $P(z) = \sum_{i=0}^{2} c_i (z-5)^i$ mit $c_0 = 79$, $c_1 = 31$ und $c_2 = 3$. Setzt man 5 ein, so verschwinden alle Potenzen $(z-5)^i$ außer für $i = 0$ und wir haben $P(5) = c_0 = 79$.

Der Grad einer Polynomfunktion nimmt mit jeder Ableitung um 1 ab. So ist etwa $(x^2)' = 2x$. Das Polynom $h(x) = \sum_{i=0}^{n} c_i \, g^{(i)}(x)$ besitzt daher für $c_0 \neq 0$ als höchsten Grad den Grad von $g^{(0)}(x) = g(x)$, es hat somit denselben Grad wie $g(x)$.

Wir beweisen nun Satz 4.5. Zunächst zeigen wir, dass alle angegebenen Funktionen h_{km} die Differenzialgleichung lösen: Das Polynom $P(z)$ besitzt den Faktor $(z - \lambda_k)^{v_k}$, d. h., es ist

$$P(z) = Q_k(z)(z - \lambda_k)^{v_k}$$

mit einem Polynom $Q_k(z)$. Mit Satz 4.6 $(*)$ folgt somit

$$P(\mathrm{D})h_{km}(x) = Q_k(\mathrm{D})(\mathrm{D} - \lambda_k)^{v_k}\big(x^m \, \mathrm{e}^{\lambda_k x}\big) \overset{(*)}{=} Q_k(\mathrm{D})(x^m)^{(v_k)}\mathrm{e}^{\lambda_k x} = 0,$$

da $v_k > m$.

Es bleibt zu zeigen, dass die Funktionen h_{km} linear unabhängig sind. Eine Linearkombination der h_{km} hat die Gestalt

$$\sum_{k=1}^{r} g_k(x)\mathrm{e}^{\lambda_k x},$$

wobei die g_k Polynome vom Grad $\leq v_k - 1$ sind: In ihnen sind jeweils alle Potenzen von x^0 bis x^{v_k-1} mit den entsprechenden Vorfaktoren der Linearkombination möglich. Es ist zu beweisen, dass diese Summe nur dann die Nullfunktion darstellen kann, wenn alle g_k identisch verschwinden.

Lesehilfe zum Beweis
Zur Erinnerung: r ist die Anzahl der Nullstellen des charakteristischen Polynoms und $v_k, k = 1, \ldots, r$, sind ihre Vielfachheiten.

Vektoren, hier Funktionen, sind linear unabhängig, wenn sich der Nullvektor, hier die Nullfunktion, nur auf „triviale Weise" als Linearkombination aus den Vektoren erzeugen lässt, d. h., wenn alle Koeffizienten der Linearkombination gleich 0 sind. Bisher haben wir die Wronski-Determinante verwendet, um die lineare Unabhängigkeit einer Lösungsbasis zu zeigen, aber hier weisen wir es direkt nach.

Wir zeigen dies durch Induktion über r:

Induktionsanfang $r = 1$: Falls $g_1(x)\mathrm{e}^{\lambda_1 x} = 0$ für alle $x \in \mathbb{R}$ gelten soll, muss $g_1 = 0$ sein.

Induktionsschritt $(r-1) \to r$: Nach Induktionsvoraussetzung folgt aus

$$\sum_{k=1}^{r-1} g_k(x)e^{\lambda_k x} = 0$$

das Verschwinden aller g_k für $k = 1, \ldots, r-1$. Es gelte nun

$$\sum_{k=1}^{r} g_k(x)e^{\lambda_k x} = 0. \tag{4.11}$$

Falls eines der Polynome g_k in dieser Summe verschwindet, haben wir es nur noch mit einer Linearkombination aus $r-1$ Summanden zu tun – und ihre Nummerierung durch die Indizes k kann beliebig vorgenommen werden –, sodass dann nach Induktionsvoraussetzung auch die übrigen g_k gleich 0 sind.

Nehmen wir nun an, kein g_k sei gleich 0. Die Anwendung des Differenzialoperators $(D - \lambda_r)^{v_r}$ auf (4.11) ergibt dann mit den Hilfssätzen

$$(D - \lambda_r)^{v_r} \sum_{k=1}^{r} g_k(x)e^{\lambda_k x} = \sum_{k=1}^{r} (D - \lambda_r)^{v_r} g_k(x)e^{\lambda_k x}$$

$$= \sum_{k=1}^{r-1} (D - \lambda_r)^{v_r} g_k(x)e^{\lambda_k x} + (D - \lambda_r)^{v_r} g_r(x)e^{\lambda_r x}$$

$$= \sum_{k=1}^{r-1} \underbrace{g_k^*(x)e^{\lambda_k x}}_{\text{nach Satz 4.7}} + \underbrace{(g_r(x))^{(v_r)}e^{\lambda_r x}}_{\text{nach Satz 4.6}} = 0.$$

Darin sind die g_k^* jeweils Polynome mit demselben Grad wie g_k und es ist $(g_r(x))^{(v_r)} = 0$, da g_r den maximalen Grad $v_r - 1$ besitzt. Insgesamt haben wir also

$$\sum_{k=1}^{r-1} g_k^*(x)e^{\lambda_k x} = 0$$

mit nichtverschwindenden Polynomen g_k^*, was aber nach Induktionsvoraussetzung nicht möglich ist.   •

Antwort auf Zwischenfrage (4)

Gefragt war nach der Aussage von Satz 4.6 für $k = 0$.

Für $k = 0$ lautet Satz 4.6

$$(D - \lambda)^0 \big(f(x)\,e^{\lambda x}\big) = f^{(0)}(x)\,e^{\lambda x}.$$

Nun ist $(D - \lambda)^0 = 1$ und $f^{(0)}(x) = f(x)$.

4.3 Inhomogene Gleichung

Eine inhomogene lineare Differenzialgleichung mit konstanten Koeffizienten besitzt die Form

$$P(\mathrm{D})y = b(x) \tag{4.12}$$

mit einem Differenzialpolynom $P(\mathrm{D})$ und einer stetigen Funktion $b : I \to \mathbb{C}$, die man als *Inhomogenität* bezeichnet. Wie wir aus Satz 2.6 wissen, sind zu ihrer vollständigen Lösung zwei Schritte notwendig:

(1) Man bestimmt eine Lösungsbasis der homogenen Gleichung $P(\mathrm{D})y = 0$. Das ist Inhalt des Abschn. 4.2.
(2) Man benötigt nun noch eine spezielle Lösung der inhomogonen Gleichung (4.12). Dazu könnte die Gleichung auf ein Differenzialgleichungssystem erster Ordnung zurückgeführt und numerisch gelöst werden. Wir sind hier aber an einer analytischen Lösung interessiert. Und wir werden sehen, dass *es bei speziellen Formen von b möglich ist, durch einen passenden Lösungsansatz eine analytische Lösung von (4.12) zu ermitteln.*

Zunächst machen wir uns folgende Eigenschaft der linearen Gleichungen klar: Zerfällt die Inhomogenität b in mehrere Summanden, d. h. ist

$$b(x) = b_1(x) + \ldots + b_s(x),$$

und sind die Funktionen y_i für $i = 1, \ldots, s$ jeweils Lösungen von $P(\mathrm{D})y = b_i(x)$, so ist ihre Summe

$$y(x) = y_1(x) + \ldots + y_s(x)$$

eine Lösung der Gesamtgleichung $P(\mathrm{D})y = b_1(x) + \ldots + b_s(x) = b(x)$. Die Lösung kann dann also für jeden Summanden einzeln gesucht und anschließend zur Gesamtlösung addiert werden.

4.3.1 Form der Inhomogenität

Es gibt verschiedene Formen von Inhomogenitäten, die eine analytische Lösung durch einen passenden Ansatz erlauben. Wir betrachten im Folgenden die lineare Differenzialgleichung $P(\mathrm{D})y = b(x)$ mit Inhomogenitäten der Gestalt

$$b(x) = f(x)\,\mathrm{e}^{\alpha x}, \quad \alpha \in \mathbb{C}, \tag{4.13}$$

wobei $f(x)$ *ein beliebiges Polynom vom Grad m* ist. Wir werden sehen, dass es es die Verwendung komplexer Zahlen erlaubt, mit dieser Form etliche relevante Anwendungsfälle abzudecken.

Bei den Inhomogenitäten (4.13) werden wir zu unterscheiden haben, ob α eine Nullstelle des Polynoms $P(\mathrm{D})$ der Differenzialgleichung ist, ob also $P(\alpha) = 0$ oder ob $P(\alpha) \neq 0$ ist. Falls $P(\alpha) = 0$ gilt, spricht man von *Resonanz*. Die Lösung erfolgt dann etwas anders als ohne Resonanz.

Lesehilfe

In Kap. 5 werden wir den Begriff „Resonanz" im Zusammenhang mit Schwingungsvorgängen kennen lernen. Zwar geht die Bezeichnung hier letztlich darauf zurück, sie ist aber allgemeiner und davon unabhängig zu sehen: Resonanz im Sinne des Lösens der linearen Differenzialgleichung des obigen Typs liegt vor, wenn $P(\alpha) = 0$ ist.

Die Klasse der Inhomogenitäten, die sich mit der Form (4.13) erschließen lassen, ist größer, als es zunächst scheinen mag. Die Zahl α darf komplex sein und es ist

$$\cos(kx) = \mathrm{Re}\big(\mathrm{e}^{ikx}\big) \qquad \text{und} \qquad \sin(kx) = \mathrm{Re}\big(-i\mathrm{e}^{ikx}\big).$$

Lesehilfe

Nach der Euler-Formel ist $\mathrm{e}^{ikx} = \cos(kx) + i\sin(kx)$ und daraus folgt

$$-i\mathrm{e}^{ikx} = -i\cos(kx) - i^2\sin(kx) = -i\cos(kx) + \sin(kx),$$

also ist $\mathrm{Re}\big(-i\mathrm{e}^{ikx}\big) = \sin(kx)$.

Daher lassen sich bei *reellen* Differenzialgleichungen auch Inhomogenitäten der Form

$$f(x)\cos(kx) \qquad \text{und} \qquad f(x)\sin(kx) \tag{4.14}$$

behandeln. Dazu werden die Gleichungen *komplex erweitert*: Statt der reellen Gleichung

$$P(\mathrm{D})y = f(x)\cos(kx) = \mathrm{Re}\big(f(x)\mathrm{e}^{ikx}\big)$$

betrachtet man die komplex erweiterte Gleichung

$$P(\mathrm{D})\tilde{y} = f(x)\mathrm{e}^{ikx}.$$

Ihre Inhomogenität besitzt dann die Form (4.13) mit $\alpha = ik$. Gelingt es, sie zu lösen, so enthält die komplex erweiterte Lösung $\tilde{y}$ mit ihrem Realteil die gesuchte Lösung y:

$$y = \mathrm{Re}\,\tilde{y}.$$

Lesehilfe

Zu beachten ist, dass die komplexe Erweiterung tatsächlich nur bei *reellen* Gleichungen $P(\mathrm{D})y = b$ funktioniert, bei denen also die Koeffizienten des Polynoms $P(\mathrm{D})$ und auch die Inhomogenität reell sind. Letztendlich bildet man beim Rückschritt von $P(\mathrm{D})\tilde{y} = \tilde{b}$ auf die gesuchte Gleichung den Realteil der rechten und linken Seite. Und nur wenn

$$\mathrm{Re}(P(\mathrm{D})\tilde{y}) = P(\mathrm{D})\mathrm{Re}\,\tilde{y}$$

gilt, hat man mit $y = \mathrm{Re}\,\tilde{y}$ die Lösung der reellen Gleichung. Besäße das Polynom $P(\mathrm{D})$ komplexe Koeffizienten, so wäre dies nicht mehr der Fall, denn im Allgemeinen ist für zwei komplexe Zahlen $\mathrm{Re}(zw) \neq (\mathrm{Re}\,z)(\mathrm{Re}\,w)$, und der Realteil von $P(\mathrm{D})\tilde{y}$ würde ein komplizierter Ausdruck.

Die möglichen Inhomogenitäten reeller Gleichungen, die sich mithilfe komplexer Erweiterung erschließen, sind aber nicht etwa auf die Formen (4.14) beschränkt: Aufgrund der Linearität der Differenzialgleichung und unter Verwendung trigonometrischer Formeln sind auch Inhomogenitäten der Form $f(x)\sin(kx)\cos(kx)$, $f(x)\cos^2(kx)$, $f(x)\cos^3(kx)$ usw. möglich. In Naturwissenschaft und Technik spielen reelle Gleichungen mit Inhomogenitäten mit Sinus- oder Cosinusanteilen naturgemäß eine große Rolle.

Lesehilfe

Hier eine Auswahl trigonometrischer Formeln, die unserem Zusammenhang nützlich sein können: Zunächst einmal ist

$$\sin x \cos x = \frac{1}{2}\sin(2x).$$

Potenzen von $\cos x$ oder $\sin x$ lassen sich wie folgt umschreiben:

$$\cos^2 x = \frac{1}{2}(1 + \cos(2x)), \qquad \sin^2 x = \frac{1}{2}(1 - \cos(2x)),$$

$$\cos^3 x = \frac{1}{4}(3\cos x + \cos(3x)), \qquad \sin^3 x = \frac{1}{4}(3\sin x - \sin(3x)),$$

$$\cos^4 x = \frac{1}{8}(\cos(4x) + 4\cos(2x) + 3), \quad \sin^4 x = \frac{1}{8}(\cos(4x) - 4\cos(2x) + 3).$$

Enthalten Inhomogenitäten Ausdrücke wie $\cos x \cos(3x)$, sind folgende Formeln von Interesse:

$$\cos(3x) = 4\cos^3 x - 3\cos x, \quad \sin(3x) = 3\sin x - 4\sin^3 x.$$

Und so weiter, im echten Sinn: Diese Liste der für Inhomogenitäten mit Cosinus und Sinus nützlichen Formeln ließe sich beliebig verlängern.

Im Hinblick auf praktische Anwendungen werden uns in unseren Beispielen auf das Lösen reeller Gleichungen konzentrieren. Aber komplexe Gleichungen können wir dann erst recht lösen. Ihre Inhomogenität muss allerdings von vornherein die Form (4.13) besitzen. Eine komplexe Erweiterung und damit die Behandlung von Inhomogenitäten mit Sinus- oder Cosinusanteilen ist bei ihnen nicht wie bei reellen Gleichungen möglich.

Beispiel
Wir betrachten eine Differenzialgleichung der Form

$$P(\mathrm{D})y = \cos^2(kx).$$

Unter Verwendung der Formel $\cos^2 x = \frac{1}{2}(1 + \cos(2x))$ schreibt man sie als

$$P(\mathrm{D})y = \cos^2(kx) = \frac{1}{2} + \frac{1}{2}\cos(2kx) =: b_1(x) + b_2(x)$$

und behandelt beide Summanden getrennt:

$$P(\mathrm{D})y_1 = b_1(x) = \frac{1}{2} = \frac{1}{2}\,\mathrm{e}^{0\cdot x}, \quad \text{also } \alpha_1 = 0,$$

$$P(\mathrm{D})y_2 = b_2(x) = \frac{1}{2}\cos(2kx) = \mathrm{Re}\left(\frac{1}{2}\,\mathrm{e}^{2kix}\right).$$

Die konstante Inhomogenität $\frac{1}{2}$ wird also durch Hinzufügen von $1 = \mathrm{e}^{0\cdot x}$ leicht auf die gewünschte Form gebracht. Und die zweite Gleichung erweitern wir komplex:

$$P(\mathrm{D})\tilde{y}_2 = \frac{1}{2}\,\mathrm{e}^{2kix}, \quad \text{also } \alpha_2 = 2ki.$$

Lassen sich nun y_1 und $\tilde{y}_2$ ermitteln, so haben wir mit

$$y = y_1 + \mathrm{Re}\,\tilde{y}_2 = y_1 + y_2$$

eine spezielle Lösung der vollständigen Gleichung $P(\mathrm{D})y = \cos^2(kx)$.

Zwischenfrage (5)
Wie ließe sich eine reelle Gleichung $P(\mathrm{D})y = \cos(kx)\cos(3kx)$ behandeln, damit man es mit Inhomogenitäten der Form (4.13) zu tun hat?

4.3.2   Keine Resonanz

Nachdem wir uns klargemacht haben, welche Gleichungen wir lösen wollen, sehen wir uns nun an, wie sich eine spezielle Lösung der inhomogenen Gleichung auch tatsächlich finden lässt. Wenn keine Resonanz vorliegt, ergibt sie sich aus folgendem

Satz 4.8 *Es sei* $P(z) := z^n + a_{n-1}z^{n-1} + \ldots + a_1 z + a_0$ *ein Polynom und* $\alpha \in \mathbb{C}$ *eine Zahl mit* $P(\alpha) \neq 0$. *Dann gilt:*

(1) *Die Differenzialgleichung* $P(D)y = c\,e^{\alpha x}$ *mit einer beliebigen Konstante* $c \in \mathbb{C}$ *besitzt die spezielle Lösung*

$$y(x) = \frac{c}{P(\alpha)}\,e^{\alpha x}.$$

(2) *Ist allgemeiner* $f(x)$ *ein Polynom vom Grad* $m \geq 0$, *so besitzt die Differenzialgleichung* $P(D)y = f(x)\,e^{\alpha x}$ *eine spezielle Lösung der Gestalt*

$$y(x) = g(x)\,e^{\alpha x},$$

wobei $g(x)$ *ein Polynom vom Grad* m *ist.*

Lesehilfe

Teil (1) des Satzes gibt direkt eine Lösung an. Er beschreibt den einfachsten Fall einer inhomogenen Gleichung.

Teil (2) besagt hingegen nur, welche Form eine Lösung hat. Er erlaubt somit die Wahl eines geeigneten Ansatzes für die Lösung.

Beweis (1) Nach Satz 4.1 gilt $P(D)e^{\alpha x} = P(\alpha)e^{\alpha x}$. Aufgrund der Linearität ist daher $P(D)y(x) = c\,e^{\alpha x}$.

(2) Wir beweisen die Behauptung durch vollständige Induktion über m.

Induktionsanfang $m = 0$: Für $m = 0$ ist $f(x) =: c$ eine Konstante. Die Behauptung folgt dann aus Teil (1).

Induktionsschritt $(m - 1) \to m$: Nach Satz 4.7 ist

$$P(D)(x^m e^{\alpha x}) = h(x)e^{\alpha x}$$

mit einem Polynom $h(x)$ vom Grad m. Auch $f(x)$ ist ein Polynom vom Grad m, sodass es ein $q \in \mathbb{C}$ so gibt, dass

$$\tilde{f}(x) := f(x) - qh(x) \tag{4.15}$$

ein Polynom vom Grad $\leq m - 1$ ist. Nach Induktionsvoraussetzung gibt es daher ein Polynom $\tilde{g}(x)$ vom Grad $m - 1$ mit

$$P(D)(\tilde{g}(x)e^{\alpha x}) = \tilde{f}(x)e^{\alpha x}.$$

Mit $g(x) := qx^m + \tilde{g}(x)$ gilt dann

$$P(\mathrm{D})(g(x)\mathrm{e}^{\alpha x}) = P(\mathrm{D})(qx^m + \tilde{g}(x))\mathrm{e}^{\alpha x} = qP(\mathrm{D})(x^m\mathrm{e}^{\alpha x}) + P(\mathrm{D})(\tilde{g}(x)\mathrm{e}^{\alpha x})$$

$$= qh(x)\mathrm{e}^{\alpha x} + \tilde{f}(x)\mathrm{e}^{\alpha x} = \left(qh(x) + \tilde{f}(x)\right)\mathrm{e}^{\alpha x} \overset{(4.15)}{=} f(x)\,\mathrm{e}^{\alpha x}$$

und $g(x)$ ist ein Polynom vom Grad m.   ●

Lesehilfe zum Beweis
Kurz zum Induktionsanfang: Auch $c/P(\alpha)$ ist eine Zahl, also ein Polynom
vom Grad 0.

  Zum Induktionsschritt: Wenn $f(x)$ und $h(x)$ Polynome vom Grad m sind,
so starten sie mit $f(x) = a_m x^m + \ldots$ bzw. $h(x) = b_m x^m + \ldots$ mit Koeffizienten $a_m \neq 0$ und $b_m \neq 0$. Die Zahl $q := a_m/b_m$ ist somit definiert und
liefert mit $\tilde{f}(x) := f(x) - qh(x)$ ein Polynom, dessen Koeffizient der Ordnung m verschwindet und das somit höchstens die Ordnung $m - 1$ besitzt.
Und $g(x) := qx^m + \tilde{g}(x)$ wiederum ist ein Polynom vom Grad m, weil $q \neq 0$
ist.

Antwort auf Zwischenfrage (5)
Gefragt war nach der Gleichung $P(\mathrm{D})y = \cos(kx)\cos(3kx)$ und Inhomogenitäten der Form (4.13).

  Wir verwenden zunächst die Formel $\cos(3x) = 4\cos^3 x - 3\cos x$. Es ist
also

$$P(\mathrm{D})y = \cos(kx)\cos(3kx) = 4\cos^4(kx) - 3\cos^2(kx).$$

Nun verwenden wir $\cos^4 x = \frac{1}{8}(\cos(4x) + 4\cos(2x) + 3)$ und $\cos^2 x = \frac{1}{2}(1 + \cos(2x))$. Dies ergibt

$$P(\mathrm{D})y = \frac{1}{2}(\cos(4kx) + 4\cos(2kx) + 3) - \frac{3}{2}(1 + \cos(2kx))$$

$$= \frac{1}{2}\cos(4kx) + \frac{1}{2}\cos(2kx) =: b_1(x) + b_2(x).$$

Beide Summanden werden getrennt behandelt:

$$P(\mathrm{D})y_1 = b_1(x) = \frac{1}{2}\cos(4kx) = \mathrm{Re}\left(\frac{1}{2}\,\mathrm{e}^{4\mathrm{i}kx}\right)$$

$$P(\mathrm{D})y_2 = b_2(x) = \frac{1}{2}\cos(2kx) = \mathrm{Re}\left(\frac{1}{2}\,\mathrm{e}^{2\mathrm{i}kx}\right).$$

Die Gleichungen werden komplex erweitert zu

$$P(D)\tilde{y}_1 = \frac{1}{2} e^{4kix}, \quad \text{also } \alpha_1 = 4ki$$

$$P(D)\tilde{y}_2 = \frac{1}{2} e^{2kix}, \quad \text{also } \alpha_2 = 2ki.$$

Die Lösung der vollständigen Gleichung $P(D)y = \cos(kx)\cos(3kx)$ ist dann

$$y = \operatorname{Re}\tilde{y}_1 + \operatorname{Re}\tilde{y}_2.$$

Beispiele

(1) Wir suchen eine spezielle Lösung der reellen Differenzialgleichung

$$P(D)y = (D^3 - 6D^2 + 3D + 10)y = 4\sin(2x). \tag{4.16}$$

Es ist

$$4\sin(2x) = \operatorname{Re}(-4i\, e^{2ix})$$

und wir betrachten die komplex erweiterte Gleichung

$$P(D)\tilde{y} = -4i\, e^{2ix}. \tag{4.17}$$

Diese Gleichung besitzt eine Inhomogenität der Form (4.13) mit $\alpha = 2i$ und die Lösung der reellen Gleichung ergibt sich als Realteil der komplex erweiterten Lösung. Nun ist $P(2i) = (2i)^3 - 6(2i)^2 + 3 \cdot 2i + 10 = 34 - 2i \neq 0$, sodass (4.17) nach Satz 4.8 (1) die spezielle Lösung

$$\tilde{y}(x) = \frac{-4i}{P(2i)} e^{2ix} = \frac{-4i}{34-2i} e^{2ix} = \frac{-2i}{17-i} e^{2ix} = \frac{1-17i}{145} e^{2ix} \tag{4.18}$$

besitzt. Zur Lösung der reellen Gleichung (4.16) ermitteln wir den Realteil:

$$y(x) = \operatorname{Re}\tilde{y}(x) = \operatorname{Re}\left[\frac{1-17i}{145}(\cos(2x) + i\sin(2x))\right]$$

$$= \operatorname{Re}\left[\frac{1}{145}\cos(2x) + \frac{i}{145}\sin(2x) - \frac{17i}{145}\cos(2x) + \frac{17}{145}\sin(2x)\right]$$

$$= \frac{1}{145}\cos(2x) + \frac{17}{145}\sin(2x). \tag{4.19}$$

Lesehilfe Rechnen mit komplexen Zahlen

Die Multiplikation zweier komplexer Zahlen, deren Real- und Imaginärteil angegeben sind, erfolgt auf „normale" Weise, wobei die Regel $i^2 = -1$ zu beachten ist. In Anlehnung an (4.19) also z. B.

$$\frac{1 - 17i}{145}(a + ib) = \left(\frac{1}{145} - i\frac{17}{145}\right)(a + ib)$$

$$= \frac{1}{145}a + i\frac{1}{145}b - i\frac{17}{145}a - i^2\frac{17}{145}b$$

$$= \frac{1}{145}a + \frac{17}{145}b + i\left(\frac{1}{145}b - \frac{17}{145}a\right),$$

wobei im letzten Schritt nach Real- und Imaginärteil sortiert wurde.

Bei der Division zweier komplexer Zahlen steht man vor der Aufgabe, das „i" aus dem Nenner zu bekommen. Hier hilft der Trick des Erweiterns mit dem konjugiert Komplexen des Nenners. Das passiert neben normalem Kürzen in (4.18):

$$\frac{-2i}{17 - i} = \frac{-2i(17 + i)}{(17 - i)(17 + i)} = \frac{-34i + 2}{17^2 - i^2} = \frac{2 - 34i}{290} = \frac{1 - 17i}{145}.$$

Sofern du zum ersten Mal in dieser Weise mit komplexen Zahlen rechnest, wirkt das vielleicht schwieriger, als es ist. Letztendlich ist es hier „einfach" Ausmultiplizieren und Bruchrechnen – wobei Bruchrechnen eigentlich noch nie einfach war ;-)

(2) Wir betrachten die reelle Differenzialgleichung

$$y'' + y = x^2. \tag{4.20}$$

Hier ist $P(D) = D^2 + 1 = (D - i)(D + i)$. Die Inhomogenität lautet $x^2 e^{0x}$, d. h., es ist $\alpha = 0$ und $P(\alpha) = P(0) = 1 \neq 0$. Das Polynom x^2 ist vom Grad 2, sodass es nach Satz 4.8 (2) eine spezielle Lösung der Gestalt

$$y(x) = ax^2 + bx + c \qquad \text{mit } a, b, c \in \mathbb{C}$$

gibt. Um die Koeffizienten zu bestimmen, setzen wir den Ansatz in die Differenzialgleichung ein:

$$(D^2 + 1)(ax^2 + bx + c) = 2a + ax^2 + bx + c \overset{!}{=} x^2.$$

Die Gleichung ist demnach für alle $x \in \mathbb{R}$ erfüllt, wenn gilt:

$$a = 1, \quad b = 0, \quad 2a + c = 2 + c = 0, \text{ also } c = -2.$$

Eine spezielle Lösung lautet daher

$$y(x) = x^2 - 2$$

und die allgemeine Lösung der Gleichung ist

$$y_{\text{allg}}(x) = x^2 - 2 + c_1 \cos x + c_2 \sin x \qquad \text{mit } c_1, c_2 \in \mathbb{R}. \qquad (4.21)$$

Lesehilfe

Zum Einsetzen in die Differenzialgleichung muss der Ansatz abgeleitet werden, hier zweimal:

$$(ax^2 + bx + c)' = 2ax + b, \quad (ax^2 + bx + c)'' = 2a.$$

Dieses Beispiel ist diesbezüglich besonders „freundlich", weil aufgrund von $\alpha = 0$ der Exponentialanteil wegfällt und das Ableiten ohne Produktregel erfolgen kann.

4.3.3 Resonanz

Wir kommen nun zu inhomogenen Gleichungen, bei denen Resonanz vorliegt. Für ihre Lösungen gilt

Satz 4.9 *Es sei $P(z) = z^n + a_{n-1} z^{n-1} + \ldots + a_1 z + a_0$ und $\alpha \in \mathbb{C}$ sei eine v-fache Nullstelle dieses Polynoms. Ferner sei $f(x)$ ein Polynom vom Grad $m \geq 0$. Dann besitzt die inhomogene lineare Differenzialgleichung*

$$P(\mathrm{D})y = f(x)\,\mathrm{e}^{\alpha x}$$

eine spezielle Lösung der Gestalt

$$y(x) = x^v g(x)\,\mathrm{e}^{\alpha x},$$

wobei $g(x)$ ein Polynom vom Grad m ist.

Lesehilfe zum Satz

Bei v-facher Resonanz müssen also die Potenzen des Polynoms des Lösungsansatzes um v erhöht werden. Bei $v = 2$ und einem Polynom dritten Grads ist also statt $(ax^3 + bx^2 + cx + d)\,\mathrm{e}^{\alpha x}$ der Ansatz

$$x^2(ax^3 + bx^2 + cx + d)\,\mathrm{e}^{\alpha x} = (ax^5 + bx^4 + cx^3 + dx^2)\,\mathrm{e}^{\alpha x}$$

zu verwenden.

Beweis Da α eine v-fache Nullstelle von $P(z)$ ist, gibt es eine Darstellung

$$P(z) = Q(z)(z - \alpha)^v$$

mit einem Polynom $Q(z)$ mit $Q(\alpha) \neq 0$. Nach Satz 4.8 existiert daher ein Polynom $h(x)$ vom Grad m so, dass gilt

$$Q(\mathrm{D})(h(x)\,\mathrm{e}^{\alpha x}) = f(x)\,\mathrm{e}^{\alpha x}.$$

Die v-te Ableitung eines Polynoms vom Grad $v + m$ ergibt ein Polynom vom Grad m und es gibt ein Polynom $\tilde{g}(x) = \sum_{i=v}^{v+m} b_i x^i$ mit $\tilde{g}^{(v)}(x) = h(x)$. Mit Satz 4.6 folgt daraus

$$(\mathrm{D} - \alpha)^v (\tilde{g}(x)\,\mathrm{e}^{\alpha x}) = \tilde{g}^{(v)}(x)\,\mathrm{e}^{\alpha x} = h(x)\,\mathrm{e}^{\alpha x}.$$

Insgesamt haben wir also

$$P(\mathrm{D})(\tilde{g}(x)\,\mathrm{e}^{\alpha x}) = Q(\mathrm{D})((\mathrm{D} - \alpha)^v (\tilde{g}(x)\,\mathrm{e}^{\alpha x})) = Q(\mathrm{D})(h(x)\,\mathrm{e}^{\alpha x}) = f(x)\,\mathrm{e}^{\alpha x}. \quad\bullet$$

Lesehilfe zum Beweis
Wenn ein Polynom eine v-fache Nullstelle α besitzt, so enthält es den Linearfaktor $z - \alpha$ mit der Vielfachheit v, daher ist

$$P(z) = Q(z)(z - \alpha)^v.$$

Dabei ist $Q(\alpha) \neq 0$, denn ansonsten enthielte $Q(z)$ auch noch einmal diesen Linearfaktor und die Vielfachheit der Nullstelle wäre insgesamt nicht v, sondern größer.

Und das Polynom $\tilde{g}(x)$ kann auch wie folgt geschrieben werden:

$$\tilde{g}(x) = \sum_{i=v}^{v+m} b_i x^i = \sum_{i=0}^{m} b_{i+v} x^{i+v} = x^v \sum_{i=0}^{m} b_{i+v} x^i =: x^v g(x),$$

wobei $g(x)$ ein Polynom vom Grad m ist; so ist es in Satz 4.9 formuliert.

Zwischenfrage (6)
In den Beweisen der Sätze 4.8 und 4.9 haben wir uns nicht um lineare Unabhängigkeit von Lösungen gekümmert. Warum eigentlich nicht?
   Und sind die speziellen Lösungen in den Sätzen eindeutig bestimmt? Oder gibt es noch andere?

Beispiel

Wir suchen eine spezielle Lösung der reellen Differenzialgleichung

$$P(D)y = y'' + 4y = x^2 \cos(2x). \tag{4.22}$$

Wir haben also

$$P(D) = D^2 + 4 = (D - 2i)(D + 2i).$$

Es ist $x^2 \cos(2x) = \mathrm{Re}(x^2 \, e^{2ix})$ und wir betrachten die komplex erweiterte Gleichung

$$P(D)\tilde{y} = x^2 \, e^{2ix}.$$

Da $\alpha = 2i$ eine einfache Nullstelle von P ist, gibt es eine Lösung der Form

$$\tilde{y}(x) = x^1(ax^2 + bx + c)\, e^{2ix} = (ax^3 + bx^2 + cx)\, e^{2ix}. \tag{4.23}$$

Um diesen Ansatz in die Differenzialgleichung einsetzen zu können, benötigen wir die zweite Ableitung; eine kurze Rechnung ergibt

$$\tilde{y}''(x) = e^{2ix}\big(-4a\,x^3 + x^2(12ai - 4b) + x(6a + 8bi - 4c) + 2b + 4ci\big).$$

> **Lesehilfe**
> Die Rechnung ist nicht schwierig, aber zum Lösen solcher Gleichungen essenziell. Du solltest sie daher unbedingt für dich nachvollziehen :-)

Es ist also

$$P(D)\tilde{y}(x) = \tilde{y}''(x) + 4\tilde{y}(x) = e^{2ix}\big(x^2(12ai) + x(6a + 8bi) + 2b + 4ci\big).$$

Der Ansatz (4.23) ist daher eine Lösung der Differenzialgleichung $P(D)\tilde{y} = x^2\, e^{2ix}$, wenn gilt

$$12ai = 1, \qquad 6a + 8bi = 0, \qquad 2b + 4ci = 0,$$

das heißt

$$a = -\frac{1}{12}i, \qquad b = \frac{1}{16}, \qquad c = \frac{1}{32}i.$$

Die Lösung der komplex erweiterten Gleichung lautet demnach

$$\tilde{y}(x) = \left(-\frac{1}{12}i\,x^3 + \frac{1}{16}x^2 + \frac{1}{32}i\,x\right)(\cos(2x) + i\sin(2x)). \tag{4.24}$$

Die gesuchte spezielle Lösung der reellen Gleichung (4.22) ergibt sich schließlich als deren Realteil:

$$y(x) = \operatorname{Re} \tilde{y}(x) = \frac{1}{12} x^3 \sin(2x) + \frac{1}{16} x^2 \cos(2x) - \frac{1}{32} x \sin(2x). \qquad (4.25)$$

Lesehilfe
Den Realteil kannst du aus (4.24) einfach ablesen, wenn du an die richtigen Stellen guckst: Summanden ohne i (mit i) in der ersten Klammer ergeben nur mit Summanden ohne i (mit i) in der zweiten Klammer reelle Terme. Bei zweimal „mit i" auf $i^2 = -1$ achten und fertig :-)

Antwort auf Zwischenfrage (6)
Gefragt war, warum die Sätze 4.8 und 4.9 nichts mit linearer Unabhängigkeit von Lösungen zu tun haben und ob die speziellen Lösungen eindeutig bestimmt sind.

Die n Elemente $h_1, \ldots, h_n$ der Lösungsbasis einer homogenen linearen Differenzialgleichung müssen linear unabhängig sein.

Die Sätze 4.8 und 4.9 behandeln *spezielle* Lösungen inhomogener Gleichungen. Sie beschreiben nur, wie (irgend-) eine Lösung y_s zu finden ist; diese spezielle Lösung enthält keinen freien Parameter und hat auch nichts mit linearer Unabhängigkeit zu tun. Die allgemeine Lösung der gesamten Gleichung ist dann

$$y = y_s + c_1 h_1 + \ldots + c_n h_n$$

mit den freien Parametern $c_1, \ldots, c_n$.

Nun zur Eindeutigkeit der speziellen Lösungen: Die Ansätze der Sätze 4.8 und 4.9 liefern zwar jeweils genau eine spezielle Lösung. Dessen ungeachtet gibt es aber unendlich viele spezielle Lösungen: Jede Linearkombination

$$y^* = y_s + c_1 h_1 + \ldots + c_n h_n$$

mit konkreten Zahlen $c_1, \ldots, c_n$ ist wieder eine spezielle Lösung. Auch sie „funktioniert" und ergibt eine allgemeine Lösung

$$y = y^* + c_1^* h_1 + \ldots + c_n^* h_n,$$

die jetzt lediglich für dieselbe Lösung y andere Koeffizienten $c_1^*, \ldots, c_n^*$ besitzt.

4.3.4 Reelle Gleichungen reell lösen?

Das Rechnen mit komplexen Zahlen ist anfangs ungewohnt. Man mag sich fragen, ob das Suchen nach speziellen Lösungen reeller Gleichungen nicht auch vollständig reell erfolgen kann.

Zunächst ist festzuhalten, dass das Auffinden der homogenen Lösungen eine vollständige Faktorisierung des Polynoms $P(D)$ bis hinunter zu Linearfaktoren erfordert. *Man hat daher auch bei reellen Gleichungen zumindest dafür ggf. mit komplexen Zahlen zu tun.* Aus dieser Faktorisierung ist dann – sofern vorhanden – die Vielfachheit der Resonanz abzulesen.

Nun kann man für verschiedene reelle Inhomogenitäten jeweils reelle Lösungsansätze angeben. Für (4.22),

$$P(D)y = y'' + 4y = x^2 \cos(2x),$$

etwa hat man mit Resonanz der Vielfachheit 1 den Ansatz

$$y(x) = x(ax^2 + bx + c)\cos(2x) + x(dx^2 + ex + f)\sin(2x)$$

zu verwenden. Er enthält die sechs Parameter a, b, c, d, e, f. Das Einsetzen in die Differenzialgleichung liefert dann analog zum obigen Vorgehen ihre Werte und führt ebenso auf die Lösung (4.25). Dabei hat man es jetzt mit sechs (statt drei) Parametern zu tun, man hat für die Ableitungen Produktregeln mit Cosinus und Sinus (statt mit einer Exponentialfunktion) zu bilden usw. Dafür vermeidet man das Rechnen mit „i".

Man kann wohl festhalten, dass *die Exponentialansätze mit Verwendung komplexer Zahlen insgesamt ein schlankeres Vorgehen erlauben.* Und wir werden auch im folgenden Kapitel noch einmal sehen, wie schnell und einfach der komplexe Ansatz dort zur Lösung der erzwungenen Schwingung führt.

4.3.5 Analytische Lösung mit einem Computerprogramm

Natürlich gibt es etliche Computerprogramme, die eine analytische Lösung von Differenzialgleichungen und insbesondere auch von linearen Differenzialgleichungen mit konstanten Koeffizienten ermitteln.

Zur analytischen Lösung der Differenzialgleichung

$$P(D)y = y'' + 4y = x^2 \cos(2x)$$

kann beispielsweise in MATLAB folgender Befehl verwendet werden:

```
y=dsolve('D2y+4*y=x^2*cos(2*x)','x')
```

Eine n-te Ableitung $y^{(n)}$ wird hier also geschrieben als „Dny".

Abhängig von der Inhomogenität besitzt die Lösung manchmal nicht die Form, die man sich wünscht. Oftmals verbessert ein nachgestelltes

```
simplify(y)
```

das Ergebnis in MATLAB deutlich. Trotzdem enthalten die speziellen Lösungen manchmal auch Teile der homogenen Lösung – was mathematisch korrekt ist, wir aber nicht so aufschreiben würden.

Es ist insgesamt empfehlenswert, vor der Übergabe einer Differenzialgleichung an ein Computerprogramm zur analytischen Lösung die Aufgabenstellung möglichst weit zu vereinfachen bzw. herunterzubrechen.

Das Wichtigste in Kürze

- Eine **lineare Differenzialgleichung mit konstanten Koeffizienten** kann geschrieben werden als $P(D)y = b$ mit einem Differenzialpolynom $P(D)$ und einer Inhomogenität b.
- Die **Lösungsbasis** der homogenen Gleichung $P(D)y = 0$ mit einem Polynom vom Grad n besteht aus n linear unabhängigen Lösungen. Diese ergeben sich aus den Nullstellen des Polynoms und ihren Vielfachheiten.
- Die Nullstellen des Polynoms $P(z)$ können auch bei einer **reellen Differenzialgleichung komplex** sein. Durch Linearkombinationen gemäß der Euler-Formel lässt sich dennoch stets eine **reelle Lösungsbasis** gewinnen.
- Zur vollständigen Lösung der inhomogenen Gleichung $P(D)y = b$ benötigt man neben einer Lösungsbasis der homogenen Gleichung eine **spezielle Lösung** der inhomogenen Gleichung.
- Für Inhomogenitäten der Form $b(x) = f(x)\,\mathrm{e}^{\alpha x}$ mit einem Polynom $f(x)$ kann stets eine spezielle Lösung konstruiert werden. Hierbei ist zu unterscheiden, ob **Resonanz** vorliegt, d. h., ob $P(\alpha) = 0$ gilt, oder keine Resonanz vorliegt, $P(\alpha) \neq 0$.
- Enthält die Inhomogenität einer **reellen** Gleichung **Cosinus oder Sinus**, so kann die Gleichung oft **komplex erweitert** werden, um die Inhomogenität in der Form $b(x) = f(x)\,\mathrm{e}^{\alpha x}$ mit einem $\alpha \in \mathbb{C}$ zu schreiben. ◄

Und was bedeuten die Formeln?

$$y^{(n)}(x) + a_{n-1}y^{(n-1)}(x) + \ldots + a_1 y'(x) + a_0 y(x) = b(x),$$

$$P(D)y = b, \quad P(D)\mathrm{e}^{\lambda x} = P(\lambda)\mathrm{e}^{\lambda x},$$

$$P(z) = (z - \lambda_1)^{v_1}(z - \lambda_2)^{v_2} \cdots (z - \lambda_r)^{v_r}, \quad z^2 + 1 = (z - \mathrm{i})(z + \mathrm{i}),$$

$$h_{km}(x) = x^m \mathrm{e}^{\lambda_k x}, \quad 1 \le k \le r, \; 0 \le m \le v_k - 1,$$

Pärchen $x^m \mathrm{e}^{(a \pm \mathrm{i}b)x}$ ersetzen durch $x^m \mathrm{e}^{ax} \cos(bx)$ und $x^m \mathrm{e}^{ax} \sin(bx)$,

$$P(D)y = b(x) = b_1(x) + \ldots + b_s(x), \quad b(x) = f(x)\,\mathrm{e}^{\alpha x}, \quad \alpha \in \mathbb{C},$$

$$1 = \mathrm{e}^{0 \cdot x}, \quad \cos(kx) = \mathrm{Re}\big(\mathrm{e}^{\mathrm{i}kx}\big), \quad \sin(kx) = \mathrm{Re}\big(-\mathrm{i}\mathrm{e}^{\mathrm{i}kx}\big),$$

$$P(D)y = f(x)\cos(kx) = \mathrm{Re}\big(f(x)\mathrm{e}^{\mathrm{i}kx}\big), \quad P(D)\tilde{y} = f(x)\mathrm{e}^{\mathrm{i}kx}, \quad y = \mathrm{Re}\,\tilde{y},$$

$$y(x) = \frac{c}{P(\alpha)}\,\mathrm{e}^{\alpha x}, \quad y(x) = g(x)\,\mathrm{e}^{\alpha x}, \quad y(x) = x^v g(x)\,\mathrm{e}^{\alpha x},$$

$$x^2(ax^3 + bx^2 + cx + d)\,\mathrm{e}^{\alpha x} = (ax^5 + bx^4 + cx^3 + dx^2)\,\mathrm{e}^{\alpha x}.$$

Übungsaufgaben

A4.1 Ermittle für die folgenden Differenzialgleichungen jeweils eine reelle Lösungsbasis:

$$(1) \quad y'' + 3y' + 2y = 0$$
$$(2) \quad y'' + 3y' + 3y = 0$$
$$(3) \quad y'' - 4y' + 4y = 0$$
$$(4) \quad y^{(4)} - 8y'' + 16y = 0$$
$$(5) \quad y''' - 2y'' + 2y' - y = 0$$
$$(6) \quad y''' + y'' = 0.$$

A4.2 Es ist $z^4 + 1 = \prod_{k=1}^{4}(z - \lambda_k)$ mit $\lambda_{1,2} = \pm e^{i\pi/4}$ und $\lambda_{3,4} = \pm e^{i\,3\pi/4}$.
Gib eine allgemeine Lösung der folgenden reellen Differenzialgleichung an:

$$y^{(4)} + y = 1 + x + 2x^2 + 3x^3.$$

A4.3 Wie lautet die allgemeine Lösung der reellen Differenzialgleichung

$$y'' + 3y' + 2y = x + e^x?$$

A4.4 Stimmt die folgende Aussage?
Für zwei beliebige komplexe Zahlen z und w gilt $\mathrm{Re}(z + w) = \mathrm{Re}\,z + \mathrm{Re}\,w$ *und* $\mathrm{Re}(zw) = (\mathrm{Re}\,z)(\mathrm{Re}\,w)$.

A4.5 Ermittle die allgemeine Lösung der reellen Differenzialgleichung

$$y''(x) + 2y'(x) - 3y(x) = 1 + \sin^2\left(\frac{3x}{2}\right).$$

A4.6 Gib allgemeine Lösungen der folgenden reellen Differenzialgleichungen an:

$$(1) \quad y''' + y'' = x^3 + x^2$$
$$(2) \quad y'' + \frac{y}{4} = \sin\left(\frac{x}{2}\right).$$

A4.7 Ermittle eine allgemeine Lösung der reellen Differenzialgleichung

$$y''' - 2y'' + y' - 2y = x\cos^3 x.$$

Ist die allgemeine Lösung eigentlich „eindeutig"? Oder gibt es mehrere allgemeine Lösungen?

Hinweis: Die Lösung dieser Differenzialgleichung dritter Ordnung ist zwar nicht im echten Sinn schwierig, aber sicher an der Grenze dessen, was man noch vollständig handschriftlich rechnen möchte. Versuch es ruhig einmal – und nimm für das Bruchrechnen einen Taschenrechner zu Hilfe. Zumindest die homogene Lösung und die Ansätze für die spezielle Lösung solltest du aber leicht angeben können.

Beispiel: Erzwungene Schwingung 5

In Kap. 3 haben wir uns mit der freien gedämpften Schwingung befasst. „Frei" bedeutet, dass der Schwinger nach einer Anregung sich selbst überlassen ist, also keiner weiteren äußeren Kraft unterliegt. Eine solche freie Schwingung wird durch eine homogene lineare Differenzialgleichung mit konstanten Koeffizienten beschrieben.

Wir wollen nun eine periodisch einwirkende äußere Kraft hinzufügen. Man spricht dann von einer „erzwungenen" Schwingung, weil diese äußere Kraft dem Schwinger ihre Frequenz aufzwingt und die Anfangsbedingungen letztendlich keine Rolle mehr spielen.

Zur mathematische Beschreibung der erzwungenen Schwingung wird der homogenen Gleichung der freien Schwingung eine Inhomogenität hinzugefügt. Da wir die homogenen Lösungen aus Kap. 3 bereits kennen, müssen wir jetzt also nur noch eine spezielle inhomogene Lösung finden.

Wozu dieses Kapitel im Einzelnen

- Die freie Schwingung kennen wir bereits. Wir wollen jetzt sehen, was passiert, wenn eine periodische äußere Kraft hinzukommt.
- Die Methoden zur Lösung einer inhomogenen linearen Differenzialgleichung kennen wir aus Kap. 4. Wir wenden sie jetzt auf die Schwingungsgleichung an und kommen überraschend schnell zum Ergebnis.
- Den Begriff „Resonanz" kennen wir im Zusammenhang mit der Lösung inhomogener linearer Differenzialgleichungen. Wir werden in diesem Kapitel sehen, woher diese Bezeichnung kommt. Aber wir benutzen das Wort „Resonanz" im physikalischen Sinn auch dann, wenn die Differenzialgleichung mathematisch gar keine Resonanz aufweist.

© Springer-Verlag GmbH Deutschland, ein Teil von Springer Nature 2022
J. Balla, *Gewöhnliche Differenzialgleichungen leicht gemacht!*,
https://doi.org/10.1007/978-3-662-64752-3_5

5.1 Differenzialgleichung der erzwungenen Schwingung

Wie wir in Kap. 3 gesehen haben, ergibt sich die Differenzialgleichung der harmonischen Schwingung aus dem Grundgesetz der Mechanik, $F = m\ddot{x}$. Die *freie* gedämpfte Schwingung erfolgt unter dem Einfluss der inneren Kräfte, d. h. der Rückstellkraft und der Reibungskraft:

$$F = m\ddot{x} = -kx - \beta\dot{x}.$$

Unterliegt die Schwingung nun zusätzlich einer von außen einwirkenden zeitabhängigen Kraft $F_a(t)$, so haben wir insgesamt die Gleichung

$$m\ddot{x} = -kx - \beta\dot{x} + F_a(t),$$

die wir mit $b(t) := F_a(t)/m$ in der Form

$$\ddot{x}(t) + 2\mu\dot{x}(t) + \omega_0^2 x(t) = b(t) \tag{5.1}$$

schreiben. *Die äußere Kraft fügt der Differenzialgleichung der freien Schwingung also die Inhomogenität $b(t)$ hinzu.*

Lesehilfe
Die inneren Kräfte $-kx$ und $-\beta\dot{x}$ hängen von x bzw. von $\dot{x}$ ab. Sie werden daher auf die linke Seite der Gleichung sortiert. Die äußere Kraft F_a hängt nicht von x, sondern nur von t ab: Sie bleibt auf der rechten Seite der Gleichung und ergibt die Inhomogenität der linearen Differenzialgleichung.

Von besonderem Interesse sind *periodische* äußere Kräfte, sodass wir die folgende *Differenzialgleichung der erzwungenen gedämpften Schwingung* betrachten und lösen wollen:

$$\ddot{x}(t) + 2\mu\dot{x}(t) + \omega_0^2 x(t) = b\cos(\Omega t), \quad \omega_0, \Omega \in \mathbb{R}_+^*, \ \mu \in \mathbb{R}_+, \ b \in \mathbb{R}. \tag{5.2}$$

Die von außen einwirkende „Kraft" besitzt also die Amplitude b, die der physikalischen Kraft $F = mb$ entspricht, und ist periodisch mit der (Kreis-) Frequenz Ω.

Lesehilfe
In (5.2) wird die periodische äußere Kraft durch eine Cosinusfunktion beschrieben. Natürlich könnte man ebenso gut den Sinus nehmen, gleichbedeutend mit $\cos(\Omega t - \pi/2)$, oder auch $\cos(\Omega t - \pi/17)$. Eine Anfangsphase ψ entspricht nur einer anderen Wahl des Zeitnullpunkts:

$$\cos(\Omega t - \psi) = \cos(\Omega(t - \psi/\Omega)) = \cos(\Omega(t - t_0)).$$

Außerdem muss eine periodische Anregung natürlich nicht exakt dem Verlauf einer Cosinusfunktion entsprechen. Aber dieser Fall tritt oft auf, er lässt sich mathematisch leicht behandeln und zumindest näherungsweise werden durch ihn auch ähnliche periodische Kräfte wiedergegeben.

Um eine spezielle Lösung von (5.2) zu finden, gehen wir über zur komplex erweiterten Gleichung

$$\ddot{\tilde{x}}(t) + 2\mu\dot{\tilde{x}}(t) + \omega_0^2\tilde{x}(t) = b\,e^{i\Omega t}. \tag{5.3}$$

Wir haben also eine lineare Differenzialgleichung in der bekannten Form $P(\mathrm{D})\tilde{x} = b\,e^{\alpha t}$ mit $\alpha = i\Omega$, einer Konstante b und

$$P(\mathrm{D}) = \mathrm{D}^2 + 2\mu\mathrm{D} + \omega_0^2.$$

Lesehilfe
Die homogenen Lösungen von (5.2) kennen wir aus Kap. 3. Sie hängen ab von der Stärke der Dämpfung:

$$x_{\text{hom}}^{\mu<\omega_0}(t) = e^{-\mu t}(c_1\cos(\omega t) + c_2\sin(\omega t)) \quad \text{mit } \omega = \sqrt{\omega_0^2 - \mu^2}$$
$$x_{\text{hom}}^{\mu=\omega_0}(t) = c_1\,e^{-\mu t} + c_2 t\,e^{-\mu t}$$
$$x_{\text{hom}}^{\mu>\omega_0}(t) = c_1\,e^{\left(-\mu+\sqrt{\mu^2-\omega_0^2}\right)t} + c_2\,e^{\left(-\mu-\sqrt{\mu^2-\omega_0^2}\right)t}.$$

Werfen wir noch einmal einen Blick auf die Frequenzen bzw. Kreisfrequenzen, mit denen wir es hier zu tun haben: Zunächst ist $\omega_0 = \sqrt{k/m}$ die Eigenfrequenz des ungedämpften Schwingers, d.h. für $\mu = 0$. Mit einsetzender Dämpfung wird die Schwingung verlangsamt und erfolgt mit der Frequenz $\omega = \sqrt{\omega_0^2 - \mu^2} < \omega_0$. Für kleine μ bleibt ω in der Nähe der Eigenfrequenz ω_0. Für $\mu \geq \omega_0$ schließlich liegt keine periodische Bewegung mehr vor.

Mit der erzwungenen Schwingung kommt jetzt noch die Frequenz Ω hinzu. Sie hat nichts mit den inneren Parametern des schwingenden Systems zu tun, sondern gibt an, mit welcher Frequenz die äußere Kraft auf das System einwirkt.

5.2   Ungedämpfte Schwingung

Wir betrachten zunächst den Fall der ungedämpften Schwingung, d. h. $\mu = 0$. Wir haben es daher mit der Gleichung

$$\ddot{\tilde{x}}(t) + \omega_0^2 \tilde{x}(t) = b\, \mathrm{e}^{\mathrm{i}\Omega t} \tag{5.4}$$

zu tun, also $P(\mathrm{D})\tilde{x} = b\, \mathrm{e}^{\mathrm{i}\Omega t}$ mit

$$P(\mathrm{D}) = \mathrm{D}^2 + \omega_0^2 = (\mathrm{D} - \mathrm{i}\omega_0)(\mathrm{D} + \mathrm{i}\omega_0). \tag{5.5}$$

Die Gesamtlösung ergibt sich als Summe der allgemeinen homogenen Lösung

$$x_{\mathrm{hom}}^{\mu=0}(t) = c_1 \cos(\omega_0 t) + c_2 \sin(\omega_0 t)$$

und einer speziellen Lösung der inhomogenen Gleichung. Bei der Suche nach der speziellen Lösung müssen wir beachten, dass Resonanz auftreten kann.

5.2.1   Fall $\Omega \neq \omega_0$

Wir wollen die Differenzialgleichung (5.4) für beliebige äußere Frequenzen Ω lösen. Solange $\Omega \neq \omega_0$ ist, weist (5.4) keine Resonanz auf: Es ist dann

$$P(\alpha) = P(\mathrm{i}\Omega) = \omega_0^2 - \Omega^2 \neq 0.$$

Nach Satz 4.8 (1) haben wir somit unmittelbar

$$\tilde{x}(t) = \frac{b}{\omega_0^2 - \Omega^2}\, \mathrm{e}^{\mathrm{i}\Omega t}$$

als Lösung der komplex erweiterten Gleichung. Daher ist

$$x(t) = \mathrm{Re}\,\tilde{x}(t) = \frac{b}{\omega_0^2 - \Omega^2}\cos(\Omega t)$$

die gesuchte spezielle Lösung der reellen Gleichung und die allgemeine Lösung lautet

$$x_{\mathrm{allg}}(t) = \frac{b}{\omega_0^2 - \Omega^2}\cos(\Omega t) + c_1 \cos(\omega_0 t) + c_2 \sin(\omega_0 t). \tag{5.6}$$

Diese Lösung entspricht einem periodischen Schwingungsvorgang mit einer aus der Summe seiner drei Anteile sich ergebenden maximalen Auslenkung; aufgrund der unterschiedlichen Frequenzen in diesen Anteilen handelt es sich allerdings nicht mehr um eine harmonische Schwingung, siehe Abb. 5.1.

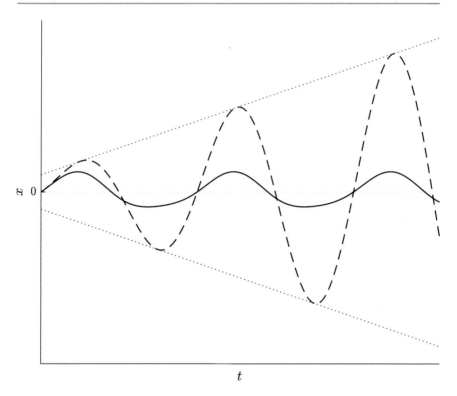

Abb. 5.1 Lösungen der ungedämpften erzwungenden Schwingung mit gleichen Anfangsbedingungen: Ohne Resonanz entsteht ein Schwingungsbild mit endlicher Amplitude, bei dem es sich jedoch nicht mehr um eine harmonische Schwingung handelt: Die Schwingung ist „deformiert" und nicht mehr sinusförmig. Mit Resonanz (gestrichelt) wächst die Amplitude der Schwingung in den gepunkteten Grenzen mit der Zeit linear und unbeschränkt an

Lesehilfe

Eine *harmonische* Schwingung ist eine Schwingung, die durch eine *Sinuskurve* beschrieben wird, die natürlich längs der Rechtsachse verschoben und gestreckt oder gestaucht sein darf, d. h., sie besitzt die Form

$$x(t) = a\sin(\omega t - \varphi) = a\cos(\omega t - \varphi^*).$$

Überlagert man mehrere solche Schwingungen *mit derselben Frequenz* ω, so entsteht wieder eine harmonische Schwingung.

Überlagert man jedoch harmonische Schwingungen *mit unterschiedlichen Frequenzen*, so entsteht zwar eine periodische Bewegung, die aber nicht mehr harmonisch ist. Genau das passiert in (5.6): Es werden Schwingungen mit den unterschiedlichen Frequenzen Ω und ω_0 überlagert.

5.2.2   Fall $\Omega = \omega_0$: Resonanz

Für $\Omega = \omega_0$ liegt Resonanz vor, es ist $P(\mathrm{i}\omega_0) = 0$, siehe (5.5). Die Frequenz der äußeren anregenden Kraft ist jetzt gleich der Eigenfrequenz des Systems. Nach Satz 4.9 gibt es in diesem Fall eine Lösung der Form

$$\tilde{x}(t) = at\,\mathrm{e}^{\mathrm{i}\omega_0 t} \tag{5.7}$$

mit einer Konstante $a \in \mathbb{C}$. Eine kurze Rechnung ergibt

$$P(\mathrm{D})\tilde{x}(t) = P(\mathrm{D})(at\,\mathrm{e}^{\mathrm{i}\omega_0 t}) = 2\mathrm{i}a\omega_0\,\mathrm{e}^{\mathrm{i}\omega_0 t}. \tag{5.8}$$

Zwischenfrage (1)
Warum gibt es eine Lösung der Form (5.7)? Und wie sieht die „kurze" Rechnung aus, die dann auf (5.8) führt?

Die Differenzialgleichung $P(\mathrm{D})\tilde{x}(t) = b\,\mathrm{e}^{\mathrm{i}\omega_0 t}$ ist erfüllt, wenn gilt $2\mathrm{i}a\omega_0 = b$, also $a = b/2\mathrm{i}\omega_0$. Dies ergibt

$$\tilde{x}(t) = \frac{b}{2\mathrm{i}\omega_0}\,t\,\mathrm{e}^{\mathrm{i}\omega_0 t}$$

und die reelle Lösung

$$x(t) = \mathrm{Re}\,\tilde{x}(t) = \frac{b}{2\omega_0}\,t\,\sin(\omega_0 t).$$

Wir haben somit die allgemeine Lösung

$$x_{\mathrm{allg}}(t) = \frac{b}{2\omega_0}\,t\,\sin(\omega_0 t) + c_1\cos(\omega_0 t) + c_2\sin(\omega_0 t). \tag{5.9}$$

Wie man sieht, wächst die Amplitude des ersten Summanden dieser Lösung – und damit der Lösung insgesamt – unabhängig von den Randbedingungen für $t \to \infty$ über alle Grenzen, siehe Abb. 5.1. Da dies bei einem realen schwingenden System unweigerlich zur Zerstörung des Systems führen würde, spricht man von der *Resonanzkatastrophe*.

Das Wort „Resonanz" im Zusammenhang mit der Lösung linearer Differenzialgleichungen ist übrigens diesem physikalischen Sachverhalt entliehen: Wird ein System mit seiner Eigenfrequenz von außen angeregt, so reagiert es mit Resonanz, wird also zu starken Schwingungen angeregt. In der zugehörigen Differenzialgleichung

$$\ddot{\tilde{x}}(t) + \omega_0^2\tilde{x}(t) = P(\mathrm{D})\tilde{x}(t) = b\,\mathrm{e}^{\mathrm{i}\omega_0 t}$$

gilt dann $P(\mathrm{i}\omega_0) = 0$. Und diese Sprechweise wird verallgemeinert und für lineare Differenzialgleichungen des Typs $P(\mathrm{D})\tilde{x}(t) = f(t)\,\mathrm{e}^{\alpha t}$ verwendet, wenn $P(\alpha) = 0$ gilt, auch wenn diese Gleichungen nichts mehr mit schwingenden Systemen zu tun haben. Aber auch sie besitzen mit $P(\alpha) = 0$ andere Lösungen als mit $P(\alpha) \neq 0$.

Antwort auf Zwischenfrage (1)

Gefragt war nach dem Grund für den Ansatz (5.7) und dem Weg zu (5.8).
  Zu lösen ist die Gleichung

$$P(\mathrm{D})\tilde{x}(t) = b\,\mathrm{e}^{\mathrm{i}\omega_0 t} \quad \text{mit} \quad P(\mathrm{D}) = \mathrm{D}^2 + \omega_0^2 = (\mathrm{D} - \mathrm{i}\omega_0)(\mathrm{D} + \mathrm{i}\omega_0).$$

Wir haben somit $\alpha = \mathrm{i}\omega_0$ und es liegt einfache Resonanz vor. Das „Polynom" b ist eine Konstante, also ein Polynom vom Grad 0, sodass es nach Satz 4.9 eine Lösung der Form

$$\tilde{x}(t) = t^1 a\,\mathrm{e}^{\mathrm{i}\omega_0 t} = at\,\mathrm{e}^{\mathrm{i}\omega_0 t}$$

gibt, wobei a für ein Polynom vom Grad 0 steht, also eine Konstante.
  Für das Einsetzen des Ansatzes benötigen wir seine zweite Ableitung:

$$\mathrm{D}(at\,\mathrm{e}^{\mathrm{i}\omega_0 t}) = a\big(\mathrm{e}^{\mathrm{i}\omega_0 t} + t\,\mathrm{i}\omega_0\mathrm{e}^{\mathrm{i}\omega_0 t}\big) = a\,\mathrm{e}^{\mathrm{i}\omega_0 t}(1 + \mathrm{i}\omega_0 t)$$

$$\mathrm{D}^2(at\,\mathrm{e}^{\mathrm{i}\omega_0 t}) = a\big(\mathrm{i}\omega_0\,\mathrm{e}^{\mathrm{i}\omega_0 t}(1 + \mathrm{i}\omega_0 t) + \mathrm{e}^{\mathrm{i}\omega_0 t}\mathrm{i}\omega_0\big) = a\,\mathrm{e}^{\mathrm{i}\omega_0 t}(2\mathrm{i}\omega_0 - \omega_0^2 t).$$

Dies ergibt

$$P(\mathrm{D})(at\,\mathrm{e}^{\mathrm{i}\omega_0 t}) = (\mathrm{D}^2 + \omega_0^2)(at\,\mathrm{e}^{\mathrm{i}\omega_0 t}) = a\,\mathrm{e}^{\mathrm{i}\omega_0 t}(2\mathrm{i}\omega_0 - \omega_0^2 t + \omega_0^2 t)$$

und damit (5.8).

5.3 Gedämpfte Schwingung

Wir kommen nun zur gedämpften Schwingung, wollen also die vollständige Gleichung (5.3) mit $\mu > 0$ lösen, d. h. die Gleichung

$$P(\mathrm{D})\tilde{x}(t) = \ddot{\tilde{x}}(t) + 2\mu\dot{\tilde{x}}(t) + \omega_0^2\tilde{x}(t) = b\,\mathrm{e}^{\mathrm{i}\Omega t}$$

mit

$$P(\mathrm{D}) = \mathrm{D}^2 + 2\mu\mathrm{D} + \omega_0^2.$$

Wir prüfen, ob Resonanz vorliegt: Es ist

$$P(\mathrm{i}\Omega) = -\Omega^2 + 2\mu\mathrm{i}\Omega + \omega_0^2 = \omega_0^2 - \Omega^2 + 2\mu\mathrm{i}\Omega \neq 0,$$

wir haben also *mit Dämpfung grundsätzlich keine Resonanz*.

Lesehilfe

Eine komplexe Zahl ist 0, wenn ihr Real- *und* ihr Imginärteil 0 sind. $P(\mathrm{i}\Omega)$ ist eine komplexe Zahl. Zwar kann ihr Realteil 0 werden, wenn $\Omega = \omega_0$ ist, aber wegen $\mu \neq 0$ ist der Imaginärteil stets ungleich 0.

Resonanz im Zusammenhang mit dem Lösen der Differenzialgleichung der Schwingung liegt also mit Dämpfung grundsätzlich nicht vor. Dennoch werden wir auch hier noch über „Resonanz" reden, dann aber im physikalischen Sinn.

Satz 4.8 (1) ergibt daher unmittelbar eine spezielle Lösung:

$$\tilde{x}(t) = \frac{b}{P(\mathrm{i}\Omega)}\, \mathrm{e}^{\mathrm{i}\Omega t} = \frac{b}{\omega_0^2 - \Omega^2 + 2\mu\mathrm{i}\Omega}\, \mathrm{e}^{\mathrm{i}\Omega t}. \tag{5.10}$$

Für das weitere Vorgehen ist es nützlich, den komplexwertigen Nenner in Polarkoordinaten zu schreiben: Es ist

$$\omega_0^2 - \Omega^2 + 2\mu\mathrm{i}\Omega = r\mathrm{e}^{\mathrm{i}\delta} \tag{5.11}$$

mit

$$r = \sqrt{(\omega_0^2 - \Omega^2)^2 + 4\mu^2\Omega^2} \quad \text{und} \quad \delta = \begin{cases} \arctan \frac{2\mu\Omega}{\omega_0^2 - \Omega^2} & \text{falls } \Omega \neq \omega_0 \\ \pi/2 & \text{falls } \Omega = \omega_0. \end{cases} \tag{5.12}$$

Lesehilfe komplexe Zahlen

Die Zahl $\omega_0^2 - \Omega^2 + 2\mu\mathrm{i}\Omega$ ist eine „normale" komplexe Zahl $z = x + \mathrm{i}y$ mit Realteil $x = \omega_0^2 - \Omega^2$ und Imaginärteil $y = 2\mu\Omega$. Ihr Betrag ist

$$r = \sqrt{x^2 + y^2} = \sqrt{(\omega_0^2 - \Omega^2)^2 + 4\mu^2\Omega^2}.$$

Ihr Imaginärteil y ist stets positiv und sie liegt daher in der oberen Halbebene der Gauß-Zahlenebene, siehe Abb. 4.1. Ihr Realteil x kann abhängig von Ω positiv sein ($\Omega < \omega_0$), verschwinden ($\Omega = \omega_0$) oder negativ sein ($\Omega > \omega_0$).

Sehen wir uns nun die Argumente δ an: Für $x > 0$ liegt die Zahl z im ersten Quadranten und für ihr Argument δ gilt daher $\tan\delta = y/x$, also $\delta = \arctan(y/x)$. Wenn $x = 0$ ist, besitzt sie das Argument $\pi/2$ und der Arcustangens ist nicht anwendbar. Für $x < 0$ schließlich gilt

$$\tan(\pi - \delta) = \frac{y}{-x} = -\frac{y}{x}.$$

Nun ist aber aufgrund der Symmetrien von Sinus und Cosinus

$$\tan(\pi - \delta) = \frac{\sin(\pi - \delta)}{\cos(\pi - \delta)} = \frac{\sin \delta}{-\cos \delta} = -\tan \delta,$$

sodass wir auch für $x < 0$ den Zusammenhang $\tan \delta = y/x$ haben. Somit gibt (5.12) die Polarkoordinaten vollständig wieder.

Damit haben wir

$$\tilde{x}(t) = \frac{b}{r\,\mathrm{e}^{\mathrm{i}\delta}}\,\mathrm{e}^{\mathrm{i}\Omega t} = \frac{b}{r}\,\mathrm{e}^{-\mathrm{i}\delta}\mathrm{e}^{\mathrm{i}\Omega t} = \frac{b}{r}\,\mathrm{e}^{\mathrm{i}(\Omega t - \delta)}.$$

Die reelle Gleichung (5.2) besitzt daher die spezielle Lösung

$$x(t) = \mathrm{Re}\,\tilde{x}(t) = \frac{b}{r}\cos(\Omega t - \delta). \tag{5.13}$$

Die allgemeine Lösung von (5.2) erhält man als Summe dieser speziellen Lösung und der allgemeinen Lösung der homogenen Gleichung,

$$x_{\mathrm{allg}}(t) = x(t) + x_{\mathrm{hom}}^{\mu>0}(t). \tag{5.14}$$

Das genaue Aussehen der homogenen Lösung $x_{\mathrm{hom}}^{\mu>0}(t)$ der gedämpften Schwingung hängt von der Stärke der Dämpfung ab (schwach, aperiodischer Grenzfall, stark). All diesen Lösungen ist jedoch gemeinsam, dass sie für $t \to \infty$ gegen 0 laufen. Für große t bleibt daher nur die spezielle Lösung übrig:

$$x_{\mathrm{allg}}(t) \xrightarrow{t\to\infty} x(t) = \frac{b}{r}\cos(\Omega t - \delta). \tag{5.15}$$

Man nennt dies den *eingeschwungenen Zustand* und hat es nur noch mit einer Schwingung zu tun, die dieselbe Frequenz wie die äußere anregende Kraft besitzt (die Phasenverschiebung δ ist für praktische Anwendungen in der Regel unerheblich). Man spricht von einer „erzwungenen" Schwingung, weil die äußere Kraft dem System ihre Frequenz „aufzwingt".

Beispiel

Wie die „Einschwingphase" einer erzwungenen Schwingung aussehen kann, lässt sich in Abb. 2.1 sehen. Dort ist die Lösung des Differenzialgleichungssystems

$$y_1' = y_2$$
$$y_2' = -4y_1 - y_2 + \cos x$$

dargestellt, das äquivalent ist zur Differenzialgleichung zweiter Ordnung

$$y_1'' + y_1' + 4y_1 = \cos x,$$

bzw. in der Schreibweise dieses Kapitels

$$\ddot{x}(t) + \dot{x}(t) + 4x(t) = \cos t. \tag{5.16}$$

Wir haben also eine Schwingungsgleichung (5.2) mit $\mu = 1/2$, $\omega_0 = 2$, $b = 1$ und $\Omega = 1$. Die in Abb. 2.1 dargestellten Funktionen zeigen somit die Lösung $x = y_1$ und den Geschwindigkeitsverlauf $\dot{x} = y_1' = y_2$ für die Anfangswerte $x(0) = 0$ und $\dot{x}(0) = 1$.

Wie man sieht, wird die Schwingung zwar zunächst von den Anfangsbedingungen bestimmt. Dann aber setzt sich relativ schnell die äußere Anregung durch und zwingt dem Schwinger ihre Frequenz auf.

Resonanzkurve
Neben der Tatsache, dass die Schwingungsfrequenz von außen vorgegeben wird, ist die Amplitude in (5.15) der interessante Teil des Ergebnisses. Schreibt man sie vollständig auf,

$$A = \frac{b}{r} = \frac{b}{\sqrt{(\omega_0^2 - \Omega^2)^2 + 4\mu^2\Omega^2}} = A(\Omega), \tag{5.17}$$

so erkennt man, dass ihr Wert von der äußeren Frequenz Ω abhängt. Die graphische Darstellung dieser Abhängigkeit ergibt die sogenannte *Resonanzkurve*, siehe Abb. 5.2.

Lesehilfe
Wieder das Wort „Resonanz". Aber nach wie vor im gedämpften Fall keine mathematische Resonanz der Differenzialgleichung, sondern eine physikalische Resonanz des Systems.

Zwischenfrage (2)
Eine kleine Kurvendiskussion: Welches sind die Grenzwerte der Funktion

$$\Omega \mapsto A(\Omega) = \frac{b}{\sqrt{(\omega_0^2 - \Omega^2)^2 + 4\mu^2\Omega^2}}, \quad \Omega \in \mathbb{R}_+^*,$$

für $\Omega \to 0$ und $\Omega \to \infty$? Besitzt die Funktion dazwischen ein Extremum?

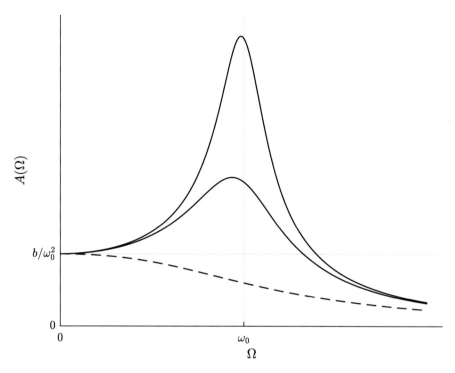

Abb. 5.2 Die Amplitude A der erzwungenen gedämpften Schwingung hängt von der Frequenz Ω der anregenden Kraft ab. Für kleine Dämpfungen liegt ein Maximum bei $\omega_R = \sqrt{\omega_0^2 - 2\mu^2} < \omega_0$ vor („Resonanzkurve"). Je kleiner die Dämpfung μ, desto ausgeprägter ist das Maximum und desto dichter liegt es bei ω_0, der Resonanzfrequenz des ungedämpften Schwingers. Mit wachsendem μ wandert ω_R hin zu kleineren Werten bis zu 0. Für $\mu > \omega_0/\sqrt{2}$ schließlich tritt kein Maximum und damit keine „Resonanz" mehr auf; die Amplitude sinkt mit wachsendem Ω einfach ab (gestrichelt)

Bei kleinen Dämpfungen $\mu < \omega_0/\sqrt{2}$ weist die Abhängigkeit $A(\Omega)$ folgendes typisches Verhalten auf: Die Amplitudenfunktion besitzt ein deutlich sichtbares Maximum. Je kleiner die Dämpfung, desto ausgeprägter ist dieses Maximum und desto dichter liegt es an der Eigenfrequenz ω_0 des freien Schwingers. Wie man leicht zeigt, erreicht die Amplitudenfunktion für $\Omega = \sqrt{\omega_0^2 - 2\mu^2} =: \omega_R$ ihren maximalen Wert: Man bezeichnet ω_R daher als „Resonanzfrequenz" des gedämpften Systems, da bei einer äußerer Anregung mit dieser Frequenz die *größte Resonanz des angeregten Systems* erfolgt. Wie man sieht, ist $\omega_R < \omega_0$, und ω_R weicht mit ansteigender Dämpfung immer mehr von ω_0 ab.

Überschreitet die Dämpfung μ den Wert $\omega_0/\sqrt{2}$, so tritt keine Resonanz mehr auf. Die Amplitude sinkt dann mit wachsendem Ω einfach ab.

Lesehilfe

Machen wir uns die Verhältnisse noch einmal klar: Bei der ungedämpften Schwingung erhielten wir für Ω in der Nähe von ω_0 große Amplituden und für $\Omega = \omega_0$, also bei Anregung mit der Eigenfrequenz, sogar einen Schwingungszustand mit unendlich ansteigender Amplitude, der sich aus der Resonanz der Differenzialgleichung ergab.

Mit Dämpfung bleibt die Amplitude grundsätzlich endlich. Für kleine Dämpfungen – und damit dicht am ungedämpften Fall – erreicht sie einen großen Maximalwert für Anregungsfrequenzen etwas unterhalb von ω_0, genauer bei $\omega_R = \sqrt{\omega_0^2 - 2\mu^2}$. Für diese Frequenz reagiert das System „resonant", d. h. mit großer, aber endlicher Schwingungsamplitude. Resonanz der Differenzialgleichung liegt dabei nicht vor.

Jede reale Schwingung ist gedämpft. Trotzdem kann es natürlich auch real zu einer „Resonanzkatastrophe" kommen, wenn die erreichte Amplitude ausreicht, um das schwingende System zu zerstören.

Antwort auf Zwischenfrage (2)

Gesucht waren die Grenzwerte der Funktion

$$\Omega \mapsto A(\Omega) = \frac{b}{\sqrt{(\omega_0^2 - \Omega^2)^2 + 4\mu^2\Omega^2}}, \quad \Omega \in \mathbb{R}_+^*,$$

für $\Omega \to 0$ und $\Omega \to \infty$ und ggf. ein Extremum.

Für den Grenzwert $\Omega \to 0$ können wir einfach $\Omega = 0$ einsetzen und erhalten

$$\lim_{\Omega \to 0} A(\Omega) = \frac{b}{\sqrt{(\omega_0^2)^2}} = \frac{b}{\omega_0^2}.$$

Für $\Omega \to \infty$ geht der Nenner von $A(\Omega)$ gegen Unendlich. Daher ist

$$\lim_{\Omega \to \infty} A(\Omega) = 0.$$

Die Funktion $\Omega \mapsto A(\Omega)$ ist differenzierbar. Extremstellen können daher höchstens an Nullstellen der ersten Ableitung liegen. Es ist

$$A'(\Omega) = b\left(-\frac{1}{2}\right)\left((\omega_0^2 - \Omega^2)^2 + 4\mu^2\Omega^2\right)^{-3/2}\left[2(\omega_0^2 - \Omega^2)(-2\Omega) + 8\mu^2\Omega\right].$$

$$(5.18)$$

Diese Ableitung verschwindet genau dann, wenn die eckige Klammer gleich 0 ist:

$$\left(-4(\omega_0^2 - \Omega^2) + 8\mu^2\right)\Omega = 0. \tag{5.19}$$

Dies ist der Fall für $\Omega = 0$, was aber außerhalb des Definitionsbereichs liegt, oder wenn gilt

$$\Omega^2 = \omega_0^2 - 2\mu^2.$$

Die erste Ableitung kann somit nur dann 0 werden, wenn $\omega_0^2 - 2\mu^2 > 0$ ist, also für hinreichend kleine Dämpfungen

$$\mu < \frac{\omega_0}{\sqrt{2}}.$$

Dann liegt an der Stelle

$$\Omega = \sqrt{\omega_0^2 - 2\mu^2}$$

die einzige Nullstelle der ersten Ableitung vor.

Wir wollen die zweite Ableitung vermeiden und auf andere Weise begründen, dass an dieser Nullstelle dann ein lokales Maximum vorliegt: Die Amplituden $A(\Omega)$ sind positiv. Sie gehen vom Wert b/ω_0^2 an der Stelle 0 über zum Wert 0 im Unendlichen. Sie starten bei 0 mit der Steigung 0. Für $\mu < \omega_0/\sqrt{2}$ nimmt die eckige Klammer (5.19) für kleine Werte von Ω zunächst negative Werte und die Ableitung (5.18) daher positive Werte an. Der Graph steigt somit zunächst an und muss dann für $\Omega \to \infty$ gegen 0 gehen. An der einzigen Nullstelle der ersten Ableitung liegt daher ein Maximum.

Für Dämpfungen

$$\mu \geq \frac{\omega_0}{\sqrt{2}}$$

startet $A(\Omega)$ direkt mit negativer Steigung und fällt mit wachsendem Ω streng monoton gegen 0.

Beispiel: Eigenfrequenzen von Bauteilen

Jedes Bauteil in einem Fahrzeug, einem Gerät oder einem Bauwerk (ein Armaturenbrett, ein Sitz, ein Träger, eine Brücke usw.) besitzt eine Eigenfrequenz: Wird es angeregt, zum Beispiel durch einen einmaligen Schlag, so schwingt es mit dieser Eigenfrequenz. Man denke etwa an eine Stimmgabel, bei der dies in Reinform zu hören ist.

Wird nun ein Bauteil *periodisch in der Nähe seiner Eigenfrequenz* angeregt (Vibrationen im Fahrzeug, wippende Fans auf der Tribüne eines Stadions, Erdbebenwellen usw.), so reagiert es darauf mit großer Amplitude. Beim Design von Bauteilen wird daher darauf geachtet, dass ihre Eigenfrequenzen abseits der typischerweise auftretenden Frequenzen liegen. Bei einem Auto mit Verbrennungsmotor beispielsweise versucht man, die Eigenfrequenzen aller relevanten Bauteile entweder unterhalb der Leerlaufdrehzahl des Motors oder oberhalb der maximal auftretenden Drehzahlen liegen zu lassen. Beispielsweise werden Bauteile künstlich verstärkt, um ihre Eigenfrequenzen weit genug zu erhöhen. Und ein Bauwerk in einem Erdbebengebiet sollte keine Eigenfrequenzen im Bereich der typischen Erdbebenfrequenzen aufweisen.

Erzwungene Schwingungen und ihr Resonanzverhalten spielen somit in der Technik in vielen Bereichen eine wichtige Rolle.

Das Wichtigste in Kürze

- Die **erzwungene gedämpfte Schwingung** wird durch eine inhomogene lineare Differenzialgleichung beschrieben, deren Inhomogenität nach komplexer Erweiterung die Form einer Exponentialfunktion aufweist und auf gewohnte Weise gelöst werden kann.

- **Ohne Dämpfung** kann die Differenzialgleichung Resonanz aufweisen. Dies führt auf eine spezielle Lösung mit einer unbeschränkt anwachsenden Amplitude.

- **Mit Dämpfung** weist die Differenzialgleichung keine Resonanz auf. Das System schwingt im eingeschwungenen Zustand mit der Frequenz der äußeren Anregung.

- Die Amplitude der resultierenden Schwingung hängt von der anregenden Frequenz ab (**Resonanzkurve**). Für kleine Dämpfungen ist die Amplitude bei Anregungsfrequenzen in der Nähe der Eigenfrequenz des Systems besonders groß. ◄

Und was bedeuten die Formeln?

$$\ddot{x}(t) + 2\mu\dot{x}(t) + \omega_0^2 x(t) = b\cos(\Omega t), \quad \omega_0, \Omega \in \mathbb{R}_+^*, \ \mu \in \mathbb{R}_+, \ b \in \mathbb{R},$$

$$\ddot{\tilde{x}}(t) + 2\mu\dot{\tilde{x}}(t) + \omega_0^2 \tilde{x}(t) = b\,\mathrm{e}^{\mathrm{i}\Omega t},$$

$$\ddot{\tilde{x}}(t) + \omega_0^2 \tilde{x}(t) = b\,\mathrm{e}^{\mathrm{i}\Omega t}, \quad P(\mathrm{D}) = \mathrm{D}^2 + \omega_0^2 = (\mathrm{D} - \mathrm{i}\omega_0)(\mathrm{D} + \mathrm{i}\omega_0),$$

$$x(t) = \frac{b}{\omega_0^2 - \Omega^2}\cos(\Omega t), \quad x(t) = \frac{b}{2\omega_0}\,t\,\sin(\omega_0 t),$$

$$P(\mathrm{D}) = \mathrm{D}^2 + 2\mu\mathrm{D} + \omega_0^2, \quad P(\mathrm{i}\Omega) = \omega_0^2 - \Omega^2 + 2\mu\mathrm{i}\Omega \neq 0,$$

$$\omega_0^2 - \Omega^2 + 2\mu\mathrm{i}\Omega = r\,\mathrm{e}^{\mathrm{i}\delta}, \quad r = \sqrt{(\omega_0^2 - \Omega^2)^2 + 4\mu^2\Omega^2}, \quad \delta = \arctan\frac{2\mu\Omega}{\omega_0^2 - \Omega^2},$$

$$x_{\mathrm{allg}}(t) \xrightarrow{t\to\infty} x(t) = \frac{b}{r}\cos(\Omega t - \delta),$$

$$A(\Omega) = \frac{b}{r} = \frac{b}{\sqrt{(\omega_0^2 - \Omega^2)^2 + 4\mu^2\Omega^2}}, \quad \omega_{\mathrm{R}} = \sqrt{\omega_0^2 - 2\mu^2}, \quad \mu < \frac{\omega_0}{\sqrt{2}}.$$

Übungsaufgaben

A5.1 Beantworte die folgenden Fragen: Was ist eine „freie" Schwingung? Was ist eine „gedämpfte" Schwingung? Was wird bei einer „erzwungenen" Schwingung erzwungen?

A5.2 Gib eine spezielle Lösung der erzwungenen gedämpften Schwingung an, die durch eine periodische äußere Kraft der Form $b\sin(\Omega t)$ mit $b \in \mathbb{R}$ und $\Omega \in \mathbb{R}_+^*$ erzeugt wird, ermittle also eine Lösung der Differenzialgleichung

$$\ddot{x}(t) + 2\mu\dot{x}(t) + \omega_0^2 x(t) = b\sin(\Omega t).$$

A5.3 Wir betrachten die Differenzialgleichung der erzwungenen gedämpften Schwingung, die einer periodischen äußeren Kraft unterliegt:

$$\ddot{x}(t) + 2\mu\dot{x}(t) + \omega_0^2 x(t) = b\cos(\Omega t) \qquad \text{mit } \mu, \omega_0, \Omega \in \mathbb{R}_+^*.$$

a) Wie sieht das asymptotische Verhalten der Lösungen der Differenzialgleichung für $t \to \infty$ aus? Wie groß ist die Amplitude der Schwingung dann und in welcher Weise hängt sie von der Frequenz Ω der anregenden Kraft ab? Für welche Anregungsfrequenz Ω ist die Amplitude am größten?

b) Sind die folgenden Aussagen richtig oder falsch? Begründe jeweils deine Antwort.

(I)   Die Differenzialgleichung enthält einen Dämpfungsterm, der proportional zur Geschwindigkeit des Schwingers ist.

(II) Reibung ist oft auch proportional zum Quadrat der Geschwindigkeit. Auch ein solches System ließe sich durch eine lineare Gleichung des obigen Typs beschreiben.

(III) Bei $b = 0$ streben die Lösungen für $t \to \infty$ gegen die Nullfunktion.

c) Wir betrachten nun ein konkretes Beispiel: Es seien $\mu = 0.5$, $\omega_0 = 1$, $b = 1$ und $\Omega = 2$. Wie lautet die allgemeine Lösung für diese Parameterwerte?

A5.4 Ein Schwinger besitze ungedämpft eine Eigenfrequenz $f_0 = 1\,\text{Hz}$. Er unterliege nun einer Dämpfung mit der „Stärke" $\mu = 2\,\text{s}^{-1}$. Wie groß ist seine Resonanzfrequenz, wenn er einer erzwungenen Schwingung unterworfen wird? Wir groß ist die Amplitude der erzwungenen Schwingung, wenn er von außen mit der Amplitude b und der Frequenz f_0 angeregt wird? Und wie groß wird seine Amplitude, wenn er mit der Resonanzfrequenz angeregt wird?

Ausblick: Eine partielle Differenzialgleichung 6

In den Kap. 1 bis 5 haben wir uns mit gewöhnlichen Differenzialgleichungen befasst. Neben den grundlegenden Eigenschaften ihrer Lösungen haben wir für verschiedene Gleichungen gesehen, wie sie sich vollständig lösen lassen. Außer den gewöhnlichen Differenzialgleichungen gibt es aber auch *partielle Differenzialgleichungen*. Sie betreffen Funktionen mehrerer Veränderlicher und enthalten dementsprechende partielle Ableitungen. Ihre vollständige Lösung ist i. Allg. anspruchsvoller als bei gewöhnlichen Gleichungen.

Wir wollen in diesem Kapitel zumindest einen Ausblick auf dieses Problemfeld geben. Dazu sehen wir uns die partielle Differenzialgleichung der schwingenden Saite an. Natürlich werden wir es bei ihrer Lösung auch wieder mit gewöhnlichen Differenzialgleichungen zu tun bekommen.

Tatsächlich ist die schwingende Saite ein auch historisch wichtiges Beispiel für partielle Differenzialgleichungen. Bei ihrer Beschreibung ließ sich eine Reihe mathematischer Prinzipien auf einfache und klare Weise erkennen und entwickeln, die sich als sehr fruchtbar erwiesen haben und die auf viele weitere und komplexere Fragestellungen übertragen werden konnten.

Wozu dieses Kapitel im Einzelnen
- Eine schwingende Saite steckt in vielen Musikinstrumenten. Ihr „Mechanismus" ist gut zu durchschauen und ihre mathematische Beschreibung liefert auf klare Weise eine Reihe von grundlegenden Prinzipien.
- Bei der Lösung der Gleichung für spezielle Anfangsbedingungen stoßen wir automatisch auf Fourier-Reihen und lernen sie auf natürliche Weise kennen. Auch ihre zentrale Formel werden wir „einfach so nebenbei" herleiten können.
- Wenn wir die schwingende Saite verstehen, verstehen wir auch, wie ein Synthesizer funktioniert.

© Springer-Verlag GmbH Deutschland, ein Teil von Springer Nature 2022
J. Balla, *Gewöhnliche Differenzialgleichungen leicht gemacht!*,
https://doi.org/10.1007/978-3-662-64752-3_6

6.1 Differenzialgleichung der schwingenden Saite

Wir betrachten eine homogene Saite mit einer linearen Massendichte ϱ. Die Länge der Saite können wir durch eine geeignete Wahl der Längeneinheit gleich π wählen, sodass die Saite in ihrer Ruhelage die Strecke $0 \leq x \leq \pi$ auf der x-Achse einnimmt. Die Saite steht unter dem Einfluss einer konstanten Spannung σ und kann kleine transversale Schwingungen um die Ruhelage ausführen. Die Auslenkung der Saite an der Stelle x zur Zeit t wollen wir mit $u(x, t)$ bezeichnen. Die *Randbedingung* für die möglichen Bewegungszustände der *eingespannten* Saite lautet somit

$$u(0, t) = u(\pi, t) = 0. \tag{6.1}$$

Lesehilfe
Die Funktion u ist eine Funktion mehrerer Veränderlicher: x und t. Die Ableitungen einer solchen Funktion nach einer der Variablen nennt man *partielle Ableitungen*, siehe auch die Lesehilfe im Zusammenhang mit Satz 2.1. Wir wollen im Folgenden die praktische Schreibweise

$$u_x = \frac{\partial u}{\partial x}, \quad u_{xx} = \frac{\partial^2 u}{\partial x^2}, \quad u_t = \frac{\partial u}{\partial t}, \quad u_{tt} = \frac{\partial^2 u}{\partial t^2} \quad \text{usw.}$$

verwenden.

Die Bewegungsgleichung der Saite kann mithilfe des Variationsprinzips der theoretischen Mechanik gewonnen werden. Dazu sind die kinetische Energie und die potenzielle Energie der schwingenden Saite zu betrachten: In die kinetische Energie fließen die Massendichte ϱ und das Quadrat der Geschwindigkeit, u_t^2, ein. Und die potenzielle Energie hängt mit der Spannung σ der Saite und ihrer Längenänderung zusammen, die sich für kleine Auslenkungen aus u_x^2 ergibt. Die Variationsgleichungen selbst enthalten auch wieder Ableitungen.

Die vollständige Herleitung wollen wir nicht durchführen. Sie führt auf die folgende *partielle Differenzialgleichung der ungedämpften schwingenden Saite*:

$$\varrho\, u_{tt} - \sigma\, u_{xx} = 0 \tag{6.2}$$

oder

$$u_{tt} = \alpha^2 u_{xx} \quad \text{mit } \alpha := \sqrt{\frac{\sigma}{\varrho}}. \tag{6.3}$$

Lesehilfe
Hier wird σ/ϱ nur der kürzeren Schreibweise wegen durch α^2 ersetzt. Und da in den Lösungen später $\sqrt{\sigma/\varrho}$ auftauchen wird, erspart das Quadrat in der Setzung dann die Wurzel.

Wie man der Form (6.2) ansieht, handelt es sich bei der *Saitengleichung* um eine *homogene lineare* Differenzialgleichung zweiter Ordnung. Allerdings haben wir es jetzt nicht mehr mit einer gewöhnlichen Differenzialgleichung zu tun, sondern mit einer *partiellen* Differenzialgleichung, da die Funktion u von mehreren Variablen abhängt und die Gleichung entsprechende partielle Ableitungen enthält. Die Erkenntnisse aus Kap. 2, die für gewöhnliche Differenzialgleichungen gelten, dürfen daher keineswegs einfach übertragen werden.

Lesehilfe
In einer *linearen* Differenzialgleichung treten die Funktion und ihre Ableitungen nur *linear* auf, d. h., es dürfen keine Terme wie $u u_x$ oder u^2 enthalten sein. Und bei zweiter Ordnung sind Ableitungen bis zweiter Ordnung enthalten, wobei dies bei partiellen Gleichungen durchaus auch gemischte Ableitung sein dürften, also $u_{xt} = \frac{\partial^2 u}{\partial x \partial t}$. In (6.2) sind allerdings keine gemischten Ableitungen enthalten.

Eine grundsätzliche Eigenschaft homogener Gleichungen bleibt zunächst erhalten: Mit zwei Lösungen u_1 und u_2 ist mit beliebigen Konstanten c_1 und c_2 auch $c_1 u_1 + c_2 u_2$ eine Lösung der Gleichung $\varrho\, u_{tt} - \sigma\, u_{xx} = 0$. Allerdings ist jetzt zusätzlich auf die Randbedingung zu achten: Nur dann, wenn die *Randbedingung ebenfalls homogen* ist, erfüllen die Summenlösungen $c_1 u_1 + c_2 u_2$ weiterhin auch die Randbedingung. Bei unserer Bedingung (6.1) handelt es sich offenbar um eine solche homogene Randbedingung und wir halten fest:
Bei der Saitengleichung (6.2) mit der Randbedingung (6.1) handelt es sich um ein homogenes Problem. Seine Lösungen erfüllen die fundamentale Superpositionseigenschaft: Mit zwei Lösungen u_1 und u_2 ist auch $c_1 u_1 + c_2 u_2$ eine Lösung.

Zwischenfrage (1)
Warum ist die Randbedingung $u(0,t) = u(\pi, t) = 0$ eine homogene Randbedingung?

6.2 Separationsansatz

Wir suchen nach Lösungen von (6.3), die der Randbedingung (6.1) genügen. Eine Lösung ist offenbar $u = 0$: Sie entspricht dem Fall, dass sich die Saite gar nicht bewegt und in ihrer Ruhelage verharrt.

Für die Suche nach weiteren Lösungen u machen wir den *Separationsansatz*[1]

$$u(x,t) = v(x)g(t). \tag{6.4}$$

---

[1] Der Separationsgedanke wurde erstmals vom französischen Mathematiker und Physiker Jean-Baptiste d'Alembert, 1717–1783, verwendet, und zwar im Zusammenhang mit der Behandlung der schwingenden Saite.

Wir suchen somit nach Lösungen, die sich in einen nur vom Ort abhängigen Faktor v und einen nur von der Zeit abhängigen Faktor g zerlegen lassen. Damit ist

$$u_{xx}(x,t) = v_{xx}(x)g(t) \quad \text{und} \quad u_{tt}(x,t) = v(x)g_{tt}(t) \qquad (6.5)$$

und (6.3) wird zu

$$v(x)g_{tt}(t) = \alpha^2 v_{xx}(x)g(t).$$

Schreiben wir dies in der Form

$$\frac{g_{tt}(t)}{g(t)} = \alpha^2 \frac{v_{xx}(x)}{v(x)}, \qquad (6.6)$$

so haben wir eine Gleichung vor uns, deren rechte Seite nur von x und deren linke Seite nur von t abhängt. Beide Seiten müssen daher gleich derselben Konstante sein. Dies ergibt

$$\frac{v_{xx}(x)}{v(x)} = -\lambda \quad \text{und} \quad \frac{g_{tt}(t)}{g(t)} = -\alpha^2\lambda \qquad (6.7)$$

mit einer gewissen *Separationskonstante* λ.

Lesehilfe

Der Separationsansatz ist natürlich zunächst nur ein Ansatz, ein Versuch. Er funktioniert, weil die Differenzialgleichung damit in zwei Summanden zerfällt, die von unterschiedlichen Variablen abhängen. Diese Summanden müssen dann gleich bzw. entgegengesetzt gleich derselben Konstante sein, die man die „Separationskonstante" nennt.

Diese Separationskonstante wird hier für $v_{xx}(x)/v(x)$ angesetzt und heißt $-\lambda$. Wir werden gleich sehen, dass λ durch diese Setzung mit dem vorangestellten Minuszeichen positiv sein wird. Daher ist es mit Minuszeichen praktischer.

Antwort auf Zwischenfrage (1)

Gefragt war, warum die Randbedingung $u(0,t) = u(\pi,t) = 0$ homogen ist.

Die Randbedingung ist homogen, weil an den Rändern der Wert 0 vorgegeben wird. Erfüllen zwei Lösungen u_1 und u_2 diese Randbedingung, so ist dies offenbar auch für jede Linearkombination $c_1 u_1 + c_2 u_2$ der Fall.

6.2.1 Lösung der separierten Gleichungen

Sehen wir uns zunächst die Gleichung für v an,

$$v_{xx}(x) + \lambda \, v(x) = 0. \tag{6.8}$$

Die Randbedingung lautet mit dem Separationsansatz

$$u(0,t) = v(0)g(t) = 0 \qquad \text{und} \qquad u(\pi,t) = v(\pi)g(t) = 0.$$

Da diese Gleichungen für alle t erfüllt sein müssen, ist dies gleichbedeutend mit der Randbedingung

$$v(0) = v(\pi) = 0 \tag{6.9}$$

für die Differenzialgleichung (6.8). Wir werden nun sehen, dass mit dieser Randbedingung die möglichen Werte von λ festgelegt sind.

Die Form von (6.8) kennen wir bereits: Für $\lambda > 0$ entspricht sie der Gleichung der freien ungedämpften Schwingung, siehe (3.2), und wir haben Lösungen der Form

$$v(x) = c_1 \cos(\sqrt{\lambda} \, x) + c_2 \sin(\sqrt{\lambda} \, x),$$

siehe (3.15). Aus $v(0) = 0$ ergibt sich sofort $c_1 = 0$, sodass die Cosinusanteile entfallen und wir es nur noch mit den Sinusanteilen zu tun haben.

Die zweite Bedingung lautet $v(\pi) = 0$. Nun sind aber nur die Sinusausdrücke $\sin x$, $\sin(2x)$, $\sin(3x)$ usw. an der Stelle π gleich 0, siehe Abb. 6.1. Wir erhalten daher nur Lösungen, die der Randbedingung (6.9) genügen, wenn gilt $\sqrt{\lambda} = n$ bzw.

$$\lambda = n^2, \qquad n \in \mathbb{N}^* = \{1, 2, 3, \ldots\}. \tag{6.10}$$

Somit haben wir für die Differenzialgleichung (6.8) mit der Randbedingung (6.9) die unendlich vielen Lösungen

$$v_n(x) = \sin(nx), \qquad n \in \mathbb{N}^*. \tag{6.11}$$

Man nennt diese Lösungen die *Eigenfunktionen* des Randwertproblems.

> **Zwischenfrage (2)**
> Wie sehen die Eigenfunktionen der Differenzialgleichung (6.8) aus, wenn wir nicht die spezielle Saitenlänge π betrachten, sondern es mit einer eingespannten Saite der Länge $L > 0$ zu tun haben?

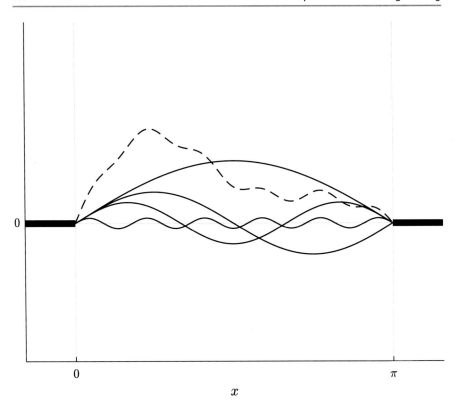

Abb. 6.1 Auf eine eingespannte Saite der Länge π „passen" nur die Sinusfunktionen $\sin x$, $\sin(2x)$, $\sin(3x)$ usw., also die Funktionen $\sin(nx)$ mit $n \in \mathbb{N}^*$. Sie besitzen gleichmäßig über die Saitenlänge verteilt $(n - 1)$ weitere Nullstellen. Dargestellt sind die Funktionen für $n = 1, 2, 3$ und noch einmal für $n = 11$, der Übersichtlichkeit halber mit unterschiedlichen, abfallenden Amplituden. Auch die Summe dieser Einzelfunktionen (gestrichelt) erfüllt wie alle Summen von Einzellösungen die Randbedingung der eingespannten Saite.

Natürlich entsprechen die dargestellten Amplituden nicht den tatsächlichen Verhältnissen bei „kleinen" Schwingungen einer realen Saite. Dazu müssten sie um den Faktor 10 oder mehr verkleinert werden

Kommen wir nun zur zweiten der Gleichungen (6.7),

$$g_{tt}(t) + \alpha^2 \lambda\, g(t) = 0. \tag{6.12}$$

Diese Gleichung weist nur für $\lambda > 0$ die Form einer Schwingungsgleichung auf. Da bei der *schwingenden* Saite der zeitliche Ablauf periodischer Natur sein muss, wissen wir, dass tatsächlich nur positive Werte von λ Lösungen ergeben können. Und das sind genau die Werte $\lambda = n^2$, die wir aus der Gleichung für v und ihren Randbedingungen erhalten haben. Wir erhalten somit die allgemeinen Lösungen

$$g_n(t) = a_n \cos(\alpha n t) + b_n \sin(\alpha n t), \qquad n \in \mathbb{N}^*, \tag{6.13}$$

mit beliebigen Konstanten a_n und b_n.

Insgesamt haben wir folgendes Ergebnis: *Jede Funktion u_n mit*

$$u_n(x,t) = \sin(nx)[a_n \cos(\alpha n t) + b_n \sin(\alpha n t)], \qquad n \in \mathbb{N}^*, \qquad (6.14)$$

ist eine Lösung der Saitengleichung $u_{tt} = \alpha^2 u_{xx}$ mit der Randbedingung $u(0,t) = u(\pi,t) = 0$.

Antwort auf Zwischenfrage (2)
Gefragt war nach den Eigenfunktionen der Differenzialgleichung (6.8) für eine eingespannte Saite der Länge $L > 0$.

Die Randbedingung lautet jetzt $v(0) = v(L) = 0$. Auch diese Randbedingung schließt wegen $v(0) = 0$ die Cosinusfunktionen aus und wir müssen nach Sinusfunktionen suchen, die bei L den Wert 0 annehmen. Dies ist offenbar für $\sin((\pi/L)x)$ der Fall und ebenso für alle $\sin(n(\pi/L)x)$ mit $n \in \mathbb{N}^*$. Die Eigenfunktionen lauten daher

$$v_n(x) = \sin\left(n\frac{\pi}{L}x\right), \qquad n \in \mathbb{N}^*.$$

Für $L = \pi$ erhalten wir natürlich wieder die Eigenfunktionen (6.11).

6.2.2 Einzellösungen und Summen

Jede der Funktionen u_n stellt eine mögliche Lösung dar. Mit ihr führt die Saite eine sinusförmige Schwingung aus, die gleichmäßig über die Saitenlänge verteilt $(n-1)$ Knoten aufweist. Die Schwingung erfolgt periodisch mit der Kreisfrequenz

$$\omega_n = 2\pi f_n = n\alpha. \qquad (6.15)$$

Für $n = 1$ spricht man von der *Grundschwingung* der Saite: Sie besitzt keine Knoten und erfolgt mit der *Grundfrequenz*

$$f_1 = \frac{\alpha}{2\pi}. \qquad (6.16)$$

Die Lösungen mit $n > 1$ bezeichnet man als die *Oberschwingungen*. Ihre Frequenzen sind Vielfache der Grundfrequenz f_1,

$$f_n = \frac{n\alpha}{2\pi} = n f_1. \qquad (6.17)$$

Ist die Saite Teil eines tongebenden Instruments, etwa eines Klaviers oder einer Gitarre, so wird durch u_n somit ein Ton mit der Frequenz

$$f_n = \frac{n\alpha}{2\pi} = \frac{n}{2\pi}\sqrt{\frac{\sigma}{\varrho}}$$

erzeugt. Diese Frequenz ist proportional zu $\sqrt{\sigma}$. Wird die Saitenspannung erhöht, so steigt die Tonhöhe (die Frequenz) an.

Aber natürlich sind die reinen Sinusschwingungen mit einem u_n nicht die einzig möglichen Lösungen. Aufgrund der Superpositionseigenschaft dieses homogenen Problems stellt auch jede Summe

$$u(x,t) := \sum_n \sin(nx)[a_n \cos(\alpha nt) + b_n \sin(\alpha nt)] \qquad (6.18)$$

mit frei wählbaren Konstanten a_n, b_n eine Lösung des Randwertproblems dar, siehe auch Abb. 6.1.

Lesehilfe
Eine beliebige Überlagerung der u_n besitzt zunächst eigentlich die Form

$$u(x,t) = \sum_n c_n u_n(x,t)$$

mit Konstanten c_n. Da die Lösungen u_n aber mit a_n und b_n bereits freie Konstanten enthalten, ist in der Summe (6.18) kein zusätzlicher Faktor c_n nötig.

Eine Lösung (6.18) ist ein Schwingungszustand der Saite, der sich als Mischung der Grundschwingung – sofern sie enthalten ist – und verschiedener Oberschwingungen verstehen lässt. Jede dieser Teilschwingungen läuft mit ihrer eigenen Frequenz ab und die Amplituden und Frequenzen der einzelnen Schwingungsanteile bleiben zeitlich konstant.

Die Superpositionseigenschaft gilt zunächst für endliche Summen (6.18). Für praktische Anwendungen sind aber insbesondere auch unendliche Summen von Interesse: Für sie ist allerdings vorauszusetzen, dass die unendliche Summe bzw. Reihe *gleichmäßig konvergiert* und *sich nach jeder der beiden Variablen zweimal gliedweise differenzieren lässt.*

Lesehilfe
Bei einer unendlichen Summe

$$\sum_{n=1}^{\infty} \sin(nx)[a_n \cos(\alpha nt) + b_n \sin(\alpha nt)]$$

stellt sich – anders als bei einer endlichen Summe – die Frage nach ihrer Konvergenz. Eine solche Reihe kann *punktweise* konvergieren, d. h. jeweils für einzelne Argumentwerte x, t, oder darüber hinaus *gleichmäßig*. Die gleichmäßige Konvergenz betrachtet die Konvergenz im gesamten Definitionsbereich und ist der stärkere Konvergenzbegriff: Erst sie stellt beispielsweise sicher, dass die Grenzfunktion der Reihe stetig ist. Aber sie erlaubt noch nicht das gliedweise Differenzieren der Reihe. Dies ist daher zusätzlich vorauszusetzen.

Zwischenfrage (3)
Warum ist es wichtig, dass sich eine Reihe

$$u(x, t) := \sum_{n=1}^{\infty} u_n(x, t)$$

gliedweise differenzieren lässt, damit ihre Grenzfunktion u eine Lösung der Saitengleichung ist?

6.3 Anfangsbedingungen der angezupften Saite

Nachdem wir mit der Summe (6.18) so etwas wie eine „allgemeine Lösung" der Saitengleichung ermittelt haben, wollen wir uns nun fragen, wie die Lösung an einen konkret vorgegebenen Anfangszustand der Saite angepasst werden kann.

Dazu nehmen wir an, die Saite werde zum Zeitpunkt $t = 0$ angezupft. Damit wird eine Anfangslage $u(x, 0) =: f(x)$ vorgegeben. Außerdem soll die Saite beim Anzupfen nur losgelassen werden, also zum Zeitpunkt $t = 0$ die Geschwindigkeit 0 besitzen, gleichbedeutend mit $u_t(x, 0) = 0$ für alle $x \in [0, \pi]$.

Zunächst haben wir

$$u(x, 0) = \sum_n \sin(nx)[a_n \cos(\alpha n \cdot 0) + b_n \sin(\alpha n \cdot 0)] = \sum_n a_n \sin(nx).$$

Ferner ist

$$u_t(x, t) = \sum_n \sin(nx)[-a_n \alpha n \sin(\alpha n t) + b_n \alpha n \cos(\alpha n t)]$$

und damit

$$u_t(x, 0) = \sum_n \sin(nx) b_n \alpha n = 0.$$

Unser Anfangszustand ist also erfüllt, wenn gilt $b_n = 0$ für alle n und

$$f(x) = \sum_n a_n \sin(nx), \tag{6.19}$$

wenn sich also die Anfangslage f der Saite durch eine Summe der Sinusfunktion ausdrücken lässt.

Besonders einfach wäre es natürlich, wenn wir „sinusförmig" anzupfen könnten – dann benötigten wir nur den entsprechenden Summanden der Summe (6.19). Zur Lösung realistischer Schwingungszustände wollen wir aber eine beliebige Funktion f mit $f(0) = f(\pi) = 0$ zulassen, die stetig ist und die wir zumindest als stückweise hinreichend oft differenzierbar annehmen wollen.

Lesehilfe

Die Funktion f muss stetig sein, ansonsten hätte die Saite eine Lücke. Differenzierbarkeit vorauszusetzen würde bedeuten, dass f keine „Knicke" haben darf. Das kann man sich beim Anzupfen der Seite aber durchaus vorstellen und Differenzierbarkeit wäre daher eine zu weitreichende Einschränkung. Die stückweise Differenzierbarkeit lässt endlich viele Knicke zu.

Antwort auf Zwischenfrage (3)

Gefragt war, warum sich die Reihe $u(x,t) := \sum_{n=1}^{\infty} u_n(x,t)$ gliedweise differenzieren lassen muss, um eine Lösung der Saitengleichung zu ergeben.

Gesucht sind Lösungen der Saitengleichung (6.2),

$$\varrho\, u_{tt} - \sigma\, u_{xx} = 0$$

mit der homogenen Randbedingung $u(0,t) = u(\pi,t) = 0$. Die Summe $u = u_1 + u_2$ zweier Lösungen erfüllt wegen der „Summenregel der Differenziation" ebenso die Gleichung, denn es ist

$$\begin{aligned}
\varrho\, u_{tt} - \sigma\, u_{xx} &= \varrho(u_1 + u_2)_{tt} - \sigma(u_1 + u_2)_{xx} \\
&= \varrho[(u_1)_{tt} + (u_2)_{tt}] - \sigma[(u_1)_{xx} + (u_2)_{xx}] \\
&= \varrho\,(u_1)_{tt} - \sigma\,(u_1)_{xx} + \varrho\,(u_2)_{tt} - \sigma\,(u_2)_{xx} = 0 + 0 = 0,
\end{aligned}$$

und auch die homogenen Randbedingungen sind mit den einzelnen Summanden auch für die Summe erfüllt.

Was für zwei Summanden gilt, gilt wegen $u_1 + u_2 + u_3 = (u_1 + u_2) + u_3$ usw. auch für endlich viele Summanden und damit für endliche Summen $u = \sum_n u_n$:

$$\begin{aligned}
\varrho\, u_{tt} - \sigma\, u_{xx} &= \varrho\left(\sum_n u_n\right)_{tt} - \sigma\left(\sum_n u_n\right)_{xx} = \varrho\sum_n (u_n)_{tt} - \sigma\sum_n (u_n)_{xx} \\
&= \sum_n [\varrho\,(u_n)_{tt} - \sigma\,(u_n)_{xx}] = 0 + 0 + \ldots + 0 = 0.
\end{aligned}$$

Die Eigenschaft, dass *gliedweise differenziert werden darf*, dass also gilt

$$\left(\sum_n u_n\right)_{tt} = \sum_n (u_n)_{tt} \quad \text{und} \quad \left(\sum_n u_n\right)_{xx} = \sum_n (u_n)_{xx},$$

stellt somit sicher, dass auch eine Summe die Saitengleichung erfüllt.

Nun darf man aber diese Differenziationsregel nicht etwa einfach von endlichen auf unendliche Summen übertragen. Sondern dies muss explizit vorausgesetzt werden. Und dann erfüllt auch eine unendliche Summe die Saitengleichung.

6.3.1 Entwicklung in Eigenfunktionen

Die Theorie der *Fourier-Reihen* besagt, dass sich tatsächlich *jede* Funktion f mit den obigen Eigenschaften als eine *gleichmäßig konvergente unendliche Reihe* von Sinusfunktionen darstellen lässt,

$$f(x) = \sum_{n=1}^{\infty} a_n \sin(nx). \tag{6.20}$$

Lesehilfe

Fourier-Reihen erlauben die Entwicklung beliebiger periodischer Funktionen – bzw. von Funktionen auf einem Intervall, der Periode. Im allgemeinen Fall erfolgt die Entwicklung in Sinus- und Cosinusfunktionen. Bei bestimmten Symmetrien der zu entwickelnden Funktion benötigt man jedoch nur die Sinus- oder auch nur die Cosinusanteile. Mit unserer Randbedingung für die Funktion f genügen die Sinusanteile.

Uns reicht an dieser Stelle die Aussage, dass die Entwicklung (6.20) stets möglich ist und auf eine gleichmäßig konvergente Reihe führt. Wie sich ihre Koeffizienten a_n berechnen lassen, werden wir nun selbst sehen können.

Es müssen lediglich die Koeffizienten a_n geeignet gewählt werden. Man sagt dazu, man *entwickle die Funktion f nach den Eigenfunktionen des Randwertproblems*, hier nach den Funktionen $x \mapsto \sin(nx)$.

Diese Sinusfunktionen bilden ein *orthogonales* Funktionensystem auf dem Intervall $[0, \pi]$, d. h., es gilt

$$\int_0^\pi \sin(kx)\sin(nx)\,\mathrm{d}x = 0 \quad \text{für } k \neq n. \tag{6.21}$$

Lesehilfe

Der Begriff „orthogonal" ist ein Begriff, den du vielleicht eher für Vektoren kennst. Tatsächlich ist das auch hier so: Man kann die Funktionen $\sin_n : x \mapsto \sin(nx)$ als Vektoren eines Funktionenraums auf dem Intervall $[0, \pi]$ auffassen. Das Skalarprodukt in solchen Funktionenräumen entspricht in der Regel einem Integral, hier

$$\langle \sin_k, \sin_n \rangle := \int_0^\pi \sin(kx) \sin(nx) \, dx.$$

Zwei Vektoren, deren Skalarprodukt verschwindet, nennt man „orthogonal" zueinander. Nun ist aufgrund der Additionstheoreme für den Cosinus

$$\sin(kx) \sin(nx) = \frac{1}{2} [\cos((k-n)x) - \cos((k+n)x)]$$

und damit

$$\int_0^\pi \sin(kx) \sin(nx) \, dx = \frac{1}{2} \left[\underbrace{\int_0^\pi \cos((k-n)x) \, dx}_{\substack{= \pi \ \text{für } k = n \\ = 0 \ \text{für } k \neq n}} - \underbrace{\int_0^\pi \cos((k+n)x) \, dx}_{\substack{= 0 \ \text{für } k = n \\ = 0 \ \text{für } k \neq n}} \right].$$

Also ist

$$\langle \sin_k, \sin_n \rangle = \int_0^\pi \sin(kx) \sin(nx) \, dx = 0 \quad \text{für } k \neq n.$$

In diesem Sinn sind die Sinusfunktionen orthogonal zueinander.

Mit der Orthogonalitätseigenschaft können die Koeffizienten a_n der Entwicklung (6.20) berechnet werden: Wir multiplizieren beide Seiten mit $\sin(kx)$ und integrieren die Gleichung,

$$\int_0^\pi \sin(kx) \, f(x) \, dx = \int_0^\pi \sin(kx) \sum_{n=1}^\infty a_n \sin(nx) \, dx.$$

Wegen der gleichmäßigen Konvergenz der Reihe dürfen wir gliedweise integrieren. Dies ergibt

$$\int_0^\pi \sin(kx) \, f(x) \, dx = \sum_{n=1}^\infty a_n \int_0^\pi \sin(kx) \sin(nx) \, dx.$$

Aufgrund der Orthogonalität der Sinusfunktionen ist in der Summe nur der Summand mit $n = k$ ungleich 0 mit $\int_0^\pi \sin^2(kx)dx = \pi/2$. Auflösen nach a_k ergibt nun, wobei wir k schließlich durch n ersetzen, das Ergebnis

$$a_n = \frac{2}{\pi} \int\limits_0^\pi f(x) \, \sin(nx) \, dx. \tag{6.22}$$

Wir halten fest: *Mithilfe der Beziehungen (6.22) können wir bei vorgegebener Anfangslage $f(x)$ der Saite die passenden Koeffizienten a_n berechnen und haben dann mit*

$$u(x,t) = \sum_{n=1}^\infty a_n \sin(nx) \cos(\alpha n t) \tag{6.23}$$

die gesuchte Lösung für die angezupfte Saite.

Da die Reihe (6.23) gleichmäßig konvergent ist, müssen die Amplituden $|a_n|$ der einzelnen Frequenzanteile mit wachsendem n irgendwann schnell kleiner werden. *Daher kann ein vorgegebenes Schwingungsbild durch die führenden Ordnungen in n approximiert werden.*

Zwischenfrage (4)
Ist in jedem Anfangszustand einer angezupften Saite die Grundschwingung als führende Ordnung enthalten?

6.3.2 Beispiel: Lineares mittiges Anzupfen

Wir wollen nun konkret ein „lineares" Anzupfen in der Mitte der Saite betrachten. Für die maximale Auslenkung h haben wir also die Anfangslage

$$f(x) = \begin{cases} \frac{2h}{\pi} x & \text{für } 0 \le x < \frac{\pi}{2} \\ 2h - \frac{2h}{\pi} x & \text{für } \frac{\pi}{2} \le x \le \pi \end{cases}$$

bzw.

$$f(x) = \frac{2h}{\pi} \begin{cases} x & \text{für } 0 \le x < \frac{\pi}{2} \\ \pi - x & \text{für } \frac{\pi}{2} \le x \le \pi, \end{cases} \tag{6.24}$$

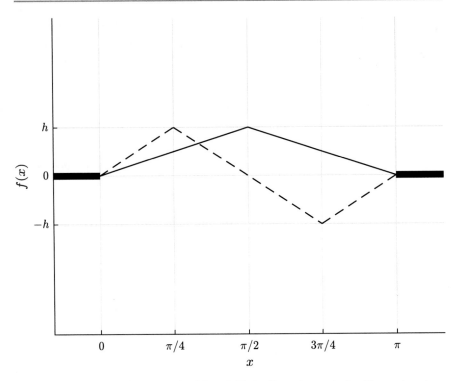

Abb. 6.2 Die linear mittig angezupfte Saite wird bei $\pi/2$ um h ausgelenkt. Aber auch anderes Anzupfen ist praktisch ohne Weiteres denkbar: Zum Beispiel kann an zwei Stellen linear angezupft werden, etwa symmetrisch bei $\pi/4$ um h nach oben und bei $3\pi/4$ um h nach unten (gestrichelt)

siehe Abb. 6.2. Wir berechnen die Koeffizienten a_n:

$$a_n = \frac{2}{\pi} \int_0^{\pi} f(x)\, \sin(nx)\, \mathrm{d}x$$

$$= \frac{4h}{\pi^2} \left[\int_0^{\pi/2} x \sin(nx)\, \mathrm{d}x + \int_{\pi/2}^{\pi} (\pi - x) \sin(nx)\, \mathrm{d}x \right]$$

$$= \frac{4h}{\pi^2} \left[\int_0^{\pi/2} x \sin(nx)\, \mathrm{d}x + \pi \int_{\pi/2}^{\pi} \sin(nx)\, \mathrm{d}x - \int_{\pi/2}^{\pi} x \sin(nx)\, \mathrm{d}x \right].$$

Mit den Stammfunktionen

$$\int \sin(nx)\, \mathrm{d}x = -\frac{1}{n} \cos(nx) \quad \text{und} \quad \int x \sin(nx)\, \mathrm{d}x = -\frac{x}{n} \cos(nx) + \frac{1}{n^2} \sin(nx)$$

ergibt das Einsetzen der Grenzen

$$a_n = \frac{4h}{\pi^2}\left[-\frac{\pi}{2n}\cos\frac{n\pi}{2} + \frac{1}{n^2}\sin\frac{n\pi}{2} - 0 - \frac{\pi}{n}\cos(n\pi) + \frac{\pi}{n}\cos\frac{n\pi}{2}\right.$$

$$\left. + \frac{\pi}{n}\cos(n\pi) - \frac{1}{n^2}\sin(n\pi) - \frac{\pi}{2n}\cos\frac{n\pi}{2} + \frac{1}{n^2}\sin\frac{n\pi}{2}\right].$$

Nun ist $\sin(n\pi) = 0$ für alle $n \in \mathbb{N}^*$ und die übrigen Summanden heben sich bis auf den zweiten und den letzten auf und wir erhalten

$$a_n = \frac{8h}{\pi^2 n^2}\sin\frac{n\pi}{2}. \tag{6.25}$$

Lesehilfe

Die obigen Rechnungen sind einzeln betrachtet wirklich nicht schwierig. Ein solches a_n aber vollständig richtig zu berechnen, erfordert dennoch etwas Übung. Probiere es einfach mal selbst auf einem Blatt Papier aus ;-)

Sehen wir uns den Ausdruck $\sin\frac{n\pi}{2}$ an: Für $n = 1, 2, 3, \ldots$ nimmt er die Werte

$$1, 0, -1, 0, 1, 0, -1, \ldots$$

an, besitzt also nur für ungerade n den nichtverschwindenden Wert $+1$ oder -1. Die Summe (6.20) lautet somit

$$f(x) = \sum_{n=1}^{\infty} a_n \sin(nx) = \frac{8h}{\pi^2}\sum_{n=1}^{\infty}\frac{1}{n^2}\left(\sin\frac{n\pi}{2}\right)\sin(nx)$$

$$= \frac{8h}{\pi^2}\sum_{k=1}^{\infty}\frac{(-1)^{k-1}}{(2k-1)^2}\sin((2k-1)x) \tag{6.26}$$

$$= \frac{8h}{\pi^2}\left(\sin x - \frac{\sin(3x)}{3^2} + \frac{\sin(5x)}{5^2} - \frac{\sin(7x)}{7^2} \pm \ldots\right).$$

Lesehilfe

Kurz zur Summe (6.26): Hier ist der Laufindex n durch $(2k-1)$ ersetzt worden. Für $k \in \mathbb{N}^*$ ergibt dies die ungeraden Zahlen. Und das wechselnde Vorzeichen kann dann durch $(-1)^{k-1}$ wiedergegeben werden.

Übrigens lassen sich Fourier-Reihen von gängigen Funktionen natürlich auch einfach nachschlagen. Tatsächlich haben wir es hier mit einer „Standardzacke" zu tun, deren Entwicklung sich leicht finden lässt.

Für praktische Berechnungen beschränkt man sich auf eine gewisse Anzahl der führenden Summanden. Je größer diese Anzahl, desto größer ist der Rechenaufwand und desto besser wird die echte Anfangslage f durch die endliche Summe approximiert.

Die vollständige Schwingung der Saite bei linearem mittigem Anzupfen schließlich wird gegeben durch

$$
\begin{aligned}
u(x, t) &= \sum_{n=0}^{\infty} a_n \sin(nx) \cos(\alpha n t) \\
&= \frac{8h}{\pi^2} \sum_{k=1}^{\infty} \frac{(-1)^{k-1}}{(2k-1)^2} \sin((2k-1)x) \cos(\alpha(2k-1)t) \\
&= \frac{8h}{\pi^2} \left(\sin x \cos(\alpha t) - \frac{\sin(3x)\cos(3\alpha t)}{3^2} + \frac{\sin(5x)\cos(5\alpha t)}{5^2} \mp \dots \right).
\end{aligned}
$$

$$(6.27)$$

Sie ist in Abb. 6.3 für die ersten zehn Glieder der Entwicklung dargestellt.

Antwort auf Zwischenfrage (4)

Gefragt war, ob ein Anfangszustand einer angezupften Saite stets die Grundschwingung als führende Ordnung enthält.

Nein, die Grundschwingung muss nicht als führende Ordnung enthalten sein. Man kann sich ohne Weiteres vorstellen, dass dieser Summand zwar enthalten ist, aber nur mit kleiner Amplitude, oder dass er in einer Entwicklung auch völlig fehlt. Zupft man etwa sinusförmig mit $f(x) = \sin(nx)$ an, so ist überhaupt nur dieser Summand enthalten. Aber auch weniger künstliche Beispiele kommen ohne die Grundschwingung aus. Zupft man beispielsweise folgendermaßen linear an zwei Stellen an: bei $\pi/4$ um h nach oben und bei $3\pi/4$ um h nach unten, siehe Abb. 6.2, so kommt die Grundschwingung nicht vor – denn das Integral dieser Funktion mal $\sin x$ verschwindet aufgrund der Symmetrie. Stattdessen stellt hier die erste Oberschwingung den führenden Beitrag. Und der Ton einer solchermaßen angezupften Saite ist dementsprechend auch doppelt so hoch wie die Grundfrequenz, die bei einfachem mittigem Anzupfen vorwiegend zu hören wäre.

Musikinstrumente und synthetische Töne

Eine schwingende Saite kann Teil eines tongebenden Musikinstruments sein. Die genaue Art der Tonerzeugung ist im Detail recht komplex, insbesondere spielt neben der Saite der Resonanzkörper eine wesentliche Rolle. Das Ergebnis ist jedenfalls eine Schallwelle, die den Klang des Instruments ergibt.

Der sogenannte Kammerton a' hat beispielsweise eine Frequenz von 440 Hz. Worin besteht nun der Unterschied zwischen einem Klavier, das ein a' spielt, und einer Gitarre, die denselben Ton spielt?

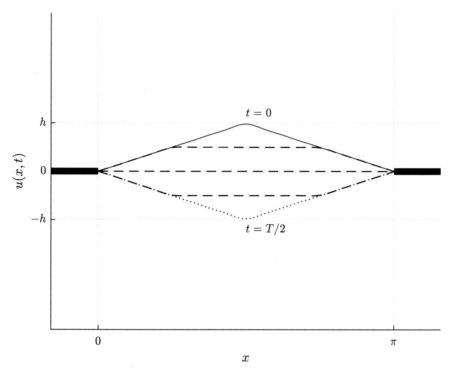

Abb. 6.3 Dargestellt ist die Näherung der mittig angezupften Saite mit den ersten zehn Gliedern der Entwicklung (6.27). Wie man sieht, wird die mittige „Zacke" des Anfangszustands (durchgezogene Linie) in dieser Näherung noch sichtbar rund wiedergegeben. Die Periodendauer der Grundschwingung ist $T = 2\pi/\alpha$. Die erste gestrichelte Linie zeigt den Zustand der Saite bei $t = T/8$, bei $t = T/4$ wird die Nulllinie erreicht, die dritte Linie entspricht $t = 3T/8$ und nach $T/2$ wird die gepunktete Linie eingenommen, bei der die Saite ihre maximale untere Auslenkung erreicht. Anschließend schwingt sie auf dieselbe Weise zurück und ist bei $t = T$ wieder in ihrer Ausgangslage usw.

Die Grundfrequenz f_1 ist dieselbe, nämlich 440 Hz. Darüber hinaus weisen die Töne aber noch Oberfrequenzen f_n auf, und die genaue Form des *Oberfrequenzspektrums* in Gestalt seiner Amplituden a_n ist spezifisch für das jeweilige Instrument und für den unterschiedlichen Klang des Tons verantwortlich. Zugegebenermaßen ist die Situation aber in Wirklichkeit komplizierter: Es können sich auch mehrere verschiedene Grundschwingungen mit ihren zugehörigen Oberschwingungen zu einem Gesamtton mischen, die einzelnen Anteile sind – wie jede reale Schwingung – gedämpft, aber je nach Frequenz ggf. unterschiedlich usw., sodass sich insgesamt ein sehr komplexes Klangbild einstellen kann.

Kennt man nun das Frequenzspektrum eines Instruments, so lassen sich seine Töne synthetisch herstellen. Dazu benötigt man nur einen Sinustongenerator, der die verschiedenen enthaltenen Sinustöne der Grundfrequenz(en) und die Oberfrequenzen mit den richtigen relativen Amplituden erzeugen und überlagern kann. Und je mehr Oberfrequenzen dabei mit erzeugt werden, desto näher ist der synthetische Ton am Original.

Das Wichtigste in Kürze

- Die **schwingende Saite** ist eine homogene Saite mit einer linearen Massendichte ϱ, die unter der Spannung σ steht. Sie kann transversale Schwingungen $u(x, t)$ um die Ruhelage ausführen.
- Die Länge der Saite kann ohne Beschränkung der Allgemeinheit als π angenommen werden. Da die Saite eingespannt ist, unterliegt sie der **Randbedingung** $u(0, t) = u(\pi, t) = 0$.
- Die Bewegung der Saite wird durch die **Saitengleichung** beschrieben. Die Saitengleichung ist eine partielle Differenzialgleichung.
- Sowohl die Saitengleichung als auch die Randbedingungen der eingespannten Saite sind **homogen**. Daher gilt für ihre Lösungen das **Superpositionsprinzip**.
- Mithilfe eines **Separationsansatzes** kann die Saitengleichung gelöst werden. Die **Separationskonstante** nimmt dabei aufgrund der Randbedingungen nur bestimmte diskrete Werte an.
- Die diskreten Werte der Separationskonstante ergeben unendlich viele Lösungen. Man nennt sie die **Eigenfunktionen** des Randwertproblems.
- Die Saite kann außer der **Grundschwingung** auch **Oberschwingungen** ausführen, die mit Vielfachen der Grundfrequenz ablaufen. Diese einzelnen Schwingungszustände können sich überlagern.
- Beim Anzupfen der Saite wird eine beliebige **Anfangslage** vorgegeben. Anhand einer **Fourier-Entwicklung** kann die Anfangslage in eine unendliche Reihe von Grund- und Oberschwingungen entwickelt werden. Durch deren führende Glieder kann das Schwingungsbild näherungsweise wiedergegeben werden. ◄

Und was bedeuten die Formeln?

$$u(0, t) = u(\pi, t) = 0, \quad \varrho\, u_{tt} - \sigma\, u_{xx} = 0, \quad u_{tt} = \alpha^2 u_{xx}, \quad \alpha := \sqrt{\sigma/\varrho},$$

$$u(x, t) = v(x)g(t), \quad \frac{g_{tt}(t)}{g(t)} = \alpha^2 \frac{v_{xx}(x)}{v(x)}, \quad \frac{v_{xx}(x)}{v(x)} = -\lambda, \quad \frac{g_{tt}(t)}{g(t)} = -\alpha^2 \lambda,$$

$$v_{xx}(x) + \lambda\, v(x) = 0, \quad \lambda = n^2, \quad v_n(x) = \sin(nx),$$

$$g_{tt}(t) + \alpha^2 \lambda\, g(t) = 0, \quad g_n(t) = a_n \cos(\alpha n t) + b_n \sin(\alpha n t),$$

$$u_n(x, t) = \sin(nx)[a_n \cos(\alpha n t) + b_n \sin(\alpha n t)], \quad f_n = n f_1 = \frac{n\alpha}{2\pi},$$

$$u(x, t) = \sum_n u_n(x, t) = \sum_n \sin(nx)[a_n \cos(\alpha n t) + b_n \sin(\alpha n t)],$$

$$u(x, 0) =: f(x), \quad u_t(x, 0) = 0, \quad f(x) = \sum_{n=1}^{\infty} a_n \sin(nx),$$

$$\int_0^{\pi} \sin(kx) \sin(nx)\, \mathrm{d}x = 0 \text{ für } k \neq n, \quad a_n = \frac{2}{\pi} \int_0^{\pi} f(x) \sin(nx)\, \mathrm{d}x.$$

Übungsaufgaben

A6.1 Was versteht man unter einer „partiellen" Differenzialgleichung? Gibt es auch „lineare" partielle Differenzialgleichungen?

A6.2 Sind die folgenden Aussagen richtig oder falsch? Begründe jeweils deine Antwort.

(I)   Ob eine Funktion Lösung einer partiellen Differenzialgleichung ist, kann wie bei gewöhnlichen Differenzialgleichungen durch Einsetzen der Funktion in die Gleichung geprüft werden.

(II) Eine lineare partielle Differenzialgleichung zweiter Ordnung ist vollständig gelöst, wenn zwei linear unabhängige Lösungen der Gleichung bekannt sind.

(III) Die Randbedingung der eingespannten Saite schließt eine Vielzahl von Lösungen der Saitengleichung $u_{tt} = \alpha^2 u_{xx}$ aus.

A6.3 Eine eingespannte Saite soll bei einer Länge von 40 cm eine Grundfrequenz $f_1 = 440\,\text{Hz}$ besitzen. Wie muss der Parameter $\alpha^2 = \sigma/\varrho$ in der Saitengleichung $u_{tt} = \alpha^2 u_{xx}$ dazu gewählt werden? Welche Grundfrequenz besitzt die Saite, wenn ihre Länge auf 20 cm gekürzt wird?

A6.4 Nehmen wir an, die Saite sei einer Randbedingung der folgenden Art unterworfen: Eine Seite ist in bekannter Weise fest ruhend eingespannt, während der Einspannpunkt der anderen Seite eine periodische Bewegung ausführt, die Randbedingung also lautet

$$u(0, t) = 0, \qquad u(\pi, t) = a\cos(\Omega t)$$

mit $a, \Omega \in \mathbb{R}^*$. Haben wir es dann weiterhin mit einer homogenen Randbedingung zu tun? Kann daher die Gesamtlösung wieder als Summe von Einzellösungen dargestellt werden?

A Komplexe Zahlen

Bei der Lösung linearer Differenzialgleichungen mit konstanten Koeffizienten arbeiten wir mit komplexen Zahlen. Dazu finden sich im Haupttext eine Reihe von Lesehilfen, die „vor Ort" das notwendige Wissen bereitstellen bzw. auffrischen.

Ergänzend dazu bietet dieser Anhang eine kurze zusammenhängende Einführung in die komplexen Zahlen.

A.1 Körper der komplexen Zahlen

Zahlen „funktionieren", weil sie Elemente ihres Zahlkörpers sind. Das ist bei den reellen Zahlen so und kann bei den komplexen Zahlen nicht anders sein. Sehen wir uns also den Körper der komplexen Zahlen an.

A.1.1 Definition

Die komplexen Zahlen entstehen, indem man für die Menge $\mathbb{R} \times \mathbb{R} = \mathbb{R}^2$, also die Menge aller geordneten 2-Tupel reeller Zahlen, in folgender Weise eine Addition und eine Multiplikation definiert:

$$(x, y) + (u, v) := (x + u, y + v), \tag{A.1}$$

$$(x, y) \cdot (u, v) := (xu - yv, xv + yu). \tag{A.2}$$

> **Lesehilfe**
> Es ist vielleicht überraschend, dass wir es mit 2-Tupeln zu tun haben. Die Wörter „zweidimensional" oder „Vektor" wollen wir jedoch nicht verwenden, weil sie irreführend sind. Die 2-Tupel werden Zahlen sein und ihre Komponenten zwei Teile der einen Zahl, für die wir bald auch eine andere Schreibweise verwenden.

© Springer-Verlag GmbH Deutschland, ein Teil von Springer Nature 2022
J. Balla, *Gewöhnliche Differenzialgleichungen leicht gemacht!*,
https://doi.org/10.1007/978-3-662-64752-3

Während die Addition hier der „gewöhnlichen" komponentenweisen Addition von 2-Tupeln entspricht, ist die Wirkung der Multiplikation weniger offensichtlich. Aber sie ist wohldefiniert und es gilt

Satz A.1 *Die Menge* $\mathbb{R} \times \mathbb{R}$ *mit der Addition (A.1) und der Multiplikation (A.2) bildet einen Körper.*

Beweis Den Beweis wollen wir an dieser Stelle nicht ausführen; er besteht im Nachweis der einzelnen Körpereigenschaften und erfolgt ohne Schwierigkeiten. ○

Diesen Körper nennt man den *Körper der komplexen Zahlen* und bezeichnet ihn mit $\mathbb{C}$. Sein Nullelement ist $(0, 0)$, das Einselement $(1, 0)$ und das Inverse eines Elements $(x, y) \neq (0, 0)$ lautet

$$(x, y)^{-1} = \left(\frac{x}{x^2 + y^2}, \frac{-y}{x^2 + y^2} \right). \tag{A.3}$$

> **Lesehilfe**
> Eine Menge $\mathbb{M}$ mit einer Addition „+" und einer Multiplikation „·" heißt ein Körper, wenn $(\mathbb{M}, +)$ eine kommutative Gruppe ist, $(\mathbb{M}^*, \cdot)$ eine Gruppe ist und darüber hinaus die Distributivität gilt.
> Satz A.1 besagt, dass $\mathbb{R} \times \mathbb{R}$ mit dem obigen „+" und „·" einen Körper bildet und damit „+" und „·" wohldefinierte Operationen im üblichen Sinn sind. Das Nullelement ist das neutrale Element der Addition, $(x, y) + (0, 0) = (x, y)$, und das Einselement das neutrale Element der Multiplikation, $(x, y) \cdot (1, 0) = (x, y)$. Beides siehst du leicht anhand der Definitionen in (A.1) und (A.2). Für das inverse Element siehe auch (A.14).

A.1.2   Zusammenhang mit reellen Zahlen

Für die speziellen komplexen Zahlen, bei denen die zweite Komponente 0 ist, gilt

$$(x, 0) + (u, 0) = (x + u, 0) \qquad \text{und} \qquad (x, 0) \cdot (u, 0) = (xu, 0).$$

Diese Zahlen unterscheiden sich also nur durch ihre Schreibweise von den reellen Zahlen x, u. Wir können daher die komplexen Zahlen der Form $(x, 0)$ mit den reellen Zahlen identifizieren und einfach schreiben

$$(x, 0) = x.$$

Auf diese Weise werden die *reellen Zahlen* $\mathbb{R}$ *zu einer Teilmenge der komplexen Zahlen* $\mathbb{C}$.

Ferner gilt $(0, y) = (y, 0) \cdot (0, 1)$, sodass sich jede komplexe Zahl (x, y) schreiben lässt als

$$(x, y) = (x, 0) + (0, y) = (x, 0) + (y, 0) \cdot (0, 1) = x + y \cdot (0, 1).$$

Für die spezielle komplexe Zahl $(0, 1)$ führt man die abkürzende Bezeichnung

$$i := (0, 1) \tag{A.4}$$

ein und erhält die folgende Schreibweise für beliebige komplexe Zahlen $z \in \mathbb{C}$:

$$z = (x, y) = x + iy. \tag{A.5}$$

Für die *imaginäre Einheit* i gilt

$$i^2 = (0, 1) \cdot (0, 1) = (-1, 0) = -1. \tag{A.6}$$

Wir haben also die bemerkenswerte Eigenschaft, dass das Quadrat von i gleich -1 ist.

Die Darstellung (A.5) ist die gebräuchliche Schreibweise für komplexe Zahlen. In ihr lassen sich sämtliche Rechnungen auf gewohnte Weise ausführen, wobei lediglich die Beziehung $i^2 = -1$ *zu beachten ist.*

Das Produkt zweier komplexer Zahlen erhält man jetzt durch normales Ausmultiplizieren:

$$(x + iy)(u + iv) = xu + ixv + iyu + \underbrace{i^2}_{=-1} yv = xu - yv + i(xv + yu),$$

in Übereinstimmung mit (A.2), sodass man sich die ursprüngliche Definition für die Multiplikation gar nicht zu merken braucht.

A.2 Eigenschaften komplexer Zahlen

Für eine komplexe Zahl $z = x + iy$, $x, y \in \mathbb{R}$, werden der *Realteil* und der *Imaginärteil* definiert als

$$\operatorname{Re} z := x \quad \text{und} \quad \operatorname{Im} z := y. \tag{A.7}$$

Zwei komplexe Zahlen z, w sind somit genau dann gleich, wenn gilt

$$\operatorname{Re} z = \operatorname{Re} w \quad \text{und} \quad \operatorname{Im} z = \operatorname{Im} w.$$

Komplexe Zahlen lassen sich in der *Gauß-Zahlenebene*[1] graphisch darstellen: Eine Zahl entspricht einem Punkt bzw. seinem Ortsvektor in der Ebene. Ihr Realteil

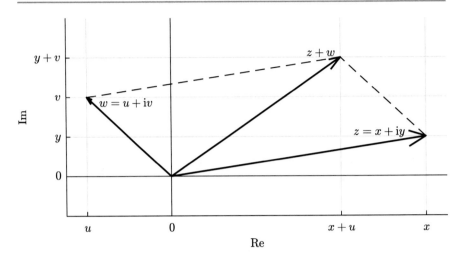

Abb. A.1 Komplexe Zahlen werden in der Gauß-Zahlenebene dargestellt. Sie entsprechen Punkten bzw. Ortsvektoren in der Ebene, deren Rechtswert den Realteil und deren Hochwert den Imaginärteil wiedergeben. Die Addition zweier komplexer Zahlen entspricht der gewöhnlichen Vektoraddition

wird dabei auf der Rechtsachse („reelle Achse") eines kartesischen Koordinatensystems angegeben und ihr Imaginärteil auf der Hochachse („imaginäre Achse"). Der Zahlenstrahl der reellen Zahlen, also der Zahlen mit Imaginärteil 0, entspricht dann der Rechtsachse. Siehe Abb. A.1.

Ein wichtiger Unterschied zwischen reellen und komplexen Zahlen besteht darin, dass komplexe Zahlen *nicht angeordnet werden können*, es ist also eine komplexe Zahl nicht kleiner oder größer als eine andere.

> **Lesehilfe**
> Reelle Zahlen können angeordnet werden, d. h., eine reelle Zahl ist größer oder kleiner als eine andere reelle Zahl, sie liegt weiter rechts oder links auf dem Zahlenstrahl. Für Punkte in der Ebene hingegen besteht eine solche Relation nicht mehr: Sie lassen sich nicht anordnen.

A.2.1 Komplexe Konjugation

Für eine komplexe Zahl $z = x + iy$, $x, y \in \mathbb{R}$, definiert man die *konjugiert komplexe Zahl*

$$\overline{z} := x - iy, \tag{A.8}$$

---

[1] Benannt nach dem deutschen Mathematiker Carl Friedrich Gauß, 1777–1855.

es wird also das Vorzeichen des Imaginärteils gewechselt. In der Gauß-Zahlenebene entsteht $\overline{z}$ aus z durch Spiegelung an der reellen Achse. Offenbar gilt

$$\operatorname{Re} z = \frac{1}{2}(z + \overline{z}), \qquad \operatorname{Im} z = \frac{1}{2\mathrm{i}}(z - \overline{z}). \tag{A.9}$$

Ebenso einfach nachzurechnen sind die folgenden Rechenregeln ($z, w \in \mathbb{C}$):

$$\overline{(\overline{z})} = z, \qquad \overline{z + w} = \overline{z} + \overline{w}, \qquad \overline{zw} = \overline{z}\,\overline{w}. \tag{A.10}$$

Zwischenfrage (1)
Zeige die Dritte der Formeln (A.10), also dass gilt $\overline{zw} = \overline{z}\,\overline{w}$.

A.2.2 Betrag

Für jede komplexe Zahl $z = x + \mathrm{i}y$, $x, y \in \mathbb{R}$, ist der Ausdruck

$$z\overline{z} = (x + \mathrm{i}y)(x - \mathrm{i}y) = x^2 + y^2$$

eine nicht-negative reelle Zahl. Man kann daher den *Betrag von z* definieren als

$$|z| := \sqrt{z\overline{z}}. \tag{A.11}$$

Für $z = x + \mathrm{i}y$ mit $x, y \in \mathbb{R}$ ist also

$$|z| = \sqrt{x^2 + y^2}. \tag{A.12}$$

Dieser Betrag entspricht in der Gauß-Zahlenebene dem Abstand des Punkts z vom Nullpunkt bezüglich der gewöhnlichen euklidischen Metrik. Der Betrag einer Zahl ändert sich nicht unter komplexer Konjugation und er ist offenbar genau dann 0, wenn die Zahl selbst 0 ist.

Für reelle Zahlen $x \in \mathbb{R}$ gilt $|x|^2 = x^2$. Dies ist bei komplexen Zahlen $z \in \mathbb{C}$ *nicht* mehr der Fall: $|z|^2 = z\overline{z}$ ist eine reelle Zahl, während es sich bei $z^2 = zz$ i. Allg. um eine komplexe Zahl handelt.

Antwort auf Zwischenfrage (1)
Es sollte $\overline{zw} = \overline{z}\,\overline{w}$ gezeigt werden.
Wir schreiben $z = x + \mathrm{i}y$ und $w = u + \mathrm{i}v$ mit $x, y, u, v \in \mathbb{R}$. Damit ist

$$zw = (x + \mathrm{i}y)(u + \mathrm{i}v) = xu + \mathrm{i}xv + \mathrm{i}yu + \mathrm{i}^2yv$$
$$= xu - yv + \mathrm{i}(xv + yu).$$

und daher

$$\overline{zw} = xu - yv - i(xv + yu).$$

Jetzt sehen wir uns die andere Seite an,

$$\overline{z}\,\overline{w} = (x - iy)(u - iv) = xu - ixv - iyu + i^2 yv$$
$$= xu - yv - i(xv + yu),$$

und erhalten dasselbe.

Beispiele

(1) Die Multiplikation komplexer Zahlen, deren Real- und Imaginärteil angegeben sind, erfolgt auf „normale" Weise, wobei $i^2 = -1$ zu beachten ist. So ist etwa

$$(3 + 2i)(1 - 7i) = 3 - 21i + 2i - 14i^2 = 3 - 19i + 14 = 17 - 19i.$$

Bei der Division zweier komplexer Zahlen steht man vor dem Problem, das „i" aus dem Nenner bekommen zu müssen. Hier hilft der Trick des Erweiterns mit dem konjugiert Komplexen des Nenners, denn für $z, w \in \mathbb{C}$ ist

$$\frac{z}{w} = \frac{z}{w}\frac{\overline{w}}{\overline{w}} = \frac{z\overline{w}}{w\overline{w}} \tag{A.13}$$

ein Ausdruck, dessen Nenner reell ist. Zum Beispiel:

$$\frac{8 - i}{7 - i} = \frac{(8 - i)(7 + i)}{49 + 1} = \frac{57 + i}{50} = \frac{57}{50} + \frac{1}{50}i.$$

Auf diese Weise lässt sich auch das Inverse einer komplexen Zahl $z = x + iy \neq 0$, $x, y \in \mathbb{R}$, berechnen:

$$z^{-1} = \frac{1}{x + iy} = \frac{x - iy}{(x + iy)(x - iy)} = \frac{x - iy}{x^2 + y^2} = \frac{x}{x^2 + y^2} + i\frac{-y}{x^2 + y^2}. \tag{A.14}$$

(2) Quadratische Gleichungen mit reellen Koeffizienten, also Gleichungen der Form

$$z^2 + pz + q = 0 \qquad \text{mit } p, q \in \mathbb{R}, \tag{A.15}$$

besitzen über $\mathbb{C}$ stets die beiden (nicht notwendig verschiedenen) Lösungen

$$z_1 = -\frac{p}{2} + \sqrt{\frac{p^2}{4} - q}, \qquad z_2 = -\frac{p}{2} - \sqrt{\frac{p^2}{4} - q}. \tag{A.16}$$

Für $d := p^2/4 - q \geq 0$ hat man die bekannten reellen Lösungen und für $d < 0$ erhält man $\sqrt{d} = \sqrt{(-1)(-d)} = \sqrt{i^2(-d)} = i\sqrt{-d}$ mit $-d > 0$, also $\sqrt{-d} \in \mathbb{R}_+^*$.

Zum Beispiel:

$$z^2 + z + 1 = 0 \quad \Rightarrow \quad z = -\frac{1}{2} \pm \sqrt{\frac{1}{4} - 1} = -\frac{1}{2} \pm \sqrt{-\frac{3}{4}} = -\frac{1}{2} \pm i \frac{\sqrt{3}}{2}.$$

A.2.3 Fundamentalsatz der Algebra

Über $\mathbb{C}$ lassen sich nicht nur quadratische Gleichungen stets lösen, sondern es gilt der *Fundamentalsatz der Algebra*:

Satz A.2 *Jedes nicht konstante Polynom besitzt über $\mathbb{C}$ mindestens eine Nullstelle.*

Beweis Den Beweis dieses Satzes führen wir nicht aus.[2]   o

Das ist gleichbedeutend damit, dass *ein Polynom n-ten Grads über $\mathbb{C}$ stets in n Linearfaktoren zerfällt* (ggf. mit Vielfachheiten größer 1). Man sagt, $\mathbb{C}$ sei *algebraisch abgeschlossen*. Hierbei handelt es sich um eine zentrale Eigenschaft komplexer Zahlen, die für reelle Zahlen nicht erfüllt ist. Beispielsweise lässt sich das Polynom $x^2 + 1$ über $\mathbb{R}$ nicht faktorisieren, während über $\mathbb{C}$ gilt $x^2 + 1 = (x - i)(x + i)$.

A.3 Exponentialreihe und Euler-Formel

Die Exponentialreihe wird für $z \in \mathbb{C}$ wie im Reellen definiert:

$$\exp(z) := \sum_{k=0}^{\infty} \frac{z^k}{k!} = 1 + z + \frac{z^2}{2!} + \frac{z^3}{3!} + \dots \tag{A.17}$$

Sie ist für jedes $z \in \mathbb{C}$ absolut konvergent. Das folgt wie im Reellen aus dem Quotientenkriterium für die Konvergenz unendlicher Reihen.

Im Allgemeinen ist $\exp(z)$ komplexwertig. Allerdings werden wir sehen, dass $\exp(z)$ außer für reelle Argumente – dann entspricht sie natürlich der reellen Exponentialreihe – auch für spezielle komplexe Argumente reelle Werte besitzen kann.

A.3.1 Eigenschaften der Exponentialreihe

Die *Funktionalgleichung* der Exponentialfunktion gilt auch im Komplexen:

Satz A.3
(1) *Für alle $z, w \in \mathbb{C}$ gilt $\exp(z + w) = \exp(z) \exp(w)$.*
(2) *Für alle $z \in \mathbb{C}$ gilt $\exp(z) \neq 0$.*

---

[2] Der erste vollständige Beweis dieses Satzes erfolgte 1799 durch Carl Friedrich Gauß im Rahmen seiner Dissertation.

Beweis (1) Der Beweis erfolgt wie im Reellen unter Verwendung des Cauchy-Produkts unendlicher Reihen und des binomischen Lehrsatzes.

(2) Aufgrund der Funktionalgleichung gilt für alle $z \in \mathbb{C}$

$$\exp(z)\exp(-z) = \exp(z - z) = \exp(0) = 1,$$

sodass $\exp(z)$ nicht 0 sein kann. ○

Lesehilfe
Im Reellen ist nicht nur $\exp(x) \neq 0$, sondern auch $\exp(x) > 0$ für alle $x \in \mathbb{R}$. Dies kann natürlich nicht ins Komplexe übertragen werden, da $\exp(z)$ i. Allg. nicht reell ist und daher keine Größer-kleiner-Relationen existieren. Aber auch wenn $\exp(z)$ reell ist, braucht es nicht positiv zu sein; z. B. ist $\exp(\mathrm{i}\pi) = -1$, siehe (A.21).

Das konjugiert Komplexe der Exponentialreihe kann auf folgende Weise berechnet werden:

Satz A.4 *Für $z \in \mathbb{C}$ gilt $\overline{\exp(z)} = \exp(\overline{z})$.*

Beweis Für endliche Summen und Produkte kann nach (A.10) die Summation $(*)$ bzw. die Multiplikation $(**)$ mit der Konjugation vertauscht werden. Für $s_n(z) := \sum_{k=0}^{n} \frac{z^k}{k!}$ gilt daher

$$\overline{s_n(z)} = \overline{\sum_{k=0}^{n} \frac{z^k}{k!}} \overset{(*)}{=} \sum_{k=0}^{n} \overline{\left(\frac{z^k}{k!}\right)} \overset{(**)}{=} \sum_{k=0}^{n} \frac{\overline{z}^k}{k!} = s_n(\overline{z}).$$

Daraus folgt

$$\exp(\overline{z}) = \lim_{n\to\infty} s_n(\overline{z}) = \lim_{n\to\infty} \overline{s_n(z)} = \overline{\lim_{n\to\infty} s_n(z)} = \overline{\exp(z)}. \qquad \bullet$$

A.3.2 Euler-Formel

Die *Euler-Formel*[3] stellt einen Zusammenhang zwischen der Exponentialfunktion und Cosinus bzw. Sinus her, der im Komplexen sichtbar wird. Sie ist insbesondere für praktische Anwendungen der komplexen Zahlen von zentraler Bedeutung.

Die reelle Cosinus- und Sinusfunktion besitzen Darstellungen als unendliche Reihen:

$$\cos x = \sum_{k=0}^{\infty} (-1)^k \frac{x^{2k}}{(2k)!}, \qquad \sin x = \sum_{k=0}^{\infty} (-1)^k \frac{x^{2k+1}}{(2k+1)!}. \qquad (A.18)$$

---

[3] Benannt nach dem Schweizer Mathematiker Leonhard Euler, 1707–1783.

Diese Reihendarstellungen lassen sich etwa erhalten, indem man die Taylor-Reihen von Cosinus und Sinus um 0 betrachtet. Die Reihen (A.18) ähneln in ihrer Struktur in auffälliger Weise der Exponentialreihe

$$\exp(z) = \sum_{k=0}^{\infty} \frac{z^k}{k!}.$$

Cosinus und Sinus besitzen jeweils nur jeden zweiten Summanden, zusammen mit einem alternierenden Vorzeichen. Den genauen Zusammenhang zwischen den entsprechenden Funktionen erkennt man nun, wenn man die Exponentialreihe für rein-imaginäre Argumente $z = ix$, $x \in \mathbb{R}$, betrachtet und sie in Real- und Imaginärteil aufteilt:

$$\begin{aligned}
e^{ix} = \exp(ix) &= \sum_{k=0}^{\infty} \frac{(ix)^k}{k!} = \sum_{n=0}^{\infty} \frac{(ix)^{2n}}{(2n)!} + \sum_{m=0}^{\infty} \frac{(ix)^{2m+1}}{(2m+1)!} \\
&= \sum_{n=0}^{\infty} i^{2n} \frac{x^{2n}}{(2n)!} + \sum_{m=0}^{\infty} i^{2m+1} \frac{x^{2m+1}}{(2m+1)!} \\
&= \underbrace{\sum_{n=0}^{\infty} (-1)^n \frac{x^{2n}}{(2n)!}}_{=\cos x} + i \underbrace{\sum_{m=0}^{\infty} (-1)^m \frac{x^{2m+1}}{(2m+1)!}}_{=\sin x}.
\end{aligned}$$

Lesehilfe
Bei der obigen Aufteilung wird eine unendliche Summe in zwei unendliche Summen aufgeteilt, nämlich in die mit geraden und mit ungeraden Exponenten. Zur größeren Klarheit wurden neue Summenindizes verwendet. Der Summand mit $k = 0$ findet sich jetzt in der ersten Summe mit $n = 0$ wieder, der mit $k = 1$ in der zweiten mit $m = 0$, $k = 2$ entspricht $n = 1$, $k = 3$ entspricht $m = 1$ usw.

Außerdem ist $i^{2n} = (i^2)^n = (-1)^n$ und $i^{2m+1} = i^{2m} i^1 = i(-1)^m$, und letzteres i kann man als konstanten Faktor vor die Summe ziehen.

Wir haben soeben bewiesen:

Satz A.5 *Für alle $x \in \mathbb{R}$ gilt die* Euler-Formel

$$e^{ix} = \cos x + i \sin x. \tag{A.19}$$

Auch ohne Euler-Formel sieht man, dass die speziellen komplexen Zahlen e^{ix}, $x \in \mathbb{R}$, in der Gauß-Zahlenebene auf dem Einheitskreis liegen, denn es ist

$$|e^{ix}|^2 = e^{ix} \overline{e^{ix}} = e^{ix} e^{\overline{ix}} = e^{ix} e^{-ix} = e^0 = 1 \tag{A.20}$$

und eine Zahl mit dem Betrag 1 liegt auf dem Einheitskreis.

Mit der Euler-Formel erkennt man darüber hinaus, dass *die Zahl* e^{ix} *um den Winkel*
x gegen die Zahl Eins gedreht ist (siehe Abb. A.2). Einige spezielle Werte lassen
sich unmittelbar ablesen; so ist beispielsweise

$$e^{i\pi/2} = i, \quad e^{i\pi} = -1, \quad e^{i3\pi/2} = -i, \quad e^{i2\pi} = 1. \tag{A.21}$$

Mit Cosinus und Sinus ist auch die Funktion $x \mapsto e^{ix}$ periodisch:

$$e^{i(x+2k\pi)} = e^{ix} \quad \text{für } k \in \mathbb{Z}.$$

Und die Symmetrien von Cosinus und Sinus ergeben erneut, dass gilt

$$e^{-ix} = \cos(-x) + i\sin(-x) = \cos x - i\sin x, \tag{A.22}$$

was nichts anderes ist als $e^{-ix} = \overline{e^{ix}}$.

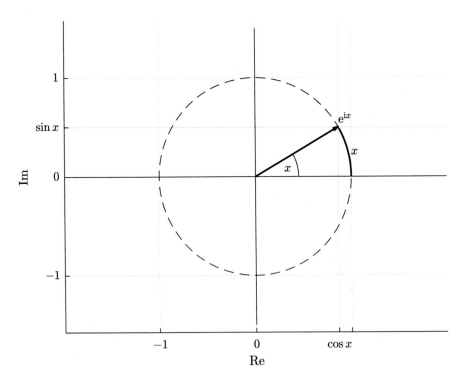

Abb. A.2 Die speziellen Zahlen e^{ix}, $x \in \mathbb{R}$, liegen in der Gauß-Zahlenebene auf dem Einheitskreis. Aus $\operatorname{Re} e^{ix} = \cos x$ und $\operatorname{Im} e^{ix} = \sin x$ ergibt sich, dass sie um den Winkel x gegen die Zahl
Eins gedreht sind. Der Winkel entspricht der orientierten Länge des Bogens von Eins nach e^{ix}
längs des Einheitskreises

Aus der Euler-Formel ergibt sich sofort die folgende Darstellung für Cosinus und Sinus:

Satz A.6 *Für alle $x \in \mathbb{R}$ gilt*

$$\cos x = \frac{1}{2}\left(e^{ix} + e^{-ix}\right), \qquad \sin x = \frac{1}{2i}\left(e^{ix} - e^{-ix}\right). \qquad (A.23)$$

Aufgrund dieser Zusammenhänge, oder auch einfach über

$$\cos x = \mathrm{Re}\left(e^{ix}\right) \qquad \text{und} \qquad \sin x = \mathrm{Im}\left(e^{ix}\right),$$

können Berechnungen mit Cosinus und Sinus oftmals auf der Ebene von Exponentialfunktionen ausgeführt werden, was aufgrund der einfacheren Rechenregeln vorteilhaft sein kann.

> **Zwischenfrage (2)**
> Wie kommt man mit der Euler-Formel „sofort" zu den inversen Euler-Formeln (A.23)?

A.4 Polarkoordinaten

Wie wir gesehen haben, wird der Einheitskreis in der Gauß-Zahlenebene durch die Zahlen $e^{i\varphi}$, $\varphi \in [0, 2\pi[$, gegeben. Erlaubt man die Multiplikation dieser Zahlen mit einem beliebigen Parameter $r \in \mathbb{R}_+$, so lässt sich jeder Punkt der Zahlenebene erreichen. Auf diese Weise erhalten wir die *Polarkoordinatendarstellung komplexer Zahlen*:

Satz A.7 *Jede komplexe Zahl z lässt sich schreiben als*

$$z = r e^{i\varphi} \qquad \text{mit } \varphi \in \mathbb{R} \text{ und } r = |z| \in \mathbb{R}_+.$$

Für $z \neq 0$ ist φ dabei bis auf ein ganzzahliges Vielfaches von 2π eindeutig bestimmt. Man nennt φ das Argument *von z.*

Beweis Zum Beweis konstruieren wir r und φ: Für $z = 0$ ist zunächst $z = 0 \cdot e^{i\varphi}$ mit beliebigem $\varphi \in \mathbb{R}$. Für $z \neq 0$ setzen wir $r := |z|$ und $z_0 := z/r$. Dann ist $|z_0| = 1$ und für $a, b \in \mathbb{R}$ mit $z_0 =: a + ib$ gilt $a^2 + b^2 = 1$ und $|a| \leq 1$. Für $b \geq 0$ wählen wir $\varphi := \arccos a$ und für $b < 0$ wählen wir $\varphi := -\arccos a$.   ●

Lesehilfe zum Beweis
Wenn z in der oberen Halbebene liegt, liegt das Argument φ nach der obigen Konstruktion im Bereich von 0 bis π, und die untere Halbebene wird über Winkel von 0 bis $-\pi$ erreicht. Insgesamt ist also hier $\varphi \in \,]-\pi, \pi]$.

Die praktische Bestimmung von φ für ein gegebenes z fällt nicht schwer, wenn man sich die geometrische Lage in der Gauß-Ebene klarmacht – siehe Abb. A.3 – und die normalen Methoden zur Winkelbestimmung verwendet, zum Beispiel auch unter Verwendung des Arcustangens. Wir halten noch einmal fest:

Das Argument φ von z gibt den orientierten Winkel zwischen der positiven reellen Achse und dem Ortsvektor von z in der Gauß-Ebene an.

Mit $\varphi \in \,]-\pi, \pi]$ lassen sich sämtliche Zahlen $z \in \mathbb{C}$ beschreiben, und mit dieser Festlegung ist das Argument dann eindeutig bestimmt. Aber auch $\varphi \in [0, 2\pi[$ ist eine sinnvolle Festlegung für ein eindeutiges Argument.

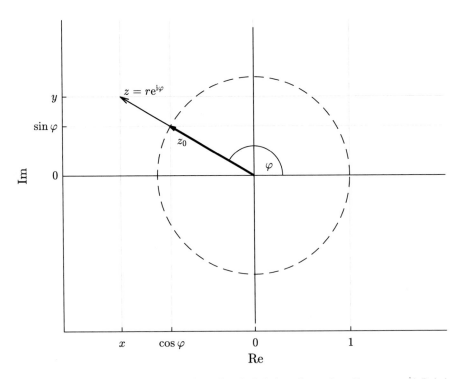

Abb. A.3 Eine komplexe Zahl $z = x + \mathrm{i}y$ besitzt die Polarkoordinatendarstellung $z = r\mathrm{e}^{\mathrm{i}\varphi}$. Dabei ist $r = |z|$, und die Phase φ entspricht dem orientierten Winkel zwischen der positiven reellen Achse und dem Ortsvektor von z in der Gauß-Ebene. Die Zahl $z_0 := z/r = \mathrm{e}^{\mathrm{i}\varphi}$ liegt in derselben Richtung wie z auf dem Einheitskreis

Antwort auf Zwischenfrage (2)
Es sollten die Formeln (A.23) bewiesen werden.

Zunächst sind die Formeln (A.23) eigentlich nichts anderes als die Gleichungen (A.9) für die spezielle komplexe Zahl $z = e^{ix}$. Oder du rechnest direkt nach, zum Beispiel für den Sinus

$$\frac{1}{2i}(e^{ix} - e^{-ix}) = \frac{1}{2i}(\cos x + i \sin x - (\cos x - i \sin x))$$

$$= \frac{1}{2i}(2i \sin x) = \sin x.$$

Beispiele
Es ist

$$i = 1 \cdot e^{i\pi/2}, \qquad 2 + 2i = 2\sqrt{2}\, e^{i\pi/4}, \qquad 7 = 7\, e^{i \cdot 0}, \qquad -7 = 7\, e^{i\pi}$$

und

$$2 + 3i = \sqrt{13}\, e^{i\varphi} \quad \text{mit} \quad \varphi = \arctan \frac{3}{2}.$$

A.4.1 Multiplikation komplexer Zahlen

Wie wir wissen, entspricht die Addition zweier komplexer Zahlen der „gewöhnlichen Addition" ihrer Zahlvektoren, siehe Abb. A.1. Um zu verstehen, was die Multiplikation zweier komplexer Zahlen geometrisch bedeutet, betrachten wir die Polarkoordinatendarstellung für das Produkt einer komplexen Zahl $z = |z|\, e^{i\varphi}$ mit einer Zahl $w = |w|\, e^{i\psi}$:

$$zw = |z||w|\, e^{i(\varphi + \psi)}. \tag{A.24}$$

Man erhält also das Produkt zweier komplexer Zahlen, indem man *ihre Beträge multipliziert und die Argumente addiert.*

Die Multiplikation der Zahl z mit der Zahl w entspricht somit einer *Drehstreckung* des Ortsvektors der Zahl z: einer Drehung um den Winkel ψ zusammen mit einer Streckung mit dem Faktor $|w|$ (für $|w| < 1$ entspricht dies natürlich einer Stauchung).

A.4.2 n-te Einheitswurzeln

Die Lösungen der Gleichung $z^n = 1$ mit einer natürlichen Zahl $n \geq 2$ bezeichnet man als die *n-ten Einheitswurzeln*.

Lesehilfe

Die Lösung der reellen Gleichung $x^2 = c > 0$ ist eine Wurzel, genauer die zwei Wurzeln $\pm\sqrt{c}$. Die Lösung von $x^3 = c$ ist die dritte Wurzel $\sqrt[3]{c}$ usw. Die Lösungen solcher Gleichungen kann man daher als „Wurzeln" bezeichnen und für $c = 1$ als „Wurzeln der Eins" oder „Einheitswurzeln".

Betrachten wir zunächst die Situation im Reellen: Die Gleichung $x^n = 1$, $x \in \mathbb{R}$, besitzt für ungerade n nur die Lösung 1 und für gerade n die Lösungen ± 1. Die Einheitswurzeln geben also im Reellen nicht viel her.

Im Komplexen sieht es anders aus:

Satz A.8 *Die Gleichung $z^n = 1$, $z \in \mathbb{C}$, besitzt genau n komplexe Lösungen*

$$z_k = e^{i2k\pi/n}, \quad k = 0, 1, \ldots, n-1.$$

Beweis Dass die Zahlen z_k die Gleichung $z^n = 1$ lösen, sieht man sofort:

$$z_k^n = \left(e^{i2k\pi/n}\right)^n = e^{i2k\pi} = 1.$$

Und dies sind auch die einzig möglichen Lösungen: Die Zahl $z = re^{i\varphi}$ (mit $r \in \mathbb{R}_+$, $0 \leq \varphi < 2\pi$) genüge der Gleichung $z^n = 1$. Wegen $1 = |z^n| = |z|^n$ ist dann $r = 1$, also ist $z^n = (e^{i\varphi})^n = e^{in\varphi} = 1$. Dies ist aber genau der Fall für $n\varphi = 2k\pi$, $k \in \mathbb{Z}$. Wegen $0 \leq \varphi < 2\pi$ entspricht das genau den obigen Zahlen z_k. $\bullet$

In den komplexen Lösungen der Gleichung $z^n = 1$ sind natürlich die reellen Lösungen enthalten. Stellt man die komplexen Lösungen in der Gauß-Ebene dar, so bilden sie die Eckpunkte eines in den Einheitskreis eingeschriebenen regelmäßigen n-Ecks mit einer Ecke auf der 1, siehe Abb. A.4. Für gerade n ist dann -1 als zweite reelle Lösung in diesem n-Eck enthalten, während für ungerade n die 1 einzige reelle Lösung bleibt.

Lesehilfe

Das Wurzelzeichen ist bei komplexen Zahlen kritisch zu sehen und allenfalls mit Vorsicht zu verwenden. Ausdrücke wie z. B. $\sqrt[3]{1}$ sind nämlich über $\mathbb{C}$ nicht eindeutig, sondern es gibt drei verschiedene komplexe Zahlen z mit $z^3 = 1$, die sich auch nicht nur durch das Vorzeichen voneinander unterscheiden.

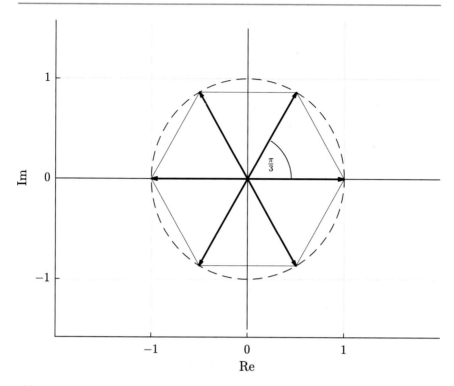

Abb. A.4 Die n-ten Einheitswurzeln bilden die Ecken eines in den Einheitskreis eingeschriebenen, regelmäßigen n-Ecks. Dargestellt sind die sechsten Einheitswurzeln $z_k = e^{i2k\pi/6}, k = 0, \ldots, 5$. Für $k = 0$ und $k = n/2 = 3$ erhält man die beiden reellen Lösungen $e^0 = 1$ und $e^{i\pi} = -1$.

Geometrisch lassen sich die n-ten Einheitswurzeln wie folgt verstehen: Zunächst besitzen natürlich alle Einheitswurzeln den Betrag 1. Da die Streckung somit entfällt, bewirkt die Multiplikation einer Einheitswurzel mit sich selbst nur eine (Weiter-) Drehung um das Argument der Zahl: Das Argument verdoppelt sich. Erneute Multiplikation bewirkt eine Verdreifachung usw. Werfen wir damit noch mal einen Blick auf die sechsten Einheitswurzeln in Abb. A.4: Die Zahl z_1 weist als Argument ein Sechstel des Vollwinkels 2π auf. Mit z_1^6 hat man dies sechsmal und erhält daher das Gesamtargument 2π und ist bei 1. Mit z_2^6 umrundet man den Einheitskreis insgesamt genau zweimal, erhält das Gesamtargument 4π und damit wieder 1. Mit z_3^6 läuft man dreimal herum usw.

Beispiel
Wir ermitteln „$\sqrt{i}$" mithilfe der Geometrie am Einheitskreis: Die Zahl i liegt auf dem Einheitskreis und die Lösungen von $z^2 = i$ daher auch. Sie müssen nach Multiplikation mit sich selbst bei i landen. Das ist offenbar für die Zahl mit dem

Argument $\pi/4 = 45°$ der Fall. Die erste Lösung ist daher

$$z_1 = e^{i\pi/4} = \cos\frac{\pi}{4} + i\sin\frac{\pi}{4} = \frac{\sqrt{2}}{2} + i\,\frac{\sqrt{2}}{2}.$$

Die zweite Lösung ist aufgrund des geraden Exponenten das Negative davon, also

$$z_2 = -z_1 = -e^{i\pi/4} = -\frac{\sqrt{2}}{2} - i\,\frac{\sqrt{2}}{2}.$$

Mit ihr im Quadrat „läuft man eineinviertel Mal um den Einheitskreis" und landet bei i.

Das Wichtigste in Kürze

- Die komplexen Zahlen entstehen, indem man für die Menge $\mathbb{R} \times \mathbb{R}$ eine Addition und eine Multiplikation definiert. Auf diese Weise enthält man den **Körper** $\mathbb{C}$.
- Eine komplexe Zahl $z \in \mathbb{C}$ kann geschrieben werden als $z = x + iy$, $x, y \in \mathbb{R}$. Sie enthält einen **Real-** und einen **Imaginärteil**.
- Das Rechnen mit komplexen Zahlen ist auf herkömmliche Weise möglich. Für die **imaginäre Einheit** i gilt $i^2 = -1$.
- Komplexe Zahlen können in der **Gauß-Zahlenebene** graphisch dargestellt werden. Die reellen Zahlen $\mathbb{R}$ sind eine Teilmenge der komplexen Zahlen $\mathbb{C}$; sie entsprechen der **reellen Achse** in der Gauß-Ebene.
- Bei der **komplexen Konjugation** wechselt der Imaginärteil sein Vorzeichen.
- Der **Betrag** einer komplexen Zahl entspricht dem Abstand der Zahl vom Ursprung der Gauß-Ebene.
- Für die **komplexe Exponentialfunktion** gilt weiter die bekannte **Funktionalgleichung** und auch im Komplexen besitzt sie **keine Nullstelle**.
- Die **Euler-Formel** stellt einen Zusammenhang zwischen der komplexen Exponentialfunktion und Cosinus und Sinus her. Sie ergibt sich aus der Reihendarstellung der Funktionen.
- Die Zahlen e^{ix}, $x \in \mathbb{R}$, bilden den **Einheitskreis** der Gauß-Zahlenebene.
- Die **Polarkoordinatendarstellung** einer komplexen Zahl z lautet $z = |z|e^{i\varphi}$. Den Winkel φ bezeichnet man als das **Argument** von z.
- Die Multiplikation einer komplexen Zahl mit einer anderen komplexen Zahl entspricht geometrisch einer **Drehstreckung**.
- Über $\mathbb{C}$ besitzt die Gleichung $z^n = 1$ stets n verschiedene Lösungen. Man bezeichnet sie als die n-**ten Einheitswurzeln**. ◄

Und was bedeuten die Formeln?

$$(x, y) \cdot (u, v) := (xu - yv, xv + yu), \quad (x, 0) = x, \quad (0, 1) = i,$$

$$z = (x, y) = x + iy, \quad \operatorname{Re} z = \frac{1}{2}(z + \overline{z}), \quad \operatorname{Im} z = \frac{1}{2i}(z - \overline{z}), \quad |z| := \sqrt{z\overline{z}},$$

$$\frac{z}{w} = \frac{z\overline{w}}{w\overline{w}}, \quad z^2 + z + 1 = 0 \quad \Rightarrow \quad z = -1/2 \pm i\sqrt{3}/2,$$

$$\exp(z) := \sum_{k=0}^{\infty} \frac{z^k}{k!}, \quad \exp(\overline{z}) = \overline{\exp(z)},$$

$$\cos x = \sum_{k=0}^{\infty} (-1)^k \frac{x^{2k}}{(2k)!}, \quad \sin x = \sum_{k=0}^{\infty} (-1)^k \frac{x^{2k+1}}{(2k+1)!}, \quad e^{ix} = \cos x + i \sin x,$$

$$|e^{ix}| = 1, \quad e^{i\pi/2} = i, \quad e^{i2\pi} = 1, \quad e^{-ix} = \cos x - i \sin x,$$

$$\cos x = \frac{1}{2}(e^{ix} + e^{-ix}), \quad \sin x = \frac{1}{2i}(e^{ix} - e^{-ix}),$$

$$z = re^{i\varphi} \quad \text{mit } \varphi \in \mathbb{R} \text{ und } r = |z| \in \mathbb{R}_+, \quad z = re^{i\varphi} = re^{i(\varphi+2\pi)} = re^{i(\varphi-10\pi)},$$

$$zw = |z||w| e^{i(\varphi+\psi)}, \quad z^n = 1 \Leftrightarrow z_k = e^{i2k\pi/n} \text{ mit } k = 0, 1, \ldots, n-1.$$

B Lösungen der Übungsaufgaben

L1.1 a) Der Ausdruck $\frac{y}{x} - x \sin x$ ist für $x = 0$ nicht definiert. Daher ist $\mathbb{R} \times \mathbb{R}$, d. h. $x \in \mathbb{R}$ als Definitionsbereich nicht möglich.

Aber auch $\mathbb{R}^* \times \mathbb{R}$ ist kein zulässiger Definitionsbereich. Zwar ist hier $x = 0$ ausgeschlossen, aber die Menge $\mathbb{R}^* \times \mathbb{R}$ ist nicht zusammenhängend und daher kein Gebiet. Sie besteht aus den zwei voneinander getrennten Halbebenen mit $x > 0$ bzw. $x < 0$.

b) Wir rechnen nach:

$$y_1' = (x \cos x)' = \cos x - x \sin x, \quad \frac{y_1}{x} - x \sin x = \cos x - x \sin x,$$

also gilt $y_1' = \frac{y_1}{x} - x \sin x$ und y_1 ist somit eine Lösung.

$$y_2' = (2x \cos x)' = 2\cos x - 2x \sin x, \quad \frac{y_2}{x} - x \sin x = 2\cos x - x \sin x,$$

y_2 ist daher keine Lösung. Es wäre aber eine Lösung der Differenzialgleichung $y_2' = \frac{y_2}{x} - 2x \sin x$.

$$y_3' = (x \cos x + 2)' = \cos x - x \sin x, \quad \frac{y_3}{x} - x \sin x = \cos x + \frac{2}{x} - x \sin x,$$

also ist y_3 ebenfalls keine Lösung der Gleichung $y' = \frac{y}{x} - x \sin x$.

L1.2 Die Biegegleichung

$$y'' = \frac{q}{2EI}(x^2 - lx)$$

hängt auf der rechten Seite nur von x ab und kann daher „einfach" durch Integrieren gelöst werden:

$$y' = \int \frac{q}{2EI}(x^2 - lx)\, dx = \frac{q}{2EI}\left(\frac{x^3}{3} - l\frac{x^2}{2}\right) + c_1.$$

Es ist wichtig, an die Integrationskonstante zu denken. So erhalten wir mit erneuter Integration:

$$y = \frac{q}{2EI}\left(\frac{x^4}{12} - l\frac{x^3}{6}\right) + c_1 x + c_2 = \frac{q}{24EI}\left(x^4 - 2lx^3\right) + c_1 x + c_2.$$

Dies ist die allgemeine Lösung der Biegegleichung. Zur Bestimmung der Integrationskonstanten c_1 und c_2 verwenden wir die Anfangsbedingungen $y(0) = 0$ und $y(l) = 0$:

$$y(0) = c_2 \overset{!}{=} 0,$$

also ist $c_2 = 0$. Die zweite Anfangsbedingung lautet nun

$$y(l) = \frac{q}{24EI}\left(l^4 - 2l^4\right) + c_1 l = -\frac{ql^4}{24EI} + c_1 l \overset{!}{=} 0.$$

Somit ist

$$c_1 = \frac{ql^3}{24EI}$$

und wir haben die spezielle Lösung

$$y = \frac{q}{24EI}\left(x^4 - 2lx^3\right) + \frac{ql^3}{24EI}x = \frac{q}{24EI}\left(x^4 - 2lx^3 + l^3 x\right).$$

Die maximale Durchbiegung M des Balkens liegt in der Mitte zwischen den Auflagepunkten vor, also bei $x = l/2$. Sie besitzt daher den Wert

$$M = y\left(\frac{l}{2}\right) = \frac{q}{24EI}\left(\frac{l^4}{16} - \frac{l^4}{4} + \frac{l^4}{2}\right) = \frac{5ql^4}{384EI}.$$

L1.3 Das Richtungsfeld der Gleichung $y' = f(x, y) = x/2$ ist besonders einfach, weil f nur von x abhängt: Da die Steigungen nicht von y abhängen, sind sie „oberhalb" und „unterhalb" einer Stelle x allesamt gleich, nämlich gleich $x/2$, siehe Abb. B.1.

Die Lösungen der Gleichung sind offenbar die Parabeln $y(x) = x^2/4 + c$. Die Anfangsbedingung $y(-2) = 0$ ist erfüllt für $c = -1$.

L1.4 Wir schreiben die Gleichung zunächst in der Form

$$y' = \frac{\sin(xy)\cos(xy)}{x^2 + y^2}.$$

Wir haben also eine Differenzialgleichung $y' = f(x, y)$ mit $f(x, y) = \frac{\sin(xy)\cos(xy)}{x^2+y^2}$. Eine analytische Lösung wirkt unmöglich. Man sieht aber, dass das Richtungsfeld aufgrund des Zählers $\sin(xy)\cos(xy)$ oft das Vorzeichen wechselt und der Nenner

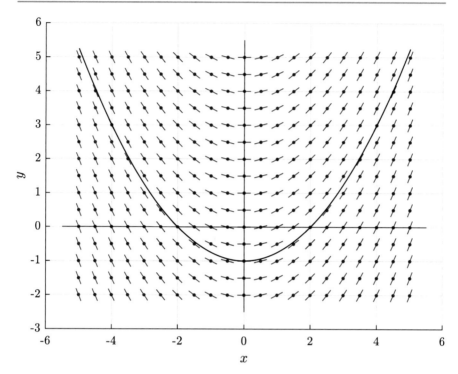

Abb. B.1 Die Differenzialgleichung $y' = x/2$ besitzt ein einfaches Richtungsfeld, das nur von x abhängt und somit über einer x-Koordinate eine konstante Steigung besitzt. Die Parabel $y = x^2/4 - 1$ erfüllt den Anfangswert $y(-2) = 0$

$x^2 + y^2$ mit steigendem x größer wird, die Steigungen also „gedämpft" werden. Entsprechend darf man als Lösung eine „wellige gedämpfte" Kurve erwarten.

Die numerische Lösung kann etwa mithilfe des Runge-Kutta-Verfahrens ermittelt werden. Sie ist in Abb. B.2 dargestellt.

L1.5 Zunächst zur ersten Gleichung,

$$y' = \frac{\mathrm{d}y}{\mathrm{d}x} = -\frac{y}{x}.$$

Die Gleichung ist separabel und wir integrieren bestimmt:

$$\int_{y_0}^{y} \frac{\mathrm{d}\tilde{y}}{\tilde{y}} = -\int_{x_0}^{x} \frac{\mathrm{d}\tilde{x}}{\tilde{x}},$$

also

$$\ln\frac{y}{y_0} = -\ln\frac{x}{x_0}.$$

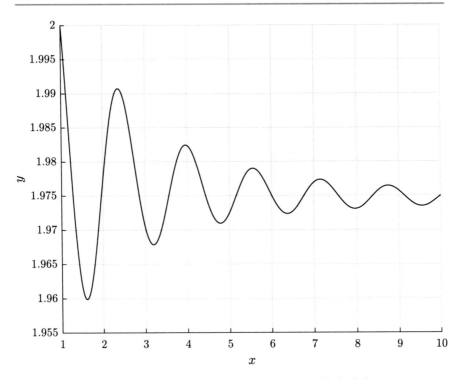

Abb. B.2 Die numerische Lösung der Differenzialgleichung $y' = \frac{\sin(xy)\cos(xy)}{x^2+y^2}$ für den Anfangswert $y(1) = 2$ ergibt eine „wellige gedämpfte" Kurve. Sie wurde hier mit dem Runge-Kutta-Verfahren und einer Schrittweite von 0.01 ermittelt

Auflösen nach y ergibt nun

$$y = y_0 \frac{x_0}{x} = \frac{x_0 y_0}{x}.$$

Die Lösungen sind also die Hyperbeln $y = c/x$ mit $c > 0$. Dies lässt sich mit einem Blick auf die Gleichung auch sofort noch einmal verifizieren.

Nun zur zweiten Gleichung,

$$y' = \frac{\mathrm{d}y}{\mathrm{d}x} = \frac{2 + y^2}{\sqrt{1 - x^2}}.$$

Wir haben wieder eine separable Gleichung, integrieren bestimmt,

$$\int_{y_0}^{y} \frac{\mathrm{d}\tilde{y}}{2 + \tilde{y}^2} = \int_{x_0}^{x} \frac{\mathrm{d}\tilde{x}}{\sqrt{1 - \tilde{x}^2}},$$

und führen die Integrationen aus:

$$\int_{y_0}^{y} \frac{d\tilde{y}}{2 + \tilde{y}^2} = \frac{1}{2} \int_{y_0}^{y} \frac{d\tilde{y}}{1 + \left(\frac{\tilde{y}}{\sqrt{2}}\right)^2} = \frac{\sqrt{2}}{2} \arctan \frac{\tilde{y}}{\sqrt{2}} \Bigg|_{y_0}^{y}$$

$$= \frac{1}{\sqrt{2}} \arctan \frac{y}{\sqrt{2}} - \frac{1}{\sqrt{2}} \arctan \frac{y_0}{\sqrt{2}}$$

$$\int_{x_0}^{x} \frac{d\tilde{x}}{\sqrt{1 - \tilde{x}^2}} = \arcsin \tilde{x} \Bigg|_{x_0}^{x} = \arcsin x - \arcsin x_0.$$

Wir haben also die Gleichung

$$\frac{1}{\sqrt{2}} \arctan \frac{y}{\sqrt{2}} - \frac{1}{\sqrt{2}} \arctan \frac{y_0}{\sqrt{2}} = \arcsin x - \arcsin x_0$$

nach y aufzulösen. Dies ergibt

$$y = \sqrt{2} \tan\left[\sqrt{2} \arcsin x - \sqrt{2} \arcsin x_0 + \arctan \frac{y_0}{\sqrt{2}}\right].$$

Das Ergebnis ist nicht sonderlich schick, lässt sich aber nicht weiter vereinfachen. Als kleine Kontrolle prüfen wir, ob sich an der Stelle x_0 der Wert y_0 ergibt:

$$y(x_0) = \sqrt{2} \tan\left[\sqrt{2} \arcsin x_0 - \sqrt{2} \arcsin x_0 + \arctan \frac{y_0}{\sqrt{2}}\right]$$

$$= \sqrt{2} \tan\left(\arctan \frac{y_0}{\sqrt{2}}\right) = y_0.$$

L1.6 Die Gleichungen (1) bis (4) sind separabel. Du kannst sie zur Übung auf die bekannte Weise lösen.

Gleichung (5) ist nicht separabel. Nach y' aufgelöst lautet sie

$$y' = \frac{x}{1 - x^2} y - \frac{1}{1 - x^2}.$$

Wir haben es also mit einer linearen Differenzialgleichung der Form $y' = a(x)y + b(x)$ zu tun mit

$$a(x) = \frac{x}{1 - x^2} \quad \text{und} \quad b(x) = -\frac{1}{1 - x^2}.$$

Zur Lösung der Gleichung verwenden wir die Formel

$$y(x) = y_{\mathrm{h}}(x)\left[y_0 + \int_{x_0}^{x} \frac{b(t)}{y_{\mathrm{h}}(t)} \, dt\right] \quad \text{mit} \quad y_{\mathrm{h}}(x) := \exp\left(\int_{x_0}^{x} a(t) \, dt\right),$$

die auf die Lösung mit der Anfangsbedingung $y(x_0) = y_0$ führt: Mit logarithmischer Integration und unter Verwendung der Rechenregeln für exp und ln haben wir zunächst

$$
\begin{aligned}
y_{\mathrm{h}}(x) &= \exp\left(\int_{x_0}^{x} \frac{t}{1-t^2}\,\mathrm{d}t\right) = \exp\left(-\frac{1}{2}\int_{x_0}^{x} \frac{-2t}{1-t^2}\,\mathrm{d}t\right) \\
&= \exp\left(-\frac{1}{2}\ln(1-t^2)\Big|_{x_0}^{x}\right) = \exp\left(-\frac{1}{2}\ln\frac{1-x^2}{1-x_0^2}\right) \\
&= \left(\frac{1-x^2}{1-x_0^2}\right)^{-1/2} = \sqrt{\frac{1-x_0^2}{1-x^2}}
\end{aligned}
$$

und damit

$$
\begin{aligned}
y(x) &= \sqrt{\frac{1-x_0^2}{1-x^2}}\left[y_0 + \int_{x_0}^{x} \frac{-1}{1-t^2}\sqrt{\frac{1-t^2}{1-x_0^2}}\,\mathrm{d}t\right] \\
&= \sqrt{\frac{1-x_0^2}{1-x^2}}\left[y_0 - \frac{1}{\sqrt{1-x_0^2}}\int_{x_0}^{x} \frac{1}{\sqrt{1-t^2}}\,\mathrm{d}t\right] \\
&= y_0\sqrt{\frac{1-x_0^2}{1-x^2}} - \frac{1}{\sqrt{1-x^2}}(\arcsin x - \arcsin x_0).
\end{aligned}
$$

Wir prüfen noch einmal, ob die Lösung tatsächlich durch den Punkt (x_0, y_0) verläuft:

$$
y(x_0) = y_0\sqrt{\frac{1-x_0^2}{1-x_0^2}} - \frac{1}{\sqrt{1-x_0^2}}(\arcsin x_0 - \arcsin x_0) = y_0.
$$

L2.1 Die Lösung des Räuber-Beute-Problems mit den vorgegebenen Parametern ist in Abb. B.3 graphisch dargestellt.

Die gegenseitige Abhängigkeit der Populationen ist klar zu erkennen: Steigt die Anzahl der Räuber, wird die Beute stark dezimiert, bis ihre zu geringe Anzahl schließlich die Anzahl der Räuber verringert, was dann wieder ein Wachstum der Beutepopulation zulässt usw.

L2.2 Die Funktionsvorschrift $f(x, y) = \sqrt{y^2/4}$ lässt sich auch schreiben als $f(x, y) = |y|/2$. Die Betragsfunktion ist bei $y = 0$ nicht differenzierbar. Das sieht man natürlich auch, wenn man die Funktionsvorschrift nicht umschreibt:

$$
\frac{\partial}{\partial y}\sqrt{y^2/4} = \frac{1}{2\sqrt{y^2/4}}\frac{2y}{4}
$$

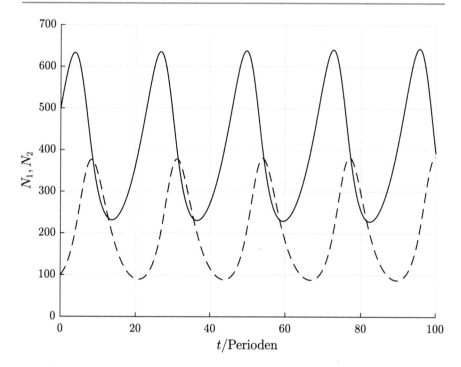

Abb. B.3 Die numerische Lösung des Räuber-Beute-Systems für die Anfangswerte $N_1(0) = 500$ der Beute und $N_2(0) = 100$ der Räuber (gestrichelt) zeigt deutlich die gegenseitige Abhängigkeit der beiden Populationen. Die Lösung wurde mit dem Runge-Kutta-Verfahren und einer Schrittweite von 0.01 ermittelt

ist für $y = 0$ nicht definiert. Dessen ungeachtet ist die Funktion bzgl. y Lipschitzstetig mit der Lipschitz-Konstante $L = 1/2$, denn größer kann der Betrag der Sekantensteigung offenbar nicht werden, und damit ist sie erst recht lokal Lipschitz-stetig. Somit ist die Differenzialgleichung $y' = |y|/2$ für jeden Anfangswert eindeutig lösbar.

Das Richtungsfeld ist in Abb. B.4 dargestellt. Für $y > 0$ lautet die Gleichung $y' = y/2$ und besitzt die Lösungen $y = y_0 \, e^{x/2}$ (und $y_0 > 0$), für $y = 0$ ist $y' = 0$ mit der Lösung $y = 0$ (entsprechend $y_0 = 0$) und für $y < 0$ ist $y' = -y/2$ mit den Lösungen $y = y_0 \, e^{-x/2}$ (und $y_0 < 0$).

L2.3 Die Funktion $(x, y) \mapsto f(x, y) = 2xy^2$ ist bzgl. y stetig partiell differenzierbar und daher lokal Lipschitz-stetig. Die Differenzialgleichung $y' = 2xy^2$ ist somit für alle Anfangswerte lösbar und die Lösungen sind eindeutig.

Wir ermitteln die Lösung für den Anfangswert $y(0) = y_0$. Für $y_0 = 0$ ist das offenbar die Funktion $y = 0$. Für $y_0 \neq 0$ lösen wir die Gleichung durch Trennung

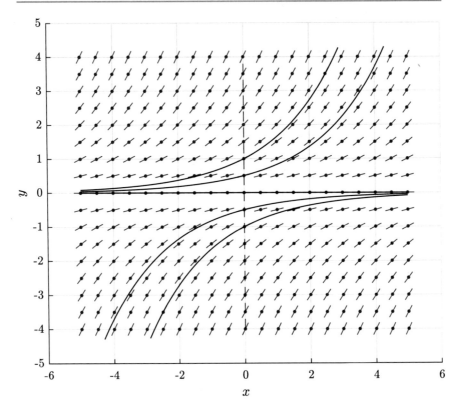

Abb. B.4 Die Differenzialgleichung $y' = |y|/2$ besitzt ein Richtungsfeld, das für positive und negative y gleich aussieht und außer bei $y = 0$ nur positive Steigungen aufweist. Eingezeichnet sind die Lösungen mit dem Anfangswert $y(0) = y_0$ für $y_0 = -1, -1/2, 0, 1/2, 1$

der Variablen:

$$\frac{\mathrm{d}y}{y^2} = 2x\,\mathrm{d}x \quad \Rightarrow \quad \int_{y_0}^{y} \frac{\mathrm{d}\tilde{y}}{\tilde{y}^2} = \int_{0}^{x} 2\tilde{x}\,\mathrm{d}\tilde{x} \quad \Rightarrow \quad -\frac{1}{y} + \frac{1}{y_0} = x^2,$$

also

$$y = y(x) = \frac{1}{y_0^{-1} - x^2}.$$

Für $y_0 > 0$ ist der maximale Definitionsbereich dieser Lösung gegeben durch das Intervall

$$D_{y_0} = \left]-\sqrt{y_0^{-1}}, \sqrt{y_0^{-1}}\right[;$$

für $y_0 < 0$ ist die Lösung auf ganz $\mathbb{R}$ definiert, siehe Abb. B.5.

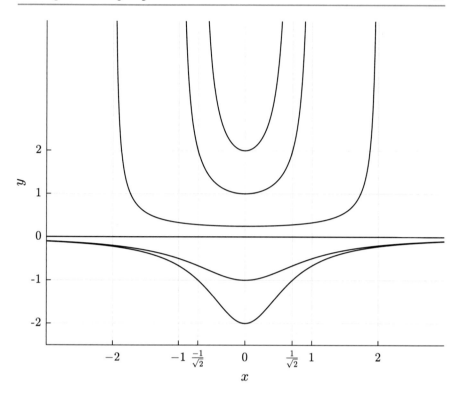

Abb. B.5 Dargestellt sind die Lösungen der Differenzialgleichung $y' = 2xy^2$ für unterschiedliche Anfangswerte bei 0, d. h. für die Anfangsbedingung $y(0) = y_0$ mit unterschiedlichen y_0. Für $y_0 \leq 0$ existieren die Lösungen auf ganz $\mathbb{R}$, während sie für $y_0 > 0$ mit zunehmendem y_0 nur noch in immer kleiner werdenden Intervallen um Null definiert sind. Eingezeichnet sind die Lösungen für $y_0 = -2, -1, 0, 1/4, 1, 2$

L2.4 Die Bewegung des Asteroiden gehorcht dem Grundgesetz der Mechanik, d. h. der Differenzialgleichung

$$\ddot{\boldsymbol{x}}(t) = \frac{1}{m}\, \boldsymbol{F}\,(t, \boldsymbol{x}(t)).$$

Da es sich um eine Differenzialgleichung zweiter Ordnung handelt, ist eine Lösung erst dann eindeutig bestimmt, wenn neben dem Ort zu einem Anfangszeitpunkt, also $\boldsymbol{x}(t_0)$, auch die erste Ableitung des Orts, also die Geschwindigkeit $\dot{\boldsymbol{x}}(t_0)$ bekannt ist. Mit dem Ort alleine lässt sich keine weitere Bewegung vorhersagen. Dabei ist unerheblich, ob die Kraft von der Geschwindigkeit abhängt oder nicht. Auch wenn sie konstant wäre oder sogar gleich 0, würde sich nichts daran ändern.

Die Masse m des Asteroiden spielt übrigens keine Rolle. Die Wirkung eines Gravitationsfelds ergibt sich aus seiner Gravitationsbeschleunigung $\boldsymbol{g}(t, \boldsymbol{x})$ an einem gegebenen Ort. Auf eine Masse m übt es dann die Kraft $\boldsymbol{F}(t, \boldsymbol{x}) = m\boldsymbol{g}(t, \boldsymbol{x})$

aus. Die Masse „kürzt sich also heraus" und die eigentliche Gleichung lautet

$$\ddot{\mathbf{x}}(t) = \mathbf{g}(t, \mathbf{x}(t)).$$

Die Gravitationsbeschleunigung $\mathbf{g}$ kann aus dem Gravitationspotenzial bestimmt werden, das sich als Summe der Potenziale der einzelnen Himmelskörper ergibt.

L2.5 **a)** Ja, wir haben es mit einer homogenen linearen Differenzialgleichung zu tun. In der „normalen" Form geschrieben lautet sie

$$y'' - \frac{1}{2x} y' + \frac{1}{2x^2} y =: L(x, \mathrm{D})y = 0,$$

es ist also

$$L(x, \mathrm{D}) = \mathrm{D}^2 - \frac{1}{2x}\mathrm{D} + \frac{1}{2x^2}.$$

b) Wir prüfen durch Einsetzen, ob es sich bei $y_1(x) = x$ und $y_2(x) = \sqrt{x}$ um Lösungen handelt:

$$L(x, \mathrm{D})x = 0 - \frac{1}{2x} \cdot 1 + \frac{1}{2x^2}x = 0$$

$$L(x, \mathrm{D})\sqrt{x} = \left(\frac{1}{2} x^{-1/2}\right)' - \frac{1}{2x}\frac{1}{2} x^{-1/2} + \frac{1}{2x^2}\sqrt{x}$$

$$= -\frac{1}{4} x^{-3/2} - \frac{1}{4} x^{-3/2} + \frac{1}{2} x^{-3/2} = 0.$$

Wir haben also zwei Lösungen. Die Wronski-Determinante von y_1, y_2 lautet

$$W(x) = \det\begin{pmatrix} y_1(x) & y_2(x) \\ y_1'(x) & y_2'(x) \end{pmatrix} = \det\begin{pmatrix} x & \sqrt{x} \\ 1 & \frac{1}{2\sqrt{x}} \end{pmatrix} = -\frac{1}{2}\sqrt{x}.$$

Es ist also $W(x) \neq 0$ für $x \in \mathbb{R}_+^*$, sodass y_1, y_2 linear unabhängig sind. Die beiden Funktionen bilden damit eine Lösungsbasis der homogenen linearen Differenzialgleichung zweiter Ordnung und die allgemeine Lösung lautet

$$y = c_1 y_1 + c_2 y_2 = c_1 x + c_2\sqrt{x}$$

mit beliebigen Konstanten c_1, c_2.

c) Nein, die Funktion $y_3 : x \mapsto x^2$ kann keine Lösung der homogenen Gleichung sein, da sich x^2 nicht als Linearkombination $c_1 x + c_2\sqrt{x}$ mit Konstanten c_1, c_2 erhalten lässt.

Wir berechnen $L(x, \mathrm{D})x^2$:

$$L(x, \mathrm{D})x^2 = 2 - \frac{1}{2x} \cdot 2x + \frac{1}{2x^2}x^2 = \frac{3}{2}.$$

Der Differenzialoperator $L(x, D)$ angewandt auf x^2 „erzeugt" also die Inhomogenität $3/2$. Somit ist y_3 eine Lösung der Differenzialgleichung

$$L(x, D)y = y'' - \frac{1}{2x} y' + \frac{1}{2x^2} y = \frac{3}{2}.$$

Sämtliche Lösung dieser inhomongenen linearen Gleichung werden gegeben durch

$$y = x^2 + c_1 x + c_2 \sqrt{x}$$

mit beliebigen Konstanten c_1, c_2.

L2.6 **a)** Bei den Legendre-Differenzialgleichungen handelt es sich um Differenzialgleichungen zweiter Ordnung. Ihre „Ordnung l" hat damit nichts zu tun: Jedes $l \in \mathbb{N}$ ergibt eine andere Differenzialgleichung zweiter Ordnung.
b) Das Polynom

$$P_0(x) = \frac{1}{2^0 0!} D^0 (x^2 - 1)^0 = 1$$

löst die Differenzialgleichung

$$(1 - x^2)y'' - 2xy' + 0(0 + 1)y = (1 - x^2)y'' - 2xy' = 0.$$

Das Polynom

$$P_1(x) = \frac{1}{2^1 1!} D^1 (x^2 - 1)^1 = \frac{1}{2} \cdot 2x = x$$

löst die Differenzialgleichung

$$(1 - x^2)y'' - 2xy' + 1(1 + 1)y = (1 - x^2)y'' - 2xy' + 2y = 0.$$

$$P_2(x) = \frac{1}{2^2 2!} D^2 (x^2 - 1)^2 = \frac{1}{8} D^2 (x^4 - 2x^2 + 1)$$
$$= \frac{1}{8} D(4x^3 - 4x) = \frac{1}{8}(12x^2 - 4) = \frac{3}{2}x^2 - \frac{1}{2}$$

löst

$$(1 - x^2)y'' - 2xy' + 6y = 0.$$

$$P_3(x) = \frac{1}{2^3 3!} D^3 (x^2 - 1)^3 = \frac{1}{48} D^3 (x^6 - 3x^4 + 3x^2 - 1)$$
$$= \frac{1}{48} D^2 (6x^5 - 12x^3 + 6x) = \frac{1}{48} D(30x^4 - 36x^2 + 6)$$
$$= \frac{1}{48}(120x^3 - 72x) = \frac{5}{2}x^3 - \frac{3}{2}x$$

löst

$$(1 - x^2)y'' - 2xy' + 12y = 0.$$

$$
\begin{aligned}
P_4(x) &= \frac{1}{2^4 4!} D^4 (x^2 - 1)^4 = \frac{1}{384} D^4 (x^8 - 4x^6 + 6x^4 - 4x^2 + 1) \\
&= \frac{1}{384} D^3 (8x^7 - 24x^5 + 24x^3 - 8x) \\
&= \frac{1}{384} D^2 (56x^6 - 120x^4 + 72x^2 - 8) \\
&= \frac{1}{384} D (336x^5 - 480x^3 + 144x) \\
&= \frac{1}{384} (1680x^4 - 1440x^2 + 144) \\
&= \frac{35}{8} x^4 - \frac{15}{4} x^2 + \frac{3}{8}
\end{aligned}
$$

löst

$$(1 - x^2)y'' - 2xy' + 20y = 0.$$

Bei diesen Polynomen handelt es sich jeweils nur um ein Element einer Lösungs-basis. Für $x \in \ ]{-}1, 1[$ kann darüber hinaus eine vollständige Lösung angegeben werden: Für gerade l ist dann y_u die zweite Lösung und für ungerade l ist es y_g, siehe (2.49) und (2.48), wobei es sich dann jeweils um eine unendliche Reihe han-delt. Auf $[-1, 1]$ sind die Legendre-Polynome jedoch die einzigen Lösungen.

L3.1 Wir berechnen die Wronski-Determinante von x_1 und x_2:

$$
W(t) = \det \begin{pmatrix} x_1(t) & x_2(t) \\ \dot{x}_1(t) & \dot{x}_2(t) \end{pmatrix} = \det \begin{pmatrix} e^{\alpha t} \cos t & e^{\alpha t} \sin t \\ e^{\alpha t}(\alpha \cos t - \sin t) & e^{\alpha t}(\alpha \sin t + \cos t) \end{pmatrix}.
$$

Besonders einfache Verhältnisse haben wir an der Stelle $t = 0$:

$$
W(0) = \det \begin{pmatrix} 1 & 0 \\ \alpha & 1 \end{pmatrix} = 1.
$$

Die Wronski-Determinante ist somit bei 0 und damit für alle t ungleich Null und die Funktionen x_1 und x_2 sind linear unabhängig.

L3.2 Die allgemeine Lösung bei schwacher Dämpfung lautet

$$x(t) = e^{-\mu t}(c_1 \cos(\omega t) + c_2 \sin(\omega t)).$$

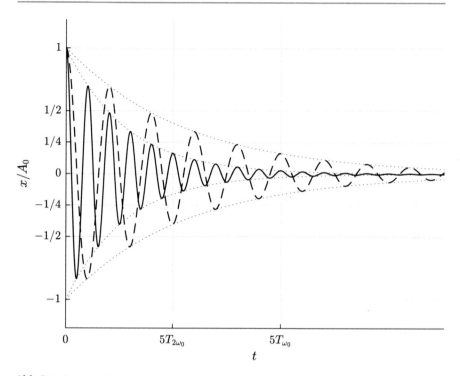

Abb. B.6 Dargestellt ist eine Lösung mit sehr schwacher Dämpfung (gestrichelt). Die zweite Kurve stellt eine Lösung mit verdoppelter Dämpfung $\mu^* = 2\mu$ und verdoppelter Frequenz $\omega_0^* = 2\omega_0$ dar. Der bisherige Dämpfungsfaktor kommt jetzt zweimal zum Tragen: Wo bisher eine Halbierung der Amplitude zu verzeichnen war, ist sie jetzt bereits auf ein Viertel abgesunken. Darüber hinaus wird die Periodendauer $T = 2\pi/\omega$ der Schwingung näherungsweise halbiert

Wird die Dämpfung μ verdoppelt, fällt der Exponentialterm stärker ab, und zwar so, als stünde er jetzt zweimal dort:

$$e^{-2\mu t} = (e^{-\mu t})^2.$$

Zusätzlich verlangsamt eine erhöhte Dämpfung die Schwingung, denn es ist ja

$$\omega = \sqrt{\omega_0^2 - \mu^2}.$$

Für sehr kleine μ macht sich diese Verlangsamung allerdings kaum bemerkbar.

Wird ω_0 verdoppelt, so vergrößert sich die Frequenz ω der Schwingung, das heißt die Schwingung läuft schneller ab. Für sehr kleine Dämpfungen wird ω näherungsweise verdoppelt. Siehe Abb. B.6.

L3.3   a) Wir überprüfen die Lösungen für den aperiodischen Grenzfall, $x_2(t) = c_1 e^{-\mu t} + c_2 t e^{-\mu t}$, und haben $\mu = \omega_0$, d. h. die Differenzialgleichung

$$\ddot{x}(t) + 2\mu\dot{x}(t) + \mu^2 x(t) = 0.$$

Wir leiten zunächst ab:

$$\dot{x}_2(t) = -c_1\mu e^{-\mu t} + c_2 e^{-\mu t} - c_2\mu t e^{-\mu t} = e^{-\mu t}(-c_1\mu + c_2 - c_2\mu t)$$
$$\ddot{x}_2(t) = e^{-\mu t}(c_1\mu^2 - c_2\mu + c_2\mu^2 t - c_2\mu) = e^{-\mu t}(c_1\mu^2 - 2c_2\mu + c_2\mu^2 t).$$

Nun ist

$$\ddot{x}_2(t) + 2\mu\dot{x}_2(t) + \mu^2 x_2(t)$$
$$= e^{-\mu t}(c_1\mu^2 - 2c_2\mu + c_2\mu^2 t - 2c_1\mu^2 + 2c_2\mu - 2c_2\mu^2 t + c_1\mu^2 + c_2\mu^2 t) = 0.$$

In der Klammer hebt sich tatsächlich alles gegenseitig auf.

b) Schwache Dämpfung heißt wir haben die allgemeine Lösung

$$x_1(t) = e^{-\mu t}(c_1\cos(\omega t) + c_2\sin(\omega t)).$$

Die erste Anfangsbedingung lautet

$$x_1(t_0) = e^{-\mu t_0}(c_1\cos(\omega t_0) + c_2\sin(\omega t_0))$$
$$= c_1[e^{-\mu t_0}\cos(\omega t_0)] + c_2[e^{-\mu t_0}\sin(\omega t_0)] \overset{!}{=} a.$$

Die zweite Anfangsbedingung betrifft die Geschwindigkeit

$$v(t) = \dot{x}_1(t) = e^{-\mu t}\{c_1(-\mu\cos(\omega t) - \omega\sin(\omega t)) + c_2(-\mu\sin(\omega t) + \omega\cos(\omega t))\}$$

und besagt

$$v(t_0) = c_1[e^{-\mu t_0}(-\mu\cos(\omega t_0) - \omega\sin(\omega t_0))]$$
$$+ c_2[e^{-\mu t_0}(-\mu\sin(\omega t_0) + \omega\cos(\omega t_0))] \overset{!}{=} v.$$

Die Terme in den eckigen Klammern sind Zahlen. Kürzen wir sie mit A, B, C, D ab, so schreiben sich die Anfangsbedingungen als

$$c_1 A + c_2 B = a$$
$$c_1 C + c_2 D = v.$$

Wir haben es also mit einem linearen Gleichungssystem mit zwei Gleichungen für die Unbekannten c_1 und c_2 zu tun. Seine Lösung kann mit der Cramer-Regel sofort angegeben werden:

$$c_1 = \frac{aD - vB}{AD - BC}, \qquad c_2 = \frac{vA - aC}{AD - BC}.$$

Aufgrund von Existenz- und Eindeutigkeitssatz wissen wir, dass es zu diesen Anfangsbedingungen eine eindeutige Lösung gibt, dass also die Koeffizientendeterminante des Gleichungssystems, d. h. der Nenner $AD - BC \neq 0$ ist. Mit diesen c_1 und c_2 haben wir daher die gesuchte spezielle Lösung gefunden.

c) Starke Dämpfung heißt wir haben die allgemeine Lösung

$$x_3(t) = c_1 e^{-(\mu-\alpha)t} + c_2 e^{-(\mu+\alpha)t}.$$

Die Anfangsbedingungen geben nun zu zwei Zeiten zwei Orte vor:

$$x_3(t_1) = c_1 e^{-(\mu-\alpha)t_1} + c_2 e^{-(\mu+\alpha)t_1} \overset{!}{=} a_1$$

$$x_3(t_2) = c_1 e^{-(\mu-\alpha)t_2} + c_2 e^{-(\mu+\alpha)t_2} \overset{!}{=} a_2.$$

Die Koeffizentendeterminante K dieses Gleichungssystems für c_1 und c_2 lautet

$$\begin{aligned} K &= e^{-(\mu-\alpha)t_1} e^{-(\mu+\alpha)t_2} - e^{-(\mu+\alpha)t_1} e^{-(\mu-\alpha)t_2} \\ &= e^{-\mu t_1} e^{\alpha t_1} e^{-\mu t_2} e^{-\alpha t_2} - e^{-\mu t_1} e^{-\alpha t_1} e^{-\mu t_2} e^{\alpha t_2} \\ &= e^{-\mu t_1} e^{-\mu t_2} \left(e^{\alpha t_1} e^{-\alpha t_2} - e^{-\alpha t_1} e^{\alpha t_2} \right) = e^{-\mu t_1} e^{-\mu t_2} \left(e^{\alpha(t_1-t_2)} - e^{\alpha(t_2-t_1)} \right). \end{aligned}$$

Sie ist somit nur dann Null, wenn gilt

$$t_1 - t_2 = t_2 - t_1 = -(t_1 - t_2),$$

also für $t_1 - t_2 = 0$ bzw. $t_1 = t_2$. Das heißt: Für $t_1 \neq t_2$ können beliebig zwei Orte a_1 und a_2 vorgegeben werden und diese Anfangsbedingungen sind immer eindeutig erfüllbar. Für $t_1 = t_2$ ist das natürlich nicht mehr so: Zwei verschiedene Orte zur selben Zeit lassen sich nicht erfüllen, und derselbe Ort, also $a_1 = a_2$ führt zu einem mehrdeutig lösbaren Gleichungssystem, da diese eine Anfangsbedingung die Lösung nicht eindeutig festlegt.

L3.4

(I)   Richtig. Bei schwacher Dämpfung entsteht eine gedämpfte, aber periodische Lösung, die unendlich oft die Nulllinie überschreitet. Zumindest mathematisch ist das so, während ein reales gedämpftes System natürlich irgendwann vollständig zur Ruhe kommt.

(II) Falsch. Die Anfangsbedingungen können so gewählt sein, dass auch bei starker Dämpfung die Nulllinie überschritten wird. Zum Beispiel wenn man leicht neben der Ruhelage beginnt und „fest" in Richtung Ruhelage anschubst. Oder wenn zu zwei verschiedenen Zeiten ein Ort oberhalb und der zweite Ort unterhalb der Ruhelage vorgegeben werden.

(III) Richtig. Durch Wahl geeigneter Anfangsbedingungen kann zwar die Ruhelage einmal überschritten werden. Anschließend bewegt sich der Schwinger selbstständig aus seiner maximalen Auslenkung in Richtung Ruhelage, die dabei nicht mehr überschritten wird.

(IV) Richtig. Bei schwacher Dämpfung erreicht der Schwinger zwar schneller die Nulllinie, schwingt aber über sie hinaus, entfernt sich also wieder und bewegt sich weiterhin periodisch. Bei starker Dämpfung kriecht der Schwinger langsam in die Ruhelage. Dazwischen liegt der aperiodische Grenzfall: Der Schwinger bewegt sich fast wie bei schwacher Dämpfung rasch Richtung Ruhelage, ohne aber immer wieder über sie hinauszugehen.

L4.1 (1) Die Gleichung $y'' + 3y' + 2y = 0$ entspricht dem Polynom $P(z) = z^2 + 3z + 2$. Die Nullstellen dieses Polynoms,

$$z_{1,2} = -\frac{3}{2} \pm \sqrt{\frac{9}{4} - 2} = -\frac{3}{2} \pm \frac{1}{2},$$

sind reell und ergeben die Lösungsbasis

$$h_1(x) = e^{-x}, \quad h_2(x) = e^{-2x}.$$

(2) Die Gleichung $y'' + 3y' + 3y = 0$ entspricht dem Polynom $P(z) = z^2 + 3z + 3$ mit den Nullstellen

$$z_{1,2} = -\frac{3}{2} \pm \sqrt{\frac{9}{4} - 3} = -\frac{3}{2} \pm i\frac{\sqrt{3}}{2}.$$

Dies ergibt die reelle Lösungsbasis

$$h_1(x) = e^{-3x/2} \cos\left(x\sqrt{3}/2\right), \quad h_2(x) = e^{-3x/2} \sin\left(x\sqrt{3}/2\right).$$

(3) Die Gleichung $y'' - 4y' + 4y = 0$ enthält das Differenzialpolynom $P(\mathrm{D}) = \mathrm{D}^2 - 4\mathrm{D} + 4$. Seine Faktorisierung liegt auf der Hand: $\mathrm{D}^2 - 4\mathrm{D} + 4 = (\mathrm{D} - 2)^2$. Wir haben also die doppelte Nullstelle 2 und daher die Lösungsbasis

$$h_1(x) = e^{2x}, \quad h_2(x) = x\,e^{2x}.$$

(4) Für die Gleichung $y^{(4)} - 8y'' + 16y = 0$ haben wir das Polynom $P(z) = z^4 - 8z^2 + 16$. Seine Faktorisierung lautet

$$z^4 - 8z^2 + 16 = (z^2 - 4)^2 = ((z - 2)(z + 2))^2 = (z - 2)^2(z + 2)^2$$

und ergibt die Lösungsbasis

$$h_1(x) = e^{2x}, \quad h_2(x) = x\,e^{2x}, \quad h_3(x) = e^{-2x}, \quad h_4(x) = x\,e^{-2x}.$$

(5) Der Gleichung $y''' - 2y'' + 2y' - y = 0$ entspricht das Polynom $P(z) = z^3 - 2z^2 + 2z - 1$. Seine erste Nullstelle errät man bei $z = 1$. Das Abspalten des entsprechenden Linearfaktors ergibt

$$z^3 - 2z^2 + 2z - 1 = (z^2 - z + 1)(z - 1).$$

Die zwei weiteren Nullstellen lauten somit

$$z_{1,2} = \frac{1}{2} \pm \sqrt{\frac{1}{4} - 1} = \frac{1}{2} \pm i\frac{\sqrt{3}}{2}$$

und wir haben insgesamt die Lösungsbasis

$$h_1(x) = e^x, \quad h_2(x) = e^{x/2} \cos\left(x\sqrt{3}/2\right), \quad h_3(x) = e^{x/2} \sin\left(x\sqrt{3}/2\right).$$

(6) Die Gleichung $y''' + y'' = 0$ besitzt das Polynom $P(D) = D^3 + D^2 = D^2(D + 1)$ und daher die Lösungsbasis

$$h_1(x) = e^{0 \cdot x} = 1, \quad h_2(x) = x, \quad h_3(x) = e^{-x}.$$

L4.2 Es ist $\cos(\pi/4) = \sin(\pi/4) = 1/\sqrt{2} = -\cos(3\pi/4) = \sin(3\pi/4)$. Die Nullstellen λ_k des Polynoms $P(D) = D^4 + 1$ der Differenzialgleichung $y^{(4)} + y = 1 + x + 2x^2 + 3x^3$ können anhand der Euler-Formel daher auch geschrieben werden als

$$\lambda_{1,2} = \pm 1/\sqrt{2} \pm i/\sqrt{2}$$
$$\lambda_{3,4} = \mp 1/\sqrt{2} \pm i/\sqrt{2}.$$

Wir sortieren anders,

$$\lambda_{1,4} = 1/\sqrt{2} \pm i/\sqrt{2}$$
$$\lambda_{3,2} = -1/\sqrt{2} \pm i/\sqrt{2},$$

und sehen, dass wir es mit zwei komplex konjugierten Pärchen zu tun haben. Die reelle homogene Lösung lautet somit

$$x_{\text{hom}} = c_1 e^{x/\sqrt{2}} \cos\left(x/\sqrt{2}\right) + c_2 e^{x/\sqrt{2}} \sin\left(x/\sqrt{2}\right)$$
$$+ c_3 e^{-x/\sqrt{2}} \cos\left(x/\sqrt{2}\right) + c_4 e^{-x/\sqrt{2}} \sin\left(x/\sqrt{2}\right).$$

Wir benötigen jetzt noch eine spezielle Lösung der inhomogenen Gleichung

$$P(D)y = (1 + x + 2x^2 + 3x^3)e^{0 \cdot x}.$$

Wegen $P(0) = 0^4 + 1 \neq 0$ liegt keine Resonanz vor. Somit verwenden wir den Ansatz

$$y = (ax^3 + bx^2 + cx + d)e^{0 \cdot x} = ax^3 + bx^2 + cx + d.$$

Die vierte Ableitung dieses Polynoms dritten Grads verschwindet. Daher haben wir

$$P(D)y = ax^3 + bx^2 + cx + d \stackrel{!}{=} 1 + x + 2x^2 + 3x^3$$

und damit $a = 3$, $b = 2$, $c = 1$ und $d = 1$. Die allgemeine Lösung lautet also

$$y = 1 + x + 2x^2 + 3x^3 + c_1 e^{x/\sqrt{2}} \cos\left(x/\sqrt{2}\right) + c_2 e^{x/\sqrt{2}} \sin\left(x/\sqrt{2}\right)$$
$$+ c_3 e^{-x/\sqrt{2}} \cos\left(x/\sqrt{2}\right) + c_4 e^{-x/\sqrt{2}} \sin\left(x/\sqrt{2}\right).$$

L4.3 Mit $P(\mathrm{D}) = \mathrm{D}^2 + 3\mathrm{D} + 2 = (\mathrm{D}+1)(\mathrm{D}+2)$ schreibt sich die Differenzialgleichung als $P(\mathrm{D})y = x + \mathrm{e}^x$. Die allgemeine Lösung der zugeordneten homogenen Gleichung $P(\mathrm{D})y = 0$ lautet

$$y_{\text{hom}} = c_1\,\mathrm{e}^{-x} + c_2\,\mathrm{e}^{-2x}.$$

Wir benötigen jetzt noch eine spezielle Lösung der vollständigen Gleichung. Dazu teilen wir die Inhomogenität in ihre zwei Summanden auf und betrachten zunächst die Gleichung

$$P(\mathrm{D})y_1 = x = x\,\mathrm{e}^{0\cdot x}.$$

Wegen $P(0) \neq 0$ haben wir keine Resonanz und verwenden den Ansatz

$$y_1 = (ax + b)\mathrm{e}^{0\cdot x} = ax + b.$$

Einsetzen erfordert zweimaliges Ableiten: $y_1' = a$, $y_1'' = 0$. Dies ergibt

$$P(\mathrm{D})y_1 = 0 + 3a + 2(ax + b) = 2ax + 3a + 2b \overset{!}{=} x,$$

also $2a = 1$ oder $a = 1/2$ und $3a + 2b = 3/2 + 2b = 0$ oder $b = -3/4$. Die erste Hälfte der speziellen Lösung lautet somit

$$y_1 = \frac{1}{2}x - \frac{3}{4}.$$

Kommen wir nun zum zweiten Teil der inhomogenen Gleichung, d. h.

$$P(\mathrm{D})y_2 = \mathrm{e}^x.$$

Wegen $P(1) = 6 \neq 0$ liegt auch hier keine Resonanz vor und wir können die Lösung sofort angeben:

$$y_2 = \frac{1}{P(1)}\mathrm{e}^x = \frac{1}{6}\mathrm{e}^x.$$

Eine spezielle Lösung der vollständigen Gleichung $P(\mathrm{D})y = x + \mathrm{e}^x$ lautet daher

$$y_{\text{s}} = y_1 + y_2 = \frac{1}{2}x - \frac{3}{4} + \frac{1}{6}\mathrm{e}^x$$

und wir haben die allgemeine Lösung

$$y = \frac{1}{2}x - \frac{3}{4} + \frac{1}{6}\mathrm{e}^x + c_1\,\mathrm{e}^{-x} + c_2\,\mathrm{e}^{-2x}.$$

L4.4 Wir schreiben $z = x + \mathrm{i}y$ und $w = u + \mathrm{i}v$ mit $x, y, u, v \in \mathbb{R}$. Damit ist

$$z + w = x + \mathrm{i}y + u + \mathrm{i}v = x + u + \mathrm{i}(y + v),$$

also $\mathrm{Re}(z + w) = x + u$ und damit tatsächlich $\mathrm{Re}(z + w) = \mathrm{Re}\,z + \mathrm{Re}\,w$.
Sehen wir uns nun das Produkt an:

$$zw = (x + \mathrm{i}y)(u + \mathrm{i}v) = xu - yv + \mathrm{i}(xv + yu).$$

Im Allgemeinen ist $\mathrm{Re}(zw) = xu - yv \neq xu$. Die Gleichung $\mathrm{Re}(zw) = (\mathrm{Re}\,z)(\mathrm{Re}\,w)$
gilt nur dann, wenn z oder w reell sind.

L4.5 Mit $P(\mathrm{D}) = \mathrm{D}^2 + 2\mathrm{D} - 3 = (\mathrm{D} - 1)(\mathrm{D} + 3)$ schreibt sich die Differenzialgleichung als $P(\mathrm{D})y = 1 + \sin^2(3x/2)$ und die allgemeine Lösung der homogenen
Gleichung $P(\mathrm{D})y = 0$ lautet

$$y_{\mathrm{hom}} = c_1\,\mathrm{e}^x + c_2\,\mathrm{e}^{-3x}.$$

Wir benötigen jetzt noch eine spezielle Lösung der vollständigen Gleichung. Dazu
schreiben wir zunächst die Inhomogenität um: Aufgrund der Identität $\sin^2 \alpha = (1 - \cos(2\alpha))/2$ ist

$$1 + \sin^2\left(\frac{3x}{2}\right) = 1 + \frac{1}{2}(1 - \cos(3x)) = \frac{3}{2} - \frac{1}{2}\cos(3x).$$

Wir teilen die Inhomogenität in ihre zwei Summanden auf und betrachten zunächst die Gleichung

$$P(\mathrm{D})y_1 = \frac{3}{2}\,\mathrm{e}^{0 \cdot x}.$$

Es ist $P(0) = -3 \neq 0$ und wir haben

$$y_1 = \frac{3/2}{-3} = -\frac{1}{2}.$$

Den zweiten Teil der inhomogenen Gleichung betrachten wir in seiner komplexen Erweiterung

$$P(\mathrm{D})\tilde{y}_2 = -\frac{1}{2}\,\mathrm{e}^{3\mathrm{i}x}.$$

Wegen $P(3\mathrm{i}) = -12 + 6\mathrm{i} \neq 0$ können wir auch hier die Lösung sofort angeben,

$$\tilde{y}_2 = \frac{-1/2}{-12 + 6\mathrm{i}}\,\mathrm{e}^{3\mathrm{i}x} = \frac{1}{12}\frac{2 + \mathrm{i}}{5}\,\mathrm{e}^{3\mathrm{i}x} = \left(\frac{1}{30} + \mathrm{i}\frac{1}{60}\right)(\cos(3x) + \mathrm{i}\,sin(3x)),$$

und lesen ihren Realteil ab:

$$y_2 = \frac{1}{30}\cos(3x) - \frac{1}{60}\sin(3x).$$

Insgesamt haben wir daher die allgemeine Lösung

$$y = -\frac{1}{2} + \frac{1}{30}\cos(3x) - \frac{1}{60}\sin(3x) + c_1\,e^x + c_2\,e^{-3x}.$$

L4.6 (1) Mit $P(D) = D^3 + D^2 = D^2(D+1)$ haben wir $P(D)y = x^3 + x^2$ und die homogene Lösung lautet

$$y_{\mathrm{hom}} = c_1 + c_2\,x + c_3\,e^{-x}.$$

Die vollständige Gleichung hat die Form

$$P(D)y = (x^3 + x^2)e^{0\cdot x}.$$

Wir haben $P(0) = 0$ mit zweifacher Resonanz. Der Ansatz für die spezielle Lösung lautet daher

$$y = x^2(ax^3 + bx^2 + cx + d)e^{0\cdot x} = ax^5 + bx^4 + cx^3 + dx^2.$$

Zum Einsetzen benötigen wir die Ableitungen:

$$y' = 5ax^4 + 4bx^3 + 3cx^2 + 2dx$$
$$y'' = 20ax^3 + 12bx^2 + 6cx + 2d$$
$$y''' = 60ax^2 + 24bx + 6c.$$

Es ist somit

$$P(D)y = 60ax^2 + 24bx + 6c + 20ax^3 + 12bx^2 + 6cx + 2d$$
$$= 20ax^3 + x^2(60a + 12b) + x(24b + 6c) + 6c + 2d \overset{!}{=} x^3 + x^2.$$

Dies ergibt $a = 1/20$, damit dann $3 + 12b = 1$ oder $b = -1/6$, weiter $-4 + 6c = 0$ oder $c = 2/3$ und schließlich $4 + 2d = 0$ oder $d = -2$ und damit die allgemeine Lösung

$$y = \frac{1}{20}x^5 - \frac{1}{6}x^4 + \frac{2}{3}x^3 - 2x^2 + c_1 + c_2\,x + c_3\,e^{-x}.$$

(2) Mit $P(D) = D^2 + 1/4 = (D - i/2)(D + i/2)$ haben wir $P(D)y = \sin(x/2)$ und die homogene Lösung lautet

$$y_{\mathrm{hom}} = c_1\cos(x/2) + c_2\sin(x/2).$$

Wir erweitern die inhomogene Gleichung komplex:

$$P(\mathrm{D})\tilde{y} = -\mathrm{i}\,\mathrm{e}^{\mathrm{i}x/2}.$$

Es ist $P(\mathrm{i}/2) = 0$ mit einfacher Resonanz. Der komplexe Lösungsansatz lautet daher

$$\tilde{y} = xa\,\mathrm{e}^{\mathrm{i}x/2}.$$

Wir leiten ab:

$$\tilde{y}' = \mathrm{e}^{\mathrm{i}x/2}\left(a + \frac{\mathrm{i}}{2}ax\right), \quad \tilde{y}'' = \mathrm{e}^{\mathrm{i}x/2}\left(\frac{\mathrm{i}}{2}a + \frac{\mathrm{i}}{2}a - \frac{1}{4}ax\right) = \mathrm{e}^{\mathrm{i}x/2}\left(\mathrm{i}a - \frac{1}{4}ax\right).$$

Damit ist

$$P(\mathrm{D})\tilde{y} = \mathrm{e}^{\mathrm{i}x/2}\left(\mathrm{i}a - \frac{1}{4}ax + \frac{1}{4}ax\right) = \mathrm{i}a\,\mathrm{e}^{\mathrm{i}x/2} \overset{!}{=} -\mathrm{i}\,\mathrm{e}^{\mathrm{i}x/2}.$$

Es ist also $a = -1$ und damit $\tilde{y} = -x\,\mathrm{e}^{\mathrm{i}x/2}$ mit dem Realteil

$$y = -x\cos(x/2).$$

Die allgemeine Lösung lautet daher

$$y = -x\cos(x/2) + c_1\cos(x/2) + c_2\sin(x/2).$$

L4.7 Mit $P(\mathrm{D}) = \mathrm{D}^3 - 2\mathrm{D}^2 + \mathrm{D} - 2 = (\mathrm{D}^2 + 1)(\mathrm{D} - 2) = (\mathrm{D} - \mathrm{i})(\mathrm{D} + \mathrm{i})(\mathrm{D} - 2)$
schreibt sich die Differenzialgleichung als $P(\mathrm{D})y = x\cos^3 x$ und die allgemeine Lösung der homogenen Gleichung lautet

$$y_{\mathrm{hom}} = c_1\cos x + c_2\sin x + c_3\,\mathrm{e}^{2x}.$$

Zur Lösung der vollständigen Gleichung müssen wir die Inhomogenität umschreiben: Aufgrund der Identität $\cos^3 x = (3\cos x + \cos(3x))/4$ haben wir

$$P(\mathrm{D})y = \frac{3}{4}x\cos x + \frac{1}{4}x\cos(3x).$$

Wir teilen die Inhomogenität in ihre zwei Summanden auf und betrachten zunächst die Gleichung

$$P(\mathrm{D})y_1 = \frac{3}{4}x\cos x \qquad \text{bzw.} \qquad P(\mathrm{D})\tilde{y}_1 = \frac{3}{4}x\,\mathrm{e}^{\mathrm{i}x}.$$

Es ist $P(\mathrm{i}) = 0$ mit einfacher Resonanz. Der Lösungsansatz lautet daher

$$\tilde{y}_1 = x(ax + b)\mathrm{e}^{\mathrm{i}x} = (ax^2 + bx)\mathrm{e}^{\mathrm{i}x}.$$

Das Einsetzen des Ansatzes erfordert die übliche Rechnung mit hier dreimaligen Ableiten. Längere Rechnung führt schließlich auf das Ergebnis

$$y_1 = -\frac{3}{80}x^2\cos x - \frac{3}{40}x^2\sin x - \frac{27}{200}x\cos x - \frac{3}{400}x\sin x.$$

Der zweite Teil der inhomogenen Gleichung lautet

$$P(\mathrm{D})y_2 = \frac{1}{4}x\cos(3x) \qquad \text{bzw.} \qquad P(\mathrm{D})\tilde{y}_2 = \frac{1}{4}x\,\mathrm{e}^{3\mathrm{i}x}.$$

Es ist $P(3\mathrm{i}) \neq 0$, wir haben daher keine Resonanz und den Lösungsansatz

$$\tilde{y}_2 = (ax + b)\mathrm{e}^{3\mathrm{i}x}.$$

Hier ist erneut eine längere Rechnung erforderlich, bei der man es insbesondere mit unhandlichen Brüchen zu tun bekommt. Sie führt auf

$$y_2 = \frac{1}{208}x\cos(3x) - \frac{3}{416}x\sin(3x) - \frac{137}{21\,632}\cos(3x) - \frac{63}{10\,816}\sin(3x).$$

Die allgemeine Lösung lautet daher

$$\begin{aligned}
y = &-\frac{3}{80}x^2\cos x - \frac{3}{40}x^2\sin x - \frac{27}{200}x\cos x - \frac{3}{400}x\sin x \\
&+ \frac{1}{208}x\cos(3x) - \frac{3}{416}x\sin(3x) - \frac{137}{21\,632}\cos(3x) - \frac{63}{10\,816}\sin(3x) \\
&+ c_1\cos x + c_2\sin x + c_3\,\mathrm{e}^{2x}.
\end{aligned}$$

Eine allgemeine Lösung ist grundsätzlich nicht „eindeutig". Sie besteht aus der Summe der homogenen Lösung und irgendeiner speziellen Lösung. Jede allgemeine Lösung mit gewählten Parametern c_1, c_2, c_3 ist aber auch eine spezielle Lösung und könnte selbst zur ursprünglichen homogenen Lösung addiert werden. Es können also beliebige Anteile der homogenen Lösung in die spezielle Lösung mit hineingenommen werden. So ist etwa auch

$$\begin{aligned}
y = &-\frac{3}{80}x^2\cos x - \frac{3}{40}x^2\sin x - \frac{27}{200}x\cos x - \frac{3}{400}x\sin x \\
&+ \frac{1}{208}x\cos(3x) - \frac{3}{416}x\sin(3x) - \frac{137}{21\,632}\cos(3x) - \frac{63}{10\,816}\sin(3x) \\
&+ \cos x + 2\sin x + 3\mathrm{e}^{2x} + c_1^*\cos x + c_2^*\sin x + c_3^*\,\mathrm{e}^{2x}
\end{aligned}$$

eine allgemeine Lösung.

L5.1 Bei einer „freien" Schwingung wirkt keine äußere Kraft auf den Schwinger; die Schwingung erfüllt lediglich gewisse Anfangsbedingungen und anschließend bewegt sich der Schwinger ohne weitere Einwirkung von außen.

Eine „gedämpfte" Schwingung unterliegt einer Dämpfung in Form von Reibung.

Bei der „erzwungenen" Schwingung wirkt auf den Schwinger zusätzlich zu seinen inneren Kräften (Federkraft und Dämpfung) eine periodische äußere Kraft ein. Unabhängig von den Anfangsbedingungen zwingt diese äußere Anregung dem Schwinger mit der Zeit ihre Frequenz auf.

L5.2 Es ist $\sin(\Omega t) = \mathrm{Re}(-i e^{i\Omega t})$ und wir suchen eine Lösung der Gleichung

$$P(\mathrm{D})\tilde{x}(t) = \ddot{\tilde{x}}(t) + 2\mu\dot{\tilde{x}}(t) + \omega_0^2\tilde{x}(t) = -ib\,e^{i\Omega t}$$

mit $P(\mathrm{D}) = \mathrm{D}^2 + 2\mu\mathrm{D} + \omega_0^2$. Es ist $P(i\Omega) = \omega_0^2 - \Omega^2 + 2\mu i\Omega \neq 0$ und wir haben daher die spezielle Lösung

$$\tilde{x}(t) = \frac{-ib}{P(i\Omega)}\,e^{i\Omega t} = \frac{-ib}{\omega_0^2 - \Omega^2 + 2\mu i\Omega}\,e^{i\Omega t}.$$

Wir schreiben den komplexwertigen Nenner in Polarkoordinaten: Es ist

$$\omega_0^2 - \Omega^2 + 2\mu i\Omega = r e^{i\delta}$$

mit

$$r = \sqrt{(\omega_0^2 - \Omega^2)^2 + 4\mu^2\Omega^2} \quad \text{und} \quad \delta = \begin{cases} \arctan\frac{2\mu\Omega}{\omega_0^2-\Omega^2} & \text{falls } \Omega \neq \omega_0 \\ \pi/2 & \text{falls } \Omega = \omega_0. \end{cases}$$

Damit haben wir

$$\tilde{x}(t) = \frac{-ib}{r e^{i\delta}}\,e^{i\Omega t} = \frac{-ib}{r}\,e^{i(\Omega t - \delta)} = \frac{-ib}{r}(\cos(\Omega t - \delta) + i\sin(\Omega t - \delta)).$$

Die reelle Gleichung besitzt daher die spezielle Lösung

$$x(t) = \mathrm{Re}\,\tilde{x}(t) = \frac{b}{r}\,\sin(\Omega t - \delta).$$

L5.3 a) Für $t \to \infty$ verschwindet der homogene Anteil der Lösung. Es verbleibt daher nur die spezielle Lösung $x = \frac{b}{r}\cos(\Omega t - \delta)$. Die Amplitude dieser verbleibenden Schwingung ist

$$A = \frac{b}{r} = \frac{b}{\sqrt{(\omega_0^2 - \Omega^2)^2 + 4\mu^2\Omega^2}} = A(\Omega).$$

Sie besitzt ihren maximalen Wert für $\Omega = \omega_R = \sqrt{\omega_0^2 - 2\mu^2}$ bzw. bei 0 für große Dämpfungen $\mu > \omega_0/\sqrt{2}$.

b)

(I)   Richtig. Der Dämpfungsterm lautet $2\mu\dot{x}(t)$ und $\dot{x}(t)$ ist die Geschwindigkeit des Schwingers.

(II) Falsch. Richtig ist zwar, dass Reibung oft auch proportional zum Quadrat der Geschwindigkeit ist. Eine entsprechende Gleichung enthielte aber einen Term mit $\dot{x}^2(t)$ und man hätte es nicht mehr mit einer linearen Differenzialgleichung zu tun.

(III) Richtig. Mit $b = 0$ haben wir freie Schwingung. Mit Dämpfung streben deren Lösungen für $t \to \infty$ gegen die Nullfunktion.

c) Aufgrund von $\mu < \omega_0$ haben wir es mit einem schwach gedämpften System zu tun. Die allgemeine Lösung lautet daher

$$x(t) = \frac{b}{\sqrt{(\omega_0^2 - \Omega^2)^2 + 4\mu^2\Omega^2}} \cos(\Omega t - \delta) + c_1\, e^{-\mu t} \cos(\omega t) + c_2\, e^{-\mu t} \sin(\omega t)$$

mit

$$\omega = \sqrt{\omega_0^2 - \mu^2} \qquad \text{und} \qquad \delta = \arctan \frac{2\mu\Omega}{\omega_0^2 - \Omega^2}.$$

Mit $\mu = 0.5$, $\omega_0 = 1$, $b = 1$ und $\Omega = 2$ haben wir

$$\frac{b}{\sqrt{(\omega_0^2 - \Omega^2)^2 + 4\mu^2\Omega^2}} = \frac{1}{\sqrt{9+4}} \approx 0.277,$$

$$\omega = \sqrt{1 - 0.25} \approx 0.866, \quad \delta = \arctan \frac{2}{-3} \approx -0.588 \,\hat{=}\, -34°$$

und die allgemeine Lösung

$$x(t) = 0.277 \cos(2\,t + 0.588) + c_1\, e^{-t/2} \cos(0.866\,t) + c_2\, e^{-t/2} \sin(0.866\,t).$$

L5.4 Es ist $\omega_0 = 2\pi f_0$ und wir erhalten damit die Resonanzfrequenz

$$\omega_R = \sqrt{\omega_0^2 - 2\mu^2} = \sqrt{4\pi^2 - 8}\,\text{s}^{-1} \approx 5.61\,\text{s}^{-1} \qquad \text{bzw.} \qquad f_R \approx 0.893\,\text{Hz}.$$

Die Amplitude der erzwungenen Schwingung bei einer Anregung von außen mit der Frequenz Ω wird gegeben durch

$$A(\Omega) = \frac{b}{r} = \frac{b}{\sqrt{(\omega_0^2 - \Omega^2)^2 + 4\mu^2\Omega^2}}.$$

Es ist daher

$$A(\omega_0) = \frac{b}{\sqrt{(\omega_0^2 - \omega_0^2)^2 + 4\mu^2\omega_0^2}} = \frac{b}{2\mu\omega_0} = \frac{b}{8\pi\,\mathrm{s}^{-2}} \approx 0.0398\,b\,\mathrm{s}^2$$

und

$$A(\omega_R) = \frac{b}{\sqrt{(\omega_0^2 - (\omega_0^2 - 2\mu^2))^2 + 4\mu^2(\omega_0^2 - 2\mu^2)}} = \frac{b}{\sqrt{4\mu^4 + 4\mu^2\omega_0^2 - 8\mu^4)}}$$

$$= \frac{b}{2\mu\sqrt{\omega_0^2 - \mu^2}} = \frac{b}{4\sqrt{4\pi^2 - 4\,\mathrm{s}^{-2}}} = \frac{b}{8\sqrt{\pi^2 - 1}\,\mathrm{s}^{-2}} \approx 0.0420\,b\,\mathrm{s}^2.$$

L6.1 Eine partielle Differenzialgleichung ist eine Gleichung für Funktionen mehrerer Veränderlicher, in der partielle Ableitungen der Funktion auftreten. Sie ist dann linear, wenn die Funktion und ihre Ableitungen nur linear vorkommen, also insbesondere nicht miteinander multipliziert werden.

L6.2

(I)   Richtig. Eine Lösung muss die partielle Differenzialgleichung erfüllen. Um das zu prüfen, sind die in der Gleichung auftretenden partiellen Ableitungen zu bilden und auf diese Weise die Funktion „ganz normal" in die Gleichung einzusetzen.

(II) Falsch. Die Lösung einer partiellen Differenzialgleichung hängt von mindestens zwei Variablen ab. Aufgrund dieses weiteren Freiheitsgrads können die Aussagen, die für gewöhnliche lineare Differenzialgleichungen von Funktionen einer Veränderlichen gelten, nicht auf partielle Gleichungen übertragen werden.

(III) Richtig. Die Saitengleichung $u_{tt} = \alpha^2 u_{xx}$ allein würde von einer Vielzahl weiterer Funktionen gelöst, z. B. von

$$u^*(x,t) = \cos(rx)\sin(\alpha rt) \qquad \text{oder} \qquad u^{**}(x,t) = -7r$$

mit einem beliebigen $r \in \mathbb{R}$, wovon man sich durch Einsetzen leicht überzeugt. Erst durch die spezielle Randbedingung der eingespannten Saite werden die dazu passenden Lösungen selektiert.

L6.3 Für eine Saite der Länge L entspricht die Grundschwingung der Eigenfunktion

$$v_1(x) = \sin\left(\frac{\pi}{L}x\right).$$

Man hat hier die Separationskonstante $\lambda = (\pi/L)^2$. Daraus ergibt sich die zugehörige Zeitabhängigkeit

$$g_1(t) = a_1 \cos\left(\alpha \frac{\pi}{L} t\right) + b_1 \sin\left(\alpha \frac{\pi}{L} t\right).$$

Die Grundschwingung erfolgt daher mit der Kreisfrequenz $\omega_1 = \alpha \pi/L$ bzw. mit der Frequenz

$$f_1 = \frac{\omega_1}{2\pi} = \frac{\alpha}{2L}.$$

Es ist daher

$$\alpha = 2L f_1 = 2 \cdot 0.4\,\text{m} \cdot 440\,\text{s}^{-1} = 352\,\text{m}\,\text{s}^{-1}$$

bzw. $\alpha^2 = 123\,904\,\text{m}^2\,\text{s}^{-2}$ zu wählen.

Halbiert man die Saitenlänge, so ergibt sich aus $f_1 = \alpha/2L$ eine Verdopplung der Grundfrequenz.

L6.4   Die Randbedingung $u(\pi, t) = a \cos(\Omega t)$ ist keine homogene Randbedingung. Wird sie von zwei Lösungen u_1 und u_2 erfüllt, so erfüllt die Summe $u_1 + u_2$ die anders lautende Randbedingung

$$u(0, t) = 0, \qquad u(\pi, t) = 2a \cos(\Omega t).$$

Summen von Einzellösungen sind somit jetzt keine weiteren Lösungen.

Stichwortverzeichnis

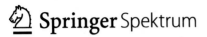

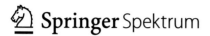

Printed in the United States
by Baker & Taylor Publisher Services